高等教育"十四五"规划教材

冷库建筑

主　编　刘　斌

副主编　陈爱强　李　坤

天津大学出版社
TIANJIN UNIVERSITY PRESS

图书在版编目(CIP)数据

冷库建筑 / 刘斌主编 ; 陈爱强, 李坤副主编. --
天津 : 天津大学出版社, 2024.2
高等教育"十四五"规划教材
ISBN 978-7-5618-7681-7

Ⅰ. ①冷… Ⅱ. ①刘… ②陈… ③李… Ⅲ. ①冷藏库
－建筑设计－高等学校－教材 Ⅳ. ①TU249.8

中国国家版本馆CIP数据核字(2024)第046956号

出版发行	天津大学出版社	
地　　址	天津市卫津路92号天津大学内（邮编:300072）	
电　　话	发行部:022-27403647	
网　　址	www.tjupress.com.cn	
印　　刷	运河（唐山）印务有限公司	
经　　销	全国各地新华书店	
开　　本	787mm×1092mm　1/16	
印　　张	16.25	
字　　数	406千	
版　　次	2024年2月第1版	
印　　次	2024年2月第1次	
定　　价	49.00元	

序
PREFACE

　　2021 年国务院办公厅印发的《"十四五"冷链物流发展规划》明确指出,推动冷链物流高质量发展是更好满足人民日益增长的美好生活需要的重要手段,是助力乡村振兴的重要基础,是深入实施扩大内需战略和促进形成强大国内市场的重要途径,是支撑实施食品安全战略和建设健康中国的重要保障。

　　冷库作为冷链物流系统中的重要设施,是保证"从农田到餐桌、从枝头到舌尖"不可或缺的重要保障。古时王公大臣的冰窖,20 世纪北方地区农村百姓家中的地窖和西北地区的土窑洞等都是冷库的雏形。从古至今,人们对冷库建设的不断探索源于对生活品质的不断追求。现代的冷库建筑不再只是承担冬季储冰、储粮的任务,而是在人们的日常生活中扮演越来越重要的角色,以满足人们对高质量生活的需求。

　　刘斌教授长期从事食品冷冻冷藏技术、食品冷链关键技术的相关研究,在物理冷冻冷藏技术方面取得了重要成就,为国际制冷学会 D2(冷藏运输委员会)委员、中国工程建设标准化协会商贸分会理事会理事、中国制冷展专家委员会委员、天津市冷链物流学科群负责人。

　　《冷库建筑》一书是刘斌教授多年来在冷冻冷藏及食品冷链领域经验的结晶,涵盖了刘斌教授及其团队数年来的研究成果及设计经验,是对冷库建筑一个较为全面的总结,具有较高的学术水平以及建造应用意义。本书深入浅出,从冷库建设的前期规划到中间的方案设计,从施工建设到后期的运维管理,均有详细介绍,将冷库建筑细节和要点图文并茂地介绍给读者,可供科研院所、冷库企业、食品加工及冷链物流领域等的人员学习参考,是一本不可多得的好书,值得国内冷链物流、冷冻冷藏及工业制冷领域从事应用与研究工作的广大师生、科研人员、工程师以及一线工作者参考。

2023 年 9 月

目录
CONTENTS

Chapter 1

第1章
绪论
1

Chapter 2

第2章
冷库建设规划与总体设计
18

Chapter 3

第3章
冷库建筑的结构
37

Chapter 4

第 4 章
冷库建筑材料与隔热防潮

81

Chapter 5

第 5 章
冷库制冷方案设计

126

Chapter 6

第 6 章
冷库机房与库房设计

157

Chapter 7

第 7 章
冷库建筑图纸绘制与文档编写

202————

Chapter 8

第 8 章
冷库施工与运行管理

216————

Chapter 1

第 1 章
绪论

随着科技发展、社会进步和人民生活水平不断提高,制冷设备的应用遍及生产、生活的各个方面。新中国成立前,我国冷库制冷技术十分落后,全国各类冷库贮藏容量仅有 20 000 多吨。新中国成立后,我国工业、农业、科学技术的不断发展,促进了冷库制冷技术的发展,冷库规模也有了很大的提高,2021 年已经达到 7 000 余万吨。在现代化的食品工业中,食品从生产、加工、贮藏、运输、销售到消费终端,整个过程都保持在所要求的低温条件下,这种完整的冷藏网统称为冷链,它可以保证食品的质量,减少生产及分配过程中的损耗。现有冷库及制冷装置的冷加工及贮藏功能在冷链中相当重要、不可缺少。随着社会经济的发展,我国部分新建冷库已经从具有单一贮藏功能的冷库发展成具有综合功能的现代化低温食品配送中心。农业、畜牧业的发展以及医药业的兴起给冷冻冷藏业的发展带来勃勃生机。目前,我国投入巨资加快冷链基础设施建设,促进完善冷链体系和布局。

冷库建筑作为一门新的应用建筑技术学科,是在建筑结构、建筑科学等学科的基础上,结合制冷技术、食品冷加工工艺技术发展起来的,是冷冻冷藏科学技术领域的一个重要组成部分。

1 冷库及其意义

1.1 冷库的定义与组成

1.1.1 冷库的定义

冷库是制冷设施的一种,是指用人工手段创造的与室外温度、湿度或气体成分不同的环境,也可以是用于食品、液体、化工、医药、疫苗、科学试验等的恒温恒湿贮藏设备。冷库通常位于运输港口、原产地附近或城市物流中心。

冷库建筑不同于一般的工业或民用建筑,主要表现为受低温条件的制约。冷库的作用是延长易腐食品的储藏时间,在保障食品安全和质量的前提下,进行食品流通。冷库的必要条件是"冷"。按冷库的使用性质,冷间的温度一般在-40~0 ℃。冷库建筑经常处于低温条件下,因此必须采取相应的技术措施,以满足要求。

1.1.2 冷库的组成

冷库主要由库房、机房、生产工艺用房、行政福利用房及其他建筑等组成。

1. 库房

库房是冷库建筑群中的主要建筑,包括冷加工间、冷藏间、冰库及直接为它服务的建筑

（如楼电梯间、穿堂、附属小房等）。

冷却物冷藏间（高温冷藏库）：用于接受和贮存已冷却至接近其所需贮存温度的产品的冷间，常见的库温为-2~4 ℃，相对湿度为80%~95%，主要贮存水果、蔬菜、鲜蛋等鲜活产品。因贮存食品种类不同，其温、湿度条件也不同，如香蕉的贮存温度为11~16 ℃。

冻结物冷藏间（低温冷藏库）：用于贮存肉类等冻结物的冷间，库温为-23~-15 ℃，相对湿度为85%~95%，具体温、湿度根据贮存时间等确定。国外冻结物冷藏间的温度有的已降至-30~-28 ℃，如肉类、水产品的贮藏温度为-25~-18 ℃，冰淇淋制品为-30~-23 ℃，金枪鱼为-60 ℃等，国内也有降低库温的趋势，在大连、烟台等地已建起了大容积的超低温冷库。

高低温变温库：可兼作冷却物冷藏间或冻结物冷藏间，机动性较强，可通过改变冷间内冷却面积和对压缩机进行能量调节来调节库温，以满足不同要求。但是对于制冷系统需要考虑高温和低温两种负荷，同时要考虑土建冷库库温的变化易使建筑物产生冻融循环。

冰库：用于贮存冰的冷间，库温为-6~-4 ℃，库温的波动以能防止库门处冰块的融化为限。其位置应靠近制冰间、出冰站台处，多层冷库制冰间在顶层时，冰库多设在其下层。冰库内墙体、柱子应设护壁，以减轻冰块的撞击。

制冰间：主要制造桶式冰块，用盐水作为载冷剂。制冰间设有制冰池、融冰池、注水器、吊车等设备。其位置宜靠近设备间。水产冷库因制冰量大，且需经过碎冰楼往船上加冰，故其常设在顶层。利用快速制冰设备制冰的，可不设制冰间。

穿堂（川堂）：专为冷加工间或冷藏间进出货物而设置的通道，起连接各冷间及站台的作用，有常温穿堂或某特定温度的穿堂。穿堂的平面布置和宽度取决于货物的流通量、运输工具及特殊功能需求。

站台：供进出库装卸货物之用，可分为铁路站台、公路站台或进货站台、出货站台等，常见的为罩棚式站台，现在逐渐发展为封闭式站台。封闭式站台不仅具有进出库装卸货物的功能，更重要的是还具有理货、降低冷库与外界温度梯度的功能。目前，由于国家对食品安全的要求提高，全程冷链是行业发展方向和目标，低温穿堂和封闭式站台的设置已经成为新建冷库建筑的基本要求。

楼电梯间及提升机：设于多层冷库，用于库内货物的垂直运输。其大小、数量及位置视冷库的货物周转量及制冷工艺而定。

其他如包装间、预冷间、速冻间、分发间等，根据冷库的特殊功能要求而定。

2. 机房

机房（机器间）：用于安装制冷压缩机的房间，是冷库主要的动力车间，宜靠近主库布置，多为单独建造的单层建筑。为提高地面利用率，地价昂贵的地方也有把机房设在楼上的。对于采用分散供冷方式的冷库，可不设机房。

设备间：用于安装制冷辅助设备的房间，应靠近机房和主库布置，多位于主库和机房连接方便的地方。对于设备不多的冷库，可将机房与设备间合为一间布置。

变配电间：包括变压器间、高压配电间、低压配电间、自控柜间等。变配电间应尽量靠近负荷最大的机器间，也可单独建造，高度不小于5 m，要求通风良好。变压器设在室外时，只设配电间即可。变配电间的具体布置视电气专业要求而定。

锅炉房：主要为加工工艺、浴室、烘房及其他生活设施服务，应布置在用气量最多的设备附近,并位于夏季主导风向的下风侧。目前,行业内大力提倡低碳绿色发展,应用冷热联供技术的一些项目可以取消锅炉房的设置,不但能效高,而且对大气环境影响小。

3. 生产工艺用房

屠宰车间:用于屠宰猪、牛、羊及禽类,配有各种专用设施。屠宰车间平面布置时应注意与主库的联系,大小视建库地区货源情况而定。

理鱼间、整理间:理鱼间是水产品进行清洗、分类、分级、装盘、过磅等工序的场所,一般按每吨 10~115 m² 操作面积计算,处理虾、贝类时还应适当增大;水果、蔬菜、鲜蛋在冷加工前先要在整理间进行挑选、分级、整理、过磅,以保证产品的质量。理鱼间、整理间要求有良好的通风、采光条件,地面要便于冲洗和排水,设备、用具符合食品卫生标准。

加工间:肉禽类有分割包装、腌腊、熟食制作、副产品加工、肠衣加工等加工间;水产品有鱼片、鱼香肠、鱼粉等加工间;蔬菜类有速冻制品以及其他如速冻饺子、烧卖等的加工间。各种车间都应配有相应的加工机械与设备。

其他生产工艺用房还有化验室、水泵房、水塔、冷却塔、仓库、污水处理场所等。

4. 行政福利用房

行政福利用房包括办公楼、医务室、职工宿舍、食堂、浴室、厕所等。

5. 其他建筑

其他建筑包括围墙、出入口、传达室、绿化设施和危险品仓库,其中危险品仓库指专门贮存汽油、酒精、制冷剂等易燃易爆物品的库房,应单独布置并远离其他建筑 20 m 以上。

1.2 冷库储藏原理

冷库是冷藏行业的基础设施,也是在低温条件下贮藏货物的建筑群。冷冻冷藏食品产业是随着市场经济的发展而出现的一种新型食品工业。冷冻食品作为现代食品工业的重要组成部分,已成为人们现代饮食生活的重要组成部分,并越来越受欢迎。同时,冷冻冷藏食品产业已成为许多省份经济发展的主要加工业,对促进农产品深加工、实现农业产业化、解决"三农"问题发挥了重要作用。食品保鲜主要以食品冷藏链为主,易腐畜禽、水产、果蔬、速冻食品通过预冷、加工、贮存和冷藏运输,可有效地保持食品的外观、色泽、营养成分及风味物质,达到保质保鲜、延长保存期的目的,起到调节淡、旺季市场需求并减少生产与销售过程中经济损耗的作用。

1.2.1 食品变质的主要原因

食品的变质腐败主要是由酶和微生物引起的,除了微生物和酶的影响,油脂氧化、维生素氧化、天然色素氧化等都会引起食品的变质。

微生物的作用是食品变质的主要原因。微生物分泌各种酶类物质,使食品中的高分子物质分解为低分子物质(转变为维持其生长和繁殖所需的营养),从而降低食品的质量,使其发生变质和腐烂。低温(0 ℃左右)即可减缓微生物繁殖速度,但是对于嗜冷微生物,如霉菌、酵母菌,-8 ℃时仍能看到孢子出芽。

食物本身含有酶,酶在适宜条件下会促使食物中的蛋白质、脂肪和碳水化合物等营养成分分解。肉类在蛋白酶作用下,蛋白质会发生水解而自溶,导致质量下降。果蔬因为过氧化酶催化,促进呼吸作用,导致发黄、枯萎;温度升高,呼吸作用加强,加速食品腐烂。霉菌、酵母菌、细菌等微生物也是通过其分泌的酶引起食品变质的。酶在 30~35 ℃时活性最强,低温时活性低,每升高 10 ℃,可使反应速率增加 2~3 倍。

1.2.2　冻结食品腐败

食品的变质腐败是酶和微生物引起的,酶和微生物对温度非常敏感,只要降低食品的温度,酶的活性就大大减弱,微生物的生命活动能力也受到抑制,繁殖能力下降。如果温度降到使食品冻结,由于水由液态变为固态,破坏了微生物的生理机能,这样食品就可以较长期地贮藏,延缓变质。冻结食品不添加任何添加剂,同时能最大限度地保持食物的品质和营养成分,是目前最有效地遏制食品腐败的保存方法之一。

如果不能很好地把控温度,会造成食品的品质下降甚至腐败。

1.2.3　食品冷冻贮藏过程中的变质现象

1. 干耗——冰结晶升华

冻结食品表面的温度、室内空气温度和空气冷却器蒸发管表面温度三者之间的温差,形成蒸汽压差。食品表面的冰结晶升华为空气而上升,蒸发管表面水蒸气结霜,冷却减湿的空气下沉,周而复始。

2. 冰结晶长大

-18 ℃时,食品中 90%以上的水冻结,冰晶不稳,大小不一。温度变化时,微细冰晶减少、消失,大冰晶逐渐长大。这会导致细胞受到机械损伤,蛋白质变性,解冻后汁液流失量增加,食品口感、风味变差,营养价值下降。

3. 化学变化

水分、温度的变化,造成蛋白质变性、脂类水解和氧化、色泽变化等。

1.3　冷库的功能

中国每年会因食品存放不当造成很大的资源浪费。其中,水果、蔬菜在采摘之后有呼吸作用,呼吸作用会加快水果、蔬菜的成熟期,造成存放期缩短,经济性降低。同时,水果、蔬菜采摘后还有余热,余热会加速果蔬的成熟。例如,高于 30 ℃时香蕉果肉加速成熟,但果实不能正常着色;同样,番茄在高温时会导致番茄红素积累受抑,长期高于 35 ℃会导致代谢异常和细胞结构破坏。因此,对果蔬而言要及时消除田间热。

冷库(冷藏库)实际上是一种低温联合起来的冷气设备,属于制冷设备的一种。与冰箱相比,其制冷面积要大很多,但它们的制冷原理相同。冷库是食品冷加工的基础设施,是在特定的温度和相对湿度条件下加工和储藏食品等物品的专用建筑,主要用于对乳制品、肉类、水产、禽类、果蔬、冷饮、花卉、绿植、茶叶、药品、化工原料、电子仪表仪器等的恒温贮藏。

2 冷库的发展历程

我国在古时候就已经拥有冷库,那时一般称之为冰窖或者冰库。1955 年,我国开始建造第一座冷库,总容量 40 000 t;1968 年,北京建造第一座水果机械冷库;1978 年,建成第一座气调库;1995 年,由开封空分集团有限公司首次引进组合式气调库先进工艺,并在山东龙口成功建造 15 000 t 气调冷库,开创了国内大型组装式气调冷库的先例;1997 年,在陕西西安建造了一座 10 000 t 气调冷库,气密性能达到国际先进水平。近几年来,我国冷库建设发展十分迅速,主要分布在各水果、蔬菜主产区以及大中城市郊区的蔬菜基地。

随着人们生活水平的提高,冷库几乎涉及各个行业,最常见的冷库有蔬菜生产基地蔬菜冷库、水果生产基地水果冷库、食品加工行业食品冷库等。我国冷库已经进入了爆发式增长阶段,发展十分迅速,但结构并不合理。冷库行业必须在有关部门的统一协调下,加强整体规划,大力发展冷链物流体系。

2.1 冷库的分类

按照不同的分类方法,冷库有不同的种类,不同种类的冷库有不同的设计要求。

2.1.1 按使用性质分类

1. 生产性冷库

生产性冷库主要建在食品产地附近(鲜、活货源的运输距离不大于 50 km)、货源较集中的地区或渔业基地,通常作为肉类联合加工厂、鱼品加工厂、乳品加工厂等企业的一个组成部分。这类冷库配有相应的屠宰间、理货间或整理间,具有较强的冷却、冻结能力和一定的冷藏容量,食品在此进行冷加工后,经过短期贮存即运往销售地区、直接出口或运至分配性冷库进行较长期的贮藏。生产性冷库的生产方式是零进整出,要求建在交通方便的地区,为了便于冻肉、冻鱼外运,商业系统、水产系统对 1 500 t 以上的生产性冷库,均配备冰库并具有适当的制冰能力。

2. 分配性冷库

分配性冷库主要建在大、中城市,人口较多的工矿区及水陆交通枢纽,专门储藏经过冷加工的食品,以使淡、旺季节供需平衡,保证市场供应,执行出口任务和长期贮备。它的特点是冷藏容量大,冻结能力较弱,仅用于外地调入冻结食品,在运输过程中软化部分的再冻,以及当地小批量生鲜食品的冻结。由于这类冷库的冷藏量大,进出货比较集中,故要求库内运输流畅、吞吐迅速,这类冷库多建在交通运输比较方便的地区。商业系统的分配性冷库还包括一些以中转和储备为主的冷藏库。

3. 中转性冷库

中转性冷库主要是指建在货源比较集中的区域(如渔业基地)的水产冷库,它能进行大批量的冷加工,并可在冷藏车、船的配合下,起中转作用,向外地调拨或用于出口。

中转性冷库面临功能改变的挑战,比如改为物流冷库,来适应现今的市场环境变化。物流冷库应靠近交通枢纽,方便大流量的运输。其特点是货品大进大出,进的目的是将货品集中并恰当保存,出的目的是满足需方计划或订单。由于物流冷库的这一特点,其功能定位和设计细节与生产性、分配性冷库应有所区别。如物流冷库要配置冷冻冷藏集装箱固定电源设施,目的是把集装箱内的货品温度降到进库的标准,因此需设置单独电费计量、收费等程序或办法。

4. 综合性冷库

综合性冷库指兼具生产性和分配性的冷库。为了稳定冷库各个冷间内的温度,冷库按每天最大进货量,分设多个冷间来承接,或采取其他技术措施、办法来解决这一难题。这类冷库需要设有低温(-15~0 ℃,或根据货品配送质量的具体经济技术要求设定)的大型货品配送间,用于分类、分箱、分拣,根据客户需求和每一具体的业务清单,按质按量地装箱,并做好标贴、待送等工作。

5. 零售性冷库

零售性冷库一般建在工矿企业或城市的大型食品、副食品商店或菜场内,供临时储存零售食品。它的特点是库容量小、贮存期短,其库温随使用要求调整。

2.1.2　按库体结构分类

1. 土建冷库

土建冷库是目前建造较多的一种冷库,可建成单层或多层,建筑物的主体一般为钢筋混凝土框架结构或者砖混结构。土建冷库的围护结构属重体性结构,热惰性较大,室外空气温度的昼夜波动和围护结构外表面受太阳辐射引起的昼夜温度波动,在围护结构中衰减较大,故围护结构内表面温度波动较小,库温也就易于稳定。

土建冷库的优点如下。

(1)土建冷库在满足技术性能要求的条件下,其建筑隔热材料大多可就地取材,有利于降低造价。

(2)土建冷库对各种隔热材料的选用,适应性较强,不论是松散的还是块状的,有机的还是无机的,均能因地制宜并充分利用。

(3)土建冷库围护结构的热惰性较大,故其库温相对稳定,停电升温缓慢,单位电耗较小。

土建冷库的缺点如下。

(1)土建冷库的结构框架大多采用钢筋混凝土浇筑或砖石砌筑;隔汽层为热沥青油毛毡,工序多且施工复杂,建筑工期相对较长。

(2)隔汽层施工质量是土建冷库质量和使用寿命的关键。隔汽层处理不当将导致隔热层受潮失效,影响冷库的正常使用。

(3)主库墙体出现水平或垂直裂缝是土建冷库普遍存在的问题。由于外界气温升高对屋面与外墙的影响,以及冷库投产降温导致结构的收缩变形等不利因素,必须对土建冷库给予充分的估计和采取适当的技术措施,避免出现裂缝而影响冷藏效果。

2. 装配式冷库

装配式冷库为单层形式,库板为钢框架轻质预制隔热板,承重构件多采用薄壁型钢。库板的内、外面板均采用彩色钢板(基材为镀锌钢板),芯材为发泡硬质聚氨酯或聚苯乙烯泡沫板。由于除地面外,所有构件均按统一标准在专业工厂成套预制,在工地现场组装,所以施工进度快,建设周期短。

装配式冷库的优点如下。

(1)由于各种建筑构件及隔热板均可事先在工厂中预制,与土建冷库相比,有利于缩短建造工期。

(2)隔热板金属面层本身是一种不透气的材料,安装时处理好库板拼缝连接点,则装配式冷库的整体密封隔汽性能较好。

(3)因库板不受冻融循环影响,库房的降温、升温速度就不像土建冷库那样受到限制,库房可随意启用或停止工作。如果隔热条件与制冷设备允许,还可以任意设定库房温度,这是土建冷库难以做到的。若其作为冻结间的围护结构,更具独特优点。

(4)采用金属外壳中灌注现发聚氨酯泡沫塑料,外用抽芯铆钉与隔热板金属表面固定,并以各种密封胶进行防气,故在处理各种管道洞口防气隔热方面,较土建冷库方便得多。

(5)同样外围建筑面积的库房,与土建冷库相比,装配式冷库内净面积相对更大,其库容量增加。

装配式冷库的缺点如下。

(1)隔热板的热惰性指标、衰减、总延迟时间均较土建冷库小,表现在停机后库房升温较快。

(2)装配式冷库的热惰性小,衰减、延迟时间短,渗入热量较多,压缩机启动频繁,耗电量较大。

(3)由于隔热板采用金属面板,并以聚苯乙烯、聚氨酯泡沫塑料等新材料作为隔热芯材,故装配式冷库造价较高。

3. 山洞冷库

为了节约能源、降低冷库土建投资和减少经常费用,国内外都因地制宜地建造山洞冷库。山洞冷库一般建在石质坚硬、整体性好的岩层内,根据实际情况,有的库内不做衬砌,只需喷一定厚度的砂浆层即可;有的做衬砌或喷锚,洞体的岩层覆盖厚度一般不小于 20 m。整座冷库不做隔热处理,因此可以节省大量隔热材料和其他建筑材料;同时,不需要经常维修,可长期使用,如压缩机因故停车,库内温度波动也较小。

4. 覆土冷库

覆土冷库又称土窑洞冷库,洞体多为拱形结构,有单洞体形式,也有连续拱形式,一般为砖石砌体,并以一定厚度的土层覆盖层作为隔热层。低温的覆土冷库,洞体的基础应处在不易冻胀的砂石层或者基岩上。它由于具有因地制宜、就地取材、施工简单、造价较低、坚固耐用等优点,在我国西北地区应用较广。

5. 夹套式冷库

在常规冷库的围护结构内增加一个内夹套结构,夹套内装设冷却设备,冷风在夹套内循环制冷,即构成夹套式冷库。夹套式冷库的库温均匀,食品干耗小,外界环境对库内干扰小,夹套内空气的流动阻力小,气流组织均匀,但造价比常规冷库高。

2.1.3 按使用要求分类

1. 低温冷库

低温冷库主要用于特殊水产品和生物制品的贮藏,设有温度较低的冷藏间(-60~$-45\ ℃$)。低温冷库的建筑结构必须适应低温要求。

2. 冷库

冷库主要用于贮藏一些要求在正温条件下恒温、恒湿的食品,一般温度控制在-30~$15\ ℃$,相对湿度控制在80%~90%。

3. 气调冷库

气调冷库(气调库)主要用于对新鲜果蔬、农作物种子和花卉的较长期贮存。与上述冷库不同,气调冷库除了要控制库内的温度、湿度外,还要考虑气调冷库内植物的呼吸作用,对库内的温度、湿度、二氧化碳浓度、氧气浓度和乙烯含量进行调控,抑制果蔬等植物的呼吸作用及新陈代谢,使之处于冬眠状态,以达到长期贮存的目的。

气调库的气密性可采取以下几方面措施加以保证。

(1)严格选择气密材料,气调库使用的气密材料要求材质均匀密实,具有良好的气密性能、足够的机械强度和韧性、耐腐蚀、抗老化、抗微生物、无异味、可连续施工、易检查、易修复、易黏结等。

(2)在库内所有接缝和穿管线处均应设置一层密封性能良好的气密层,内设增强材料,提高库体的气密性能。

(3)现场装配夹心板的连接形式可采取接缝处现场压注发泡,以提高装配式气调库围护结构的气密性能和整体强度。

(4)用于装配式气调库围护结构的夹心板,尽可能选择单块面积大的夹心板,尤其是顶板,应减少接缝,并尽量减少在夹心板上穿孔、吊装、固定,可将吊点设置在板接缝处,以减少漏气点,还可避免降低夹心板的隔热性能。

(5)所有穿过围护结构的管道、电线、风机吊点等,在保证气密性能的基础上,采用弹性结构,以免因振动影响库体气密性能。

(6)气调库所用冷库门、观察窗等要选用专为气调库而设计的密封门、密封窗等。

(7)土建式气调库的防潮隔汽层和气密层分开设置,发挥各自的作用。

除了以上分类,冷库还可以按其他的标准分类,如:按照库温可分为高温、中温、低温以及超低温冷库;按照建设规模可分为大型、大中型、中小型以及小型冷库;按照冷库层数可分为单层以及多层冷库等。

2.2 冷库的现状

我国每年易腐食品的生产量巨大,其中绝大部分必须依靠冷链物流保存,以保持其新鲜度和质量,而作为冷链物流主要环节的冷藏库,一直在不断发展。2021 年,我国的冷库容量已达到 7 000 多万吨,但人均占有冷藏库容积和发达国家相比仍有不小差距,每年的腐败损耗量十分惊人。

2.2.1　容量和规模

1. 容量

我国的冷库主要集中在江苏、山东、上海、海南等地区,偏重于肉禽类、果蔬类、水产品类。新中国成立前,全国各类冷库贮存量仅有 20 000 多吨。新中国成立后,我国工业、农业、科学技术的发展,使得冷库的总容量逐年增加, 2021 年,我国冷库容量达到 7 000 多万吨,同比增长 16%,新增冷库容量为 815 万吨。

2. 规模

从 20 世纪 80 年代起,我国新建了一批由多座单位万吨级冷库组成的"冷库群",这对降低建设成本和运行能耗、规范管理是有利的,并形成了我国冷藏行业的数家"航空母舰"企业,如上海吴泾冷藏公司、北京东方友谊食品配送公司、辽宁省大连海洋渔业集团公司冷冻厂和浙江省杭州联合肉类集团冷藏分公司等。随着国内冷链物流的稳步发展和冷库建设进程的有效推进,我国冷库设备产业迎来了快速发展期。其中,压缩机组是冷库设备的核心设备,2012 年国内冷库压缩机组需求量是 5.37 万套,到 2019 年增长到 9.8 万套。

2.2.2　冷库功能与管理体制

在计划经济时代,冷库主要按产权所属系统和储存商品的种类划分管理。改革开放以来,外资、港台商和民营企业进入冷藏行业,逐步形成多种经济成分共存的格局。从 20 世纪 90 年代中期起,大多数冷库的服务功能开始面向市场,逐步向社会公共冷库过渡,即从计划经济时期"旺吞淡吐"的"蓄水池"逐步向"冷链物流配送中心"方向发展。

2.2.3　建造方式

我国现有的冷库中,建于 20 世纪七八十年代的多层土建冷库占大多数。以上海市为例,若按容量计算,土建冷库容量占全市冷库容量的 82.41%;若按座数统计,土建冷库数量占总座数的 86.13%。从 20 世纪 90 年代起,新建的冷库绝大多数为单层高货位冷库,安装迅速,大大缩短了建库周期。

20 世纪 80 年代以前,冷库隔热主要采用稻壳、膨胀珍珠岩和软木等天然材料;80 年代以后,开始采用发泡聚苯乙烯或聚氨酯作为冷库隔热材料,并迅速推广应用。现在的冷库主要有两种形式:一是多层的钢筋混凝土混合结构,多采用聚氨酯现场发泡;二是单层高货位冷库,多采用预制装配式夹心板,两面为薄钢板,中间填充发泡聚氨酯(或者发泡聚苯乙烯)。

2.2.4　制冷新技术、新设备得到广泛应用

冷库建设推动了制冷技术的进步,制冷技术的应用又进一步促进了冷藏行业的发展。

1. 制冷设备逐步更新换代

如今,开启型活塞式制冷压缩机一统天下的局面已经发生改变,螺杆式压缩机由于具有结构简单、运行可靠、能效比高、易损件少和操作调节方便等优点,正逐步替代活塞式制冷压缩机,占据越来越大的市场份额。以节电、节水为主要特点的蒸发式冷凝器正在逐步推广应

用。从 20 世纪 70 年代末起,多数冷库开始采用强制空气循环的冷风机替代传统的采用自然对流降温方式的顶、墙冷却排管。

2. 食品冻结技术快速进步

随着我国食品结构和包装形式的变革,特别是小包装冷冻食品业的快速发展,食品冻结方式有了重大变革,从 20 世纪五六十年代起广为采用的间歇式、慢速的库房式和搁架式冻结发展为快速、连续式冻结(隧道式、螺旋式、流态化等)。冻结室的温度已从-35~-33 ℃降至-42~-40 ℃,冻结速度加快,冻品质量得到提高。

3. 制冷系统与供液方式渐趋多样化

以往,大中型冷库基本上采用集中式的液泵强制循环供液系统。近年来,可满足多种蒸发温度要求的食品冷库、分散式的直接膨胀系统由于具有系统简单、施工周期短、易于自控等优点得到了广泛应用。

4. 制冷剂

目前,我国的大中型冷库大多数仍采用氨(R717)或 CO_2 制冷剂,小型冷库多采用氢氟碳化物制冷剂,如 R507A 或 R134a。R22 氢氯氟烃(HCFCs)制冷剂,由于其消耗臭氧潜能值 ODP ≠ 0,其温室效应潜能值 GWP=1 700,在国内是受限使用制冷剂。依据《蒙特利尔议定书》和《中国逐步淘汰消耗臭氧层物质国家方案》,我国应在 2030 年淘汰氢氯氟烃生产和消费基线水平的 97.5%,并在 2040 年全面禁用,目前国内市场每年的供应量在迅速缩减。R507A 属于氢氟烃(HFCs)制冷剂,其 ODP=0, GWP=3 900,而且其标准沸点比 R22 低,可以实现低达-45 ℃的蒸发温度,它是共沸制冷剂,温度滑移影响小,但是根据《巴黎协定》,在我国也面临淘汰。氨是一种价格低廉的无机化合物,由于其良好的热力学性能(单位容积制冷量大),对大气层无任何不良效应(ODP=0, GWP=0),在我国冷库中的应用历史悠久;但由于它具有一定的毒性和可燃性,在空间积聚的浓度达到一定程度时具有潜在的爆炸危险,故其应用场所受到一定限制。

目前,替代氟利昂制冷剂的新型氢氟碳化物工质仅可作为过渡型的替代工质。2015 年正式实施的《含氟温室气体法规》(F-Gas 法规)提出,到 2030 年将 HFCs 的排放量减少79%(以 2009—2012 年的排放量为基准)。根据《基加利修正案》的要求,包括中国在内的发展中国家,18 种具有高温室效应潜能值(GWP)的 HFCs 物质应纳入管控目录,包括 HFC-143、HFC-125、HFC-134、HFC-134a、HFC-245fa、HFC-365mfc、HFC-227ea、HFC-236cb、HFC-236ea、HFC-236fa、HFC-245ca、HFC-43-10mee、HFC-32、HFC-143a、HFC-41、HFC-152、HFC-152a、HFC-23,这 18 种物质及其混合物都将在《基加利修正案》框架下进行削减。以上HFCs 物质的限控时间如下:2024 年冻结在基线以下;2029 年削减 10%;2035 年削减 30%;2040 年削减 50%;2045 年削减 80%。

5. 冷库制冷系统的自控技术应用

大中型冷库基本上实现了对库温、制冷系统压力、设备运行状态等的实时显示和自动记录,并设有较完善的安全保护装置。但冷库行业全自动智能运行的制冷系统数量极少。随着 5G、大数据等信息技术的发展,智慧冷链将得到快速发展。

2.2.5　专业性冷藏库有一定的发展

从 20 世纪 80 年代中期起,除了传统的冷却物冷藏库、冻结物冷藏库以外,我国各省市陆续兴建了一批专业性冷藏库,如变温库(多用途冷库)、气调冷库、立体自动化冷库、超低温冷库、粮食冷库、生物制品冷库和化工原料冷库等,这对完善我国现代冷藏技术体系起到了促进作用。现择其中数例简介如下。

1. 气调冷库

目前,我国水果、蔬菜的采后处理技术和贮藏保鲜技术等落后于国际先进水平。水果和蔬菜是具有呼吸作用的活性食品,要保持高的鲜度和品质,必须抑制微生物的繁殖和其自身的生命活动。如果在普通冷藏的基础上对贮藏果蔬的气体成分按一定标准进行人工控制,则可取得比普通冷藏更好的贮藏效果,这种方法称为气调(Control Atmosphere)冷藏,相应的冷库称为气调冷库(CA 冷库)。

2. 立体自动化冷库

立体自动化冷库通常在采用预制装配式隔热围护结构的单层冷库内设有轻型钢制作的多层高位货架,供存放货物托盘用,托盘的装卸依靠巷道式堆垛起重机实现,根据电子计算机的指令起重机在库内进行水平和垂直移动,可从指定的货格中取出或放入货物托盘,并用平面输送带进行货物进出库的自动化操作。冷库的顶部装有空气冷却器,使库房上部空间形成低温空气层,依靠对流进行冷却,以保持库内设定的温度。

3. 超低温冷库

随着我国远洋渔业的快速发展,特别是金枪鱼围、钓业的崛起,超低温冷库建设不断发展。为了保持金枪鱼的品质和色泽,在捕捉后需立即进行冻结加工(-60~-55 ℃)和-60 ℃的冷藏舱贮藏。用于冻结、冷藏金枪鱼的制冷系统,由于蒸发温度低于-60 ℃,故一般采用复叠式制冷系统,以往高温侧循环系统的制冷剂多采用 R22 或 R507A,但考虑到环保因素,现在多提倡用 R717 等制冷剂进行替代。近年来,山东、上海、浙江等省市均已有了捕捉、加工金枪鱼的远洋渔轮,2001 年山东远洋食品有限公司在烟台建成了我国首座超低温冷库,它包括库温为-60 ℃、库容量达 3 000 t/次的超低温冷库和库温为-30 ℃、库容量为 3 000 t/次的低温冷库各三间,这标志着我国水产冷库超低温化的进程跨上了一个新的台阶。

2.3　冷库的发展趋势

随着人民生活水平的提高,对冷库的需求量越来越大。但在冷库目前的发展过程中,冷库设计仍然存在着很多问题。

2.3.1　目前主要存在的问题

1. 部分冷库设计不尽规范,存在诸多安全隐患

我国很多冷库属于无证设计、安装,缺乏统一标准,缺乏特种设备安全技术档案,这种现象较为普遍。操作人员未经专业培训无证上岗,管理人员安全意识淡薄。部分容积在 500 m³ 以上以氨为制冷剂的土建食品冷库,其库址选择、地基处理、制冷设备安装等严重不符合

《冷库设计标准》(GB 50072—2021)的要求,存在诸多安全隐患。许多冷库名为气调库,却达不到气调的目的,部分低温库一经建成就面临停用或只能按高温库降级使用的局面。

2. 制冷系统维修措施不力,设施设备老化严重

制冷机的正常维修周期一般为:运转8 000~10 000 h应进行大维修;运转3 000~4 000 h进行中维修;运转1 000 h进行小维修。适时对制冷系统进行维修、保养,可以及早消除事故隐患。特别是20世纪90年代以前所建冷库,设施设备陈旧、管道严重腐蚀、墙体脱落、地基下陷、压力容器不定期检验,普遍开开停停,"带病"运营现象十分严重。

3. 冷库节能措施未引起足够重视

冷库属于耗能大户,有数据表明:蒸发器内油膜厚度增加0.1 mm,会使蒸发温度下降2.5 ℃,电耗增加11%。冷凝器中存在油膜、水垢,蒸发器外表结霜等均会导致蒸发温度下降,耗电增加。制冷工艺的系统设计对冷库后期节能运行至关重要。

4. 自动化控制程度低

国外冷库的制冷装置广泛采用自动控制技术,大多数冷库只有1~3名操作人员,许多冷库基本实现夜间无人值班。而我国冷库的制冷设备大多采用手动控制,或者仅某一个制冷部件采用局部自动控制技术,整个制冷系统做到完全自动控制的较少,货物进出、装卸等方面的自动化程度普遍较低。

2.3.2 发展趋势

从市场对冷库的需求趋势来看,我国现有的冷库容量还十分不足,今后冷库的发展趋势主要表现在以下几个方面。

1. 结构合理化

冷库行业必须在有关部门的统一协调下,加强整体规划,防止盲目重复建设,优化冷库类型、结构和布局,以保证我国冷库行业持续、稳定、健康地发展。在果蔬产区,尽快推广塑料薄膜、硅窗、塑料薄膜小包装等气调设施,规模应将大、中、小型相结合,以发展中型为宜。在经济较发达地区,建立以冷冻食品贮藏为主的批发市场,大力发展中小型冷库,并积极向社会开放。

2. 低碳绿色化

冷库行业属于我国用电量极大的行业,耗电量高于世界平均水平。随着国家节能环保政策的推行,高耗能产业的发展受到制约和限制,节能、绿色、环保的产品备受市场青睐。国际制冷机构倡议,在未来20年内,把制冷设备能耗下降1/3,这对我国冷库行业的发展提出了巨大的挑战。因此,如何实现冷库从设计到运行整个过程在节能上最优,实现冷库运行绿色化成为备受关注的一个课题。

3. 环境控制精准化

传统大中型冷库由于空间大,温度、气体的精准控制比较难,环境参数波动比较大,但是规范科学的温度控制是保证贮藏物品质的关键。以温度为例,由于冷库客观存在区域温差和空间温差,并不能维持一个恒定温度和最适温度,这一点直接影响冷冻食品的质量和企业的经济效益。因此,必须采取有效的技术措施,调节和严格控制区域空间温差,最大限度地缩小冷库各区域的温度差异,实现冷库温度控制的精准化,使存储食品处在最佳的温度状态,这是冷库发展的一个重大技术课题,值得进一步研究和探讨。

4. 运行智慧化

我国冷库在智慧化发展方面一直都有很明确的目标。智慧化控制冷库是一种将物联网技术和自动化技术应用在冷库的进出库管理、温度与湿度控制、环境监测与管理、自动预警等整个运行过程的冷库。近年来,在政府的关注和支持下,我国农产品的生产与加工、贸易、物流等领域的需求推动了冷库行业在技术上的改进和提高,这是我国智慧化冷库行业高效发展的最佳途径之一。我国冷库未来的发展趋势是由数量扩张型向智慧化转变,这也是世界冷库行业发展的趋势之一。

5. 产业一体化

从冷藏行业整体而言,我国尚未形成完整独立的冷链系统,产业一体化程度很低,无论是从我国经济发展的消费内需来看,还是与发达国家相比,都存在十分明显的差距。目前,我国80%以上的肉类、水产品,大量的牛奶和豆制品等,基本上是在没有冷链保障的情况下运销,难以保证物品处于最优的质量状态。因此,为防止食品变质与污染,减少不必要的损耗,应使生鲜食品从生产地收购,到加工厂加工与贮藏,再到运输、销售,直到消费者的各个环节都处于最适宜的环境之中,实现冷库行业的一、二、三产业一体化,这是未来冷库行业发展的一个重要目标。

总之,从冷库的现状与发展趋势看,果蔬恒温气调库发展迅速,低温库比例有所增加,适合农户建造使用的微型冷库异军突起,装配式冷库及以氟利昂为制冷剂的分散式制冷系统推广力度正在加大,冷库设计更加趋于优化,自动化控制程度逐步提高,政府安全生产和质量监督等管理部门对冷库的监管力度大大加强。国内冷库行业正朝着采用发泡聚氨酯或聚苯乙烯板隔热材料的轻便预制装配化、低温大型化、管理及进出库货物装卸自动化、果蔬冷库恒温气调化、冷风机代替排管和广泛使用氟利昂制冷剂,以及操作方便、灵活多样、高效安全、环保节能的方向发展。

3 冷库建筑的特点

冷库建筑区别于一般的工业与民用建筑的地方是,对隔热防潮的要求较高。在构造上做好隔热防潮处理,是建造冷库建筑的关键。

3.1 冷库建筑与工业、民用建筑的区别

冷库建筑不同于一般的工业与民用建筑,它具有以下特点。

(1)由于库内外温差很大(建筑内外温差有可能超过70 ℃),热湿交换严重,故要求围护结构要有较好的隔热性能和严密的隔汽性能。因此,正确地运用建筑热工基本理论和原理进行良好的设计和施工,是冷库建筑成功的关键。

(2)库内温度较低,根据使用性质,库内温度一般在0 ℃以下,多在-30~0 ℃,也就是说,围护结构内部有冻胀的可能性。这就使得冷库建筑的构造较复杂,因此构造设计应严格、周密、合理,而且要有科学的理论依据。

（3）对于采用整体气调方式的冷库，库体的密封非常重要，如果库体密封不好，库内就不能保持所要求的低氧、高二氧化碳的气体成分，也就达不到气调保鲜的目的。因此，在满足隔热防潮的基础上应采取特殊的密封措施。

（4）冷库的建筑体形直接关系到冷库使用的合理性，也是节约能源和节省投资的重要因素。一般来说，当冷藏量相等时，冷库建筑的体积越小，建筑耗冷量越少。为此，冷库建筑往往是无窗的实墙，外表面为浅色，体形一般都接近正方体，有的将四周做成圆角，也有的将整个冷库做成圆柱体，再配上四周自由多变的附属建筑，从外观上看，不同于一般的建筑形式，有明显的冷库建筑特点。

（5）冷库建筑造价较高，冷库除了有一套价格昂贵的制冷设备外，建筑本身的造价也大大高于普通仓库建筑，这是因为它必须设置一层不可缺少的隔热层，仅此一项费用往往就会超过普通仓库造价的两三倍。因此，冷库总造价通常高于普通仓库5~10倍，甚至更高。

（6）冷库建筑寿命短、维修困难。由于冷库建筑的围护结构经常受到冻胀和冻融循环的破坏作用，一般十年左右就需要大修，建筑寿命一般为四五十年。由于冷库处于低温状态，在不停产情况下进行维修十分困难，一般都要停产升温后才能维修。这样不仅维修费用高，而且停产的损失更大（停产大修一次的费用约为新建一座冷库费用的1/2）。因此，做好建筑设计，加强科学管理，以延长冷库的建筑寿命和大修的间隔时间，是冷库建筑的又一特点。

（7）冷库建筑施工质量要求高，构造复杂，隐蔽工程较多。保证和提高冷库施工的质量，及时检查发现问题，做好隐蔽工程的施工验收，是延长冷库建筑寿命、增加生产能力、提高冷藏质量的重要保证。

3.2   建筑考虑因素

1. 冷库既是工厂，又是仓库

冷库不仅是储藏食品的仓库，而且是食品冷加工的生产性厂房，是低于环境温度的仓库。它必须满足不同食品、副食品冷加工生产工艺流程的合理要求；同时，与库内外的运输条件、包装规格、货物堆装方式、铲板（货架）大小、设备布置等有关。

2. 隔热

库外环境温度随着自然界气温的变化而变化，如每天昼夜气温变化，每年春、夏、秋、冬四季气温变化，因此库外处于周期性（不确定）的温度波动之中。冷库库房内的温度一般较库外温度低（北方的冷却物冷藏间、冻结物冷藏间，在冬天除外），而且受库外环境和内部温度波动的影响。为了减少冷量的损耗，必须阻挡外界热量通过冷库围护结构进入库内，因此冷库建筑的围护结构必须设置具有适当隔热能力的隔热层，且隔热层有一定的厚度和连续性。库内制冷设备的开关、库门的开启、货物的进出也会使库内的温度产生波动。

3. 隔汽和防潮

冷库围护结构设置隔热层可以减少热量的传递。在热量传递过程中，空气中的水蒸气随着温度波动而从高温侧传到低温侧（由水蒸气分压力高的一侧传到水蒸气分压力低的一侧）。当水蒸气通过围护结构时，会在围护结构的材料孔隙中凝结成液态水，水遇冷则结成霜或冰,使材料的导热系数大大增加,导热隔热材料失去了隔热性能,严重时会破坏冷库的围护结构,因此在隔热材料的热面侧必须设置隔汽层。为了防止屋面水、地下水、地面水、使用水侵入库内的隔热层,设置防潮层也是十分必要的。

4. 冷桥

目前,冷库库房的隔热构造大多采用内隔热的施工方法,在构造上必然存在许多"冷桥"(导热系数较大或传递热量较大的结构和区域)。为了防止热量的传递影响库房温度的稳定性和建筑结构损坏,在设计、施工和使用时,必须注意尽可能减少"冷桥",如出现"冷桥",必须加以处理。

5. 门、窗、洞

为了减少库内外温度和湿度的变化,冷库库房一般不设窗,门、洞也尽量少开,因此要求工艺、水、电等设备管道尽量集中,减少开洞个数。门是冷库库房货物进出的必要通道,但也是库内外空气热湿交换最显著的地方,热湿交换使门的周围产生凝结水,遇冷结成霜或冰。多次频繁进出、冻融交替作用,会使门附近的建筑结构材料受到破坏,故在门的周围必须采取措施,如加设风幕、电热丝、门套(门斗)和门帘等。

6. 辐射热

为了减少太阳的辐射热对冷库的影响,冷库库房外表面的颜色要用浅色(如白色、奶白色、淡灰色等),围护结构的外表面应平整光滑,有利于反射防热,尽量避免大面积的西晒,如必须朝西可采用遮阳的方法,屋顶设架空通风层,减少直接通过屋面传入库房的太阳辐射热,以免影响库房温度。

7. 地坪防冻

低温库房的温度常年低于 0 ℃,若库房地坪下的土壤得不到足够的热量补充,温度会逐渐下降,以致地坪下土壤冻胀而引起地坪冻鼓或地基冻鼓,危及建筑、结构安全。因此,低温冷库的地坪,除了设置防潮、隔热层外,还要采取地坪防冻的措施,使地坪下的土壤温度保持在 0 ℃以上。地坪防冻的作用是使冷库建筑基础下的土壤(地基),在冷库长期运行过程中,保持原有地质设计水平,其目的是使冷库正常使用。

3.3 冷库建筑需要满足的要求

1. 平面布置合理

总平面布局要做到功能区分明确,装卸车辆流线、装卸吞吐流程以及工艺流程合理顺畅。除此以外,还要保障货物装卸快捷有效。

2. 储存安全

冷库建筑要有足够的技术措施维持库温稳定和食品冷藏链完整。目前,大部分客户在出货时会要求提供货物在存储期间的温度记录,以证明货物的安全。因此,冷库不仅要有良好的隔热构造和制冷系统,还需要有自动测温、储存、打印输出等系统设备。

3. 功能齐全

业主按储存商品的性质,对冷库有不同的温度控制要求,从 10 ℃、-0 ℃、-18 ℃、-23 ℃、-35 ℃到-65 ℃不等,因此冷库要配备不同的制冷系统和建筑隔热设施。有的冷库要求具有生产功能,如屠宰禽畜,加工冷冻水产、蔬菜冻干等食品的加工流水线;有的要求带有制冰(包含桶冰、片冰、管冰等)生产线;有的要求有冻结功能;有的要求有批发服务功能;还有的要求有气调功能,调节库内空气成分,以使果蔬保鲜。这些与冷库密切相关的功能均需按业主要求在设计时一一加以考虑。

4. 环保节能

环保是指设计的冷库在运行过程中要减少对环境的污染,对必定产生的污染,要设计足够有效的技术措施,经治理后达到国家允许的排放标准。例如,机房冷冻设备产生的高分贝噪声,食品加工产生的有机污水,生活中厕所等的生活污水,锅炉产生的废气等,都必须经处理达到排放标准才能排放。节能不仅是国家策略,更涉及业主的运行电耗(运行成本),因此适当增加冷库隔热层的厚度,选用节能型的制冷设备、泵、照明源等很有必要。

5. 造价合理

在满足技术设计的前提下,选用恰当的设备和建筑材料,尽可能降低投资。

4   冷库建筑设计的内容

4.1   冷库建筑设计的程序

按现行建设管理体制,冷库设计一般需经历以下四个步骤。

1. 竞标取得设计合同

竞标取得设计合同阶段主要是充分解读业主招标书中对冷库建设的要求,包含全部功能,如使用温度、装卸方式、容量与冻品生产的关系等;政府对基地的各项限制条件,如容积率、绿化率、退界条件、基地出入口条件等。

这个过程包含与业主沟通、参与答疑、踏勘现场等,收集气象、水文、地质等必备资料,在此基础上按标书要求做出概念性投标方案。

投标方案应满足标书要求,一般除图纸外,还需附设计说明、投资估算、彩色效果图、设计费报价等。中标后还需应业主要求介绍方案的构思和亮点,随后由业主在规定的三家以上设计单位中做出选择。取得设计合同才真正开始冷库设计,有的工程在取得设计合同前还需进行方案的优化调整。

2. 方案设计

方案设计的前提是建设方取得土地及立项的政府主管部门批准文件,即建设项目选址意见书。正式的方案设计成果由设计说明书、图纸和效果图三部分组成。设计说明书包含各专业的说明及投资估算,其中制冷(暖通)专业应有满足业主对冷库温度设定的技术方案。图纸包含总平面图,功能、交通、绿化景观等分析图和建筑平、立、剖面图。效果图一般有透视图、鸟瞰图和模型图。

3. 初步设计

初步设计又称技术设计,初步设计前首先应取得政府部门对方案的批准文件,即建设用地规划许可证及建设工程规划许可证;同时还应取得地质勘探资料等技术文件。

初步设计的成果应包含设计说明书、有关专业设计图纸及工程概算书三部分。设计说明书不仅要有各专业的设计说明，还应包含消防、节能、环保等专篇。设计图纸应包含全部专业的设计图纸，除建筑专业的总平面图及建筑平、立、剖面图外，其他各专业至少应提供系统及平面图。工程概算书应包含主要设备材料表，以使业主提前订货。

4. 施工图设计

施工图设计前首先应取得政府主管部门对初步设计的批复，以此作为施工图设计的依据，施工图设计成果应包含合同所涉及的全部专业的施工图纸。各阶段的设计深度均应符合国家规定。

4.2　冷库建筑设计的主要内容

为了使读者了解冷库建筑与设计方面的相关知识，掌握冷库建筑的热工计算和隔热、防潮、隔汽设计，了解冷库施工与管理维修方面的基础知识，本书将冷库建筑与设计的内容分为四个模块进行介绍，包括结构设计、建筑设计、制冷设计和冷库管理。

结构设计主要介绍结构构造和建筑材料方面的内容，结构构造包括冷库建筑的承重结构、围护结构、辅助结构以及冷桥与变形缝，建筑材料方面的内容包括常用建筑材料的选择以及建筑材料隔热防潮设计。

建筑设计主要介绍冷库建筑图纸绘制方面的内容，包括冷库总图及建筑绘图要求，冷库建筑剖面图、立面图的绘制以及设计文件的编制。

制冷设计主要介绍制冷系统设计与库房设计方面的内容，制冷系统设计包括制冷负荷计算、制冷系统方案设计、制冷设备选型以及制冷管道设计，库房设计包括机房设计、冷间设计、制冰间设计以及一些特定冷库的设计。

冷库管理介绍施工、运行操作、卫生以及节能运行方面的知识。

4.3　学习目的和方法

读者主要从以下几个方面学习本课程：从什么是冷库、什么是冷库建筑着手，认识冷库；了解建筑结构的知识和一般理论与方法；了解建筑材料，特别是隔热保温材料；学习冷库建筑的专门设计语言、技术、方法；为制冷系统、装置和设备的设计、安装，创造合理空间。通过本课程的学习，掌握冷库建筑的基本原理，学会冷库设计的流程，能解决相关问题，达到设计冷库的要求，为以后的深入学习和实例设计奠定理论基础。

本课程学习方法：理论知识与实践技能并重。在学习理论知识部分时，应联系有关基础知识，从理论上分析问题、解决问题。在进行实践技能练习、学习设计方法时，要注意理论联系实际，加强读图、绘图的基本功训练，学会使用有关标准、规范，通过课程设计、生产实习、毕业设计等环节，进一步掌握设计计算方法、程序和阅读、绘制制冷工艺施工图的实践技能，最终通过图纸文件的形式将设计者的设计意图及设计方案表达出来，并转化为具体的工程实体。

Chapter 2

第 2 章
冷库建设规划与总体设计

随着我国国民经济快速持续发展,市场上对冷库的需求量不断增加。冷库在国内外有广阔的发展空间,前景良好,市场潜力巨大,因此冷库的建设是十分必要的。

冷库建设规划是指在建设冷库前,首先需要明确科学的冷库建设流程,并且需重点考虑冷库建设选址问题。冷库总体设计是指在冷库建设规划完成以后对冷库进行总体上的设计,包括冷库的总平面布置和建筑平面布置。

1 冷库建设流程

冷库建设流程指的是在冷库建设过程中按照由基本建设规律所确定的先后顺序开展的各项工作。冷库建设必须坚持科学的程序,遵循客观经济规律,只有这样才能在加快建设速度的同时节约资金,充分发挥出投资的效果。冷库从计划建设到建成投产通常要经过以下几个阶段:可行性分析;选择合适的建设地点;编制设计,组织施工;按照设计内容施工;工程完成后进行验收,交付使用。

1.1 可行性分析

冷库建设前,需拿到第一手的设计依据和基本资料。基本资料包括气象、水文、地质、城市规划、城市管网、电网接入、国家公路详细材料等,另外还必须了解该城市的常用建筑材料、材料成本、施工技术水平等。冷库建设可行性分析主要通过对冷库项目的市场需求、环境影响、建设规模、建设背景和建设的必要性等多个方面进行深度研究分析,根据当前行业所面临的投资风险等提出冷库项目的建设方案,在此基础上预测未来冷库行业的发展趋势。

可行性分析具体论述:项目设立在经济上的必要性、合理性、现实性;技术和设备的先进性、实用性、可靠性;财务上的盈利性、合法性;环境影响和劳动卫生保障的可行性;建设上的可行性以及合理利用能源、提高能源利用效率;为项目机关法人和备案机关决策、审批提供可靠的依据。

可行性分析按照项目建设的要求,对项目实施在技术、经济、社会、环境保护等领域的科学性、合理性和可行性进行研究论证,研究、分析和预测国内外市场供需情况与建设规模,并提出主要技术经济指标,对项目能否实施做出一个比较科学的评价,其主要内容包括如下十个方面。

(1)确定项目建设总平面布置方案。

(2)确定冷库生产规模和工艺技术方案。

(3)确定建设条件与项目选址。

(4)确定原材料、燃料及动力的供应。

（5）确定公用工程设施建设方案及供水、供电工程。

（6）确定企业组织机构及劳动定员。

（7）项目实施进度建议。

（8）确定环境保护及劳动安全卫生保障措施。

（9）分析技术、经济、投资估算和资金筹措情况。

（10）预测项目的经济效益、社会效益及国民经济评价。

1.2　选择合适的建设地点

冷库库址选择是冷库建设前期工作中的一个重要部分。这是一项在社会、经济、技术三方面综合性很强的工作。在选择库址时,除必须考虑冷库的性质、用途、规模、建设投资、发展计划等条件外,还要考虑一次性投资与经常费用的最佳关系。

当前冷库已经从原来的"储藏型"转变为"物流型",成为低温物流中的一个重要设施。冷库的建设方和设计咨询单位应高度重视冷库区域位置的重要性,在冷库建设时应先进行区域位置的确定。

在具体进行冷库库址可行性研究时,要对一个较大地区总的经济、交通、食品加工业和消费者的状况进行全面的了解、分析和预测,对港口、车站、机场、高速公路网络、城市道路网和交通枢纽、物流基地等应该有详细了解。总之,冷库库址的选择,应先确定冷库的区域位置,然后在这个区域中选择一个合适的位置。区域位置综合了技术和经济两方面的因素。如果冷库的区域位置选择失当,那么在其中建造的冷库即使再好,制冷性能再优,冷库也发挥不出效益。一个具有较好区域位置的冷库,能够在市场竞争中取得较好的经济效益,并且能够在一个较长的时期内获得可持续的发展。

1.3　冷库设计过程

冷库设计工作可分为方案设计、初步设计和施工图设计三个阶段。现在多采用扩大初步设计和施工图设计两个阶段设计。

1.3.1　方案设计

方案设计是指编制建设工程的方案图、说明书和概算。它应能表达建库方案的经济合理性和技术可行性。

方案设计由建设单位主管部门呈报政府相关部门审批。审批内容一般包含技术、财经、物资供应三个方面。技术方面——审查设计的合理性、先进性,实施设计方案的可能性,供水、供电、交通运输能否满足需要,污水处理、卫生防疫是否符合要求,厂区用地、建筑物是否符合城市规划的要求等。财经方面——审查方案设计的建设项目和概算是否和计划任务书的批复文件相符。物资供应方面——审核初步设计提出的机器、设备、材料等能否保证供应。

方案设计一经批准,即可动用总投资的 5%~6% 作为工程筹建经费,并着手和物资供应部门、生产厂家签订供货合同。

1.3.2　初步设计

初步设计又称技术设计,技术设计的内容包括拟建工程各有关工程的图样、说明书和概算。

应由设计单位依照各工种概算定额编写概算编制说明书,并对各项工程进行投资概算。概算应包括水平运输、主体工程、生产辅助工程、非生产性投资和其他费用。最后,编制总概算表。概算工作一般由设计单位的预、结算工程师完成。

技术设计在方案设计批准后进行,是实现初步设计方案的具体实施方案。经送审获准的技术设计文件,是下一阶段设计中施工图设计及主要材料、设备订货的依据,是基本建设拨款和对拨款的使用进行监督的基本文件。

1.3.3　施工图设计

施工图设计是工程设计的最后阶段,其内容包括确定工程尺寸、机器设备、材料、做法等,全部工种的施工图样、设计说明书和计算书,有时也包括工程预算。施工图设计如果不引起方案设计、技术设计发生重大变动,则不必再行报批。

施工图完成后,要召开技术交底会,由设计单位向施工、安装单位交代设计意图、技术措施、特殊要求等,施工、安装单位则可以对设计图样质疑,提出建议及在施工过程中可以预见的困难。技术交底会一般由建设单位或筹建单位召集,除设计、施工、安装单位必须参加外,还应请当地城建部门、环保部门以及供水供电部门参加,以广泛征求意见。

工程预算由施工、安装单位分别编制,预算金额超过概算金额时则应申请增加投资。

1.4　施工过程

基本建设施工是根据计划确定的任务,按照图纸的要求,把建设项目的建筑物和构筑物建造起来,同时把机器、设备安装好的过程。

1. 施工前准备工作

该阶段需要完成指定区域的现场布置,包括办公室、生活居住区、大宗材料堆放、加工区的确定和建造(包括施工现场简单加工场地和临时周转材料堆放场地)。在此期间,组织图纸会审和设计交底;编制材料供应计划;组织材料、劳动力进场;进行各类人员的技术交流培训;熟悉施工现场作业环境;与甲方、监理的各专业主管人员进行施工技术交流和沟通。

2. 施工阶段

施工项目主要包括土建及钢结构工程、电气工程、管道工程、通风工程。

施工前,要做好施工图纸的会审工作,明确质量要求。施工中,要严格按照施工图纸施工。施工单位如有合理化修改建议,要经设计单位同意才能修改。要按照施工顺序合理组织施工。地下工程和隐蔽工程,特别是基础和结构的关键部位,一定要经检验合格并做好原始记录后,才能进行下一道工序的施工。

冷库属于低温高湿建筑,对围护结构及库内承重结构有特殊要求,土建及钢结构工程施工应遵照现行施工验收规范执行。

1.5　竣工验收，交付使用

竣工验收并交付生产使用是建筑安装施工的最后阶段，也是建筑商品的交货验收阶段。竣工验收之前，施工单位应根据施工验收规范逐项进行预验收；设备安装工程做好单机或局部试运转记录，并应积极整理收集各项交工验收资料办理交工。在总交工验收时，建设单位组织有关方面的技术人员、专家，按照设计和规范要求对土建、设备安装工程进行验收，签发验收证书。

竣工验收应根据批准的设计文件、施工图纸及说明书、双方签订的施工合同以及设备技术说明书、设备变更通知书、施工验收规范等文件进行。设计文件和合同约定的各项内容已经施工完毕，有完整并经核定的工程竣工资料，有勘察、设计、施工、监理等单位签署确认的工程质量合格文件，有工程使用的主要建筑材料、构配件和设备进场的证明及试验报告等，才能进行验收。

2　冷库库址选择

冷库库址的选择，要先行确定冷库的区域位置，然后在这个区域中选择一个合适位置。研究冷库的选址问题，能够降低运输、基建的成本及货损等，还能保证生鲜食品处于可接受的新鲜程度，从而获得较高的客户满意度。

2.1　选址原则

在冷库选址的过程中应考虑交通运输、征地条件、区域环境、地形、地质条件、水源、电源、热源等，与此同时，随着时代的发展，冷库正逐步向低温配送中心方向发展。因此，在确定冷库的区域位置时，除了要满足上述的选址条件外，还需要结合经济性等方面进行综合考虑。以下对影响冷库选址的几个主要因素进行具体分析。

2.1.1　交通运输

库址应选择在交通运输方便的地方。新鲜度会影响生鲜食品的损耗，也会影响客户满意度，而新鲜度与运输时间有关，当运输距离一定时，运输时间取决于运输速度，运输速度又受到当地交通情况的影响，交通情况成为冷库选址时必须考虑的因素。

2.1.2　区域环境

冷库选址时应结合当地的城市建设远期发展规划，了解库址周围的卫生情况，并应取得当地卫生部门的同意。库址应避开有污染的化工厂、水泥厂、煤厂、传染病医院以及其他产生有害气体、烟雾、粉尘、臭气和对地下水有污染的工业企业。其卫生防护距离必须符合《工业企业设计卫生标准》（GBZ 1—2010）的规定。库址应选择在工业区的上风地带，并宜位于污水处理厂排水口的上游。

2.1.3　地形、地质条件

冷库选址时应对库址的地形、地质、洪水位、地下水位等情况进行调查和必要的勘探。库址选择应遵循节约用地和不占良田的原则，因地制宜，尽可能利用瘠地、荒地、山地、坡地，不应片面强调平坦、方整。库址应位于地势较高地带，考虑生产废水、生活污水、地面雨水能自流排出。库址应与城市规划的公路标高及现有的公路、铁路、河道、码头、水位等标高相适应，尽可能避免大填大挖，以减少地面土方工程。同时，冷库是大量货物的集结地，货物会对地面产生较大的压力，因此特别要求土层承载能力高。

2.1.4　水源

冷库用水量较大，水源条件极为重要。冷库必须有充足的水源，以保证制冷机冷却用水和库房运作用水的需要。

冷库用水一般可取用江河水或深井水。如果水源充足，冷却水可以采用一次用水，但为了节约水资源，最好还是使用循环用水。500 t 以下的冷库在无天然水源的情况下，也可采用自来水，但应根据库址其他条件经过技术经济综合比较后确定。

2.1.5　电源

冷库用电主要是制冷设备用电，包括压缩机和其他用电（如氨泵、水泵用电等），冷库供电系统必须稳定，需要有可靠的电压、稳定的电源，并且有保证。

冷库供电一般属于三级负荷，当冷库公称容积大于或等于 15 000 m³，或每日冻结量大于或等于 60 t 时，属于二级负荷，可采用一回路专用线供电。新建高压输电线路至电源接火点的距离应力求最短。冷库选址时，应对当地的电源、供电量进行深入的了解，并与当地电力部门联系，取得供电证明。如果库址综合条件较差，则应另行选择。除边远地区外，一般不考虑自己设发电设备供电。

2.1.6　其他

在确定冷库的区域位置时，应该以成本最低作为冷库选址的经济性原则，除了要满足上述的选址条件外，还需要结合最短距离原则和最大辐射原则进行综合考虑。

最短距离原则是指这个区域的冷库与所服务冷冻品货主的距离最短。最短距离包括两个方面，即冷冻品从货主指定点运到冷库的距离和冷冻品从冷库运到货主指定的下一个送货点的距离，这是一个综合数值，是一个加权平均值。

冷库所服务的货主是在不断变化的，所服务的地区也在不断变化之中，最大辐射原则是指一个理想的冷库区域位置，应该能够根据变化而相应地、持续不断地吸引新的货主。能够做到这一点，就说明这个区域位置具有很强的业务吸引力，或者是具有最大的辐射能力。

2.2 选址工作流程

2.2.1 库址选择程序

（1）根据商业系统或水产系统冷库的布置要求，进行库址的选择，经过现场踏勘、收集原始资料后，在多种方案全面分析比较的基础上，选择库址的范围。

（2）确定库址的具体位置，报送主管单位审批，在上级审批的库址范围内，进一步落实建库的条件。

2.2.2 库址选择的方法和步骤

1. 对库址的各种可行性方案进行比较和探讨

大、中型冷库工程，应由省、自治区、直辖市行政主管部门的有关领导组织建设、工艺、土建设计、勘测、地质、水文等有关单位的领导和技术人员、专家组成选址工作小组。小型冷库工程、冷库建筑项目，可由建设单位会同设计单位配合当地建设规划部门，一起组成选址工作小组。选址工作小组对库址的各种可行性方案进行比较和探讨。

2. 绘制总平面布置图，估计面积、用水量、污水量等，申请用地，并提供可用库址

冷库选址时，应由负责工艺的专业人员，按照业主要求，编制工艺布置方案，绘制工艺总平面布置方案草图，初步确定库房的外形和用地面积。按照现在的一些做法，以项目可行性报告、设计任务书等形式进行。各专业要认真研究设计任务书的内容，对一些主要指标进行估算，如职工总人数、主要设备、各库房的建筑面积、用水量、用电量以及污水处理量等。

3. 收集资料

详细了解生产加工工艺，并对其需要的生产加工流水线或装置、设备进行深入调查，取得第一手资料后，才能对冷库工程进行主要经济技术指标的核算。

对冷库建筑的组成进行细致分析、精确计算，在优化设计的基础上，明确实际的冷库建筑分项，完成各经济技术主要指标的控制。

4. 进行经济技术分析，选出合适库址

根据现场勘测、调查研究取得的资料，在具体技术条件落实的基础上，对所选的各建库地点进行综合分析、比较，提出推荐的库址方案、编写选址报告，并报送上级管理部门审批。

2.3 选址报告的内容

2.3.1 概述

选址报告需扼要叙述库址选择的依据、工作进行的过程、工作组的组成人员、选址的主要原则，提出几个可供挑选的库址，并推荐一个比较理想的方案。

2.3.2 选址要求及选址指标

选址要求需说明冷库的性质、生产特点、要求的条件，然后给出选址的主要指标，如全库用地面积、职工人数、各建筑物(构筑物)的建筑面积、用电量、用水量、耗煤量、运输量(包括运入和运出)、污水处理措施及技术经济指标等。

2.3.3　区域位置及库址概况

区域位置需说明库址的地理位置、海拔高度及行政区划归属的市、县等详细地点名称。库址需说明其与周围大中城镇、附近工矿企业及主要交通运输枢纽的距离与方位,并附比例为1∶5 000~1∶10 000的区域位置图。同时,叙述库址区域及其附近的地形、地貌,可利用场地及未来发展规划、库区建筑物布置的初步意见,附1∶500~1∶2 000的总平面规划示意图。

2.3.4　占地、拆迁情况

占地、拆迁情况需说明冷库占地范围内的耕地情况、单位产量、拆迁户数及人口,并估计需补偿的费用。项目用地应充分体现国家保护耕地、节约用地的政策,合理规划,严格执行用地定额,控制用地指标,节约用地,尽量不占或少占农田。

2.3.5　地质、地震、气象、水文情况

库址范围内的地质(如土质、岩溶、滑坡)、地震(如地震烈度,曾发生地震的历史记录及破坏情况)、气象(如气温、降水量、最大积雪量、最大冻结深度)、水文(如库址所在地的汇水面积、最大洪水量及最大水位洪水的历史等情况),都要调查收集,并写在报告中。

2.3.6　交通、通信情况

交通、通信情况包括库址所在地区的公路、铁路、水运及通信设施情况等。公路情况需说明该道路的等级、路边宽度、桥涵等级、使用情况、发展计划、连接点到库区的距离等。铁路情况需说明是否要负责接轨点、站的改造,接轨点的坐标、标高,铁路部门的意见。水运情况需说明航运条件,最大船吨位及吃水深度,利用现有码头的可能性,新建码头的地点条件。通信情况需说明通信设施的位置、使用信息等情况。

2.3.7　供应及其他情况

供应及其他情况包括当地电力资源、原料、照明、水源、地方材料、施工力量等情况。尤其是供电方面,需着重说明电源位置与库址的距离,引入供电线路方向,电力部门对最低功率因数的要求及电源电线的短路容量及系统阻抗,用电的负荷等级,计费方式及电价,供电部门的意见。

2.3.8　库址方案的分析比较

对库址方案进行分析、论证、比选,其主要内容包括:对城乡功能、城乡空间资源配置的宏观影响分析;是否符合相关城乡规划的强制性要求及用地布局规划安排;拟选厂址的工程地质、水文及地震、洪水、地质灾害等情况分析。

2.3.9　有关附件

有关附件包括:库址区域位置图(比例 1∶5 000~1∶10 000);总平面规划示意图(比例 1∶5 000~1∶2 000);当地主管部门同意建库的文件或会议纪要等;有关单位的同意文件、证明文件或协议文件(铁路接轨,电力、动力供应,通信,供水,污水处理情况等)。

2.4　实例分析

库址选择是否合理,对建设投资、建设条件、建设速度、投产后企业的经营管理以及城乡建设和发展,都起着重要的作用,并对本地区其他企业的生产、居住卫生条件有很大的影响。为确保选址具有科学性、前瞻性、可行性、安全性,以某科技公司的冷库项目选址为例,结合选址原则进行分析。

2.4.1　库址建设区域分析

1. 地理位置及用地现状

库址位于某县辖区下镇区南侧,东侧距离国道约 500 m。该工程用地呈狭长四边形,东西方向长约 20 m,南北方向长约 75 m;场地平整,自然坡度为 2°~6°。建设不涉及房屋拆迁问题;需征收土地 1 500 m²,其中 1 000 m² 为国有建设用地,剩余 500 m² 为一般农田。

2. 交通组织、配套设施

项目所在地南侧为水泥路,东侧距离国道约 500 m,交通相对便利。目前,镇区内已全部敷设自来水管网,能够满足项目的使用需求。设计采用双回路供电电源,由镇供电所引专线为主电源,柴油发电机作为备用电源。项目所在地已敷设通信、网络线路,完全可满足项目通信方面的需要。

3. 建设条件

拟建场地内和周边不存在全新活动断裂,也不存在孔洞、崩塌、滑坡、泥石流及采空区等不良地质作用;无液化土,场地总体属稳定性较好场地,适于本工程建设。场区地层的地质条件较好,粉土类土分布相对稳定,可作为基础持力层。场地内整体地势高差较小。场区范围内未见有明显的不良地质灾害发生,周围地势平坦,地下无滑坡、泥石流、塌陷、地震断裂带等不良地质现象,不需要特殊处理,能满足冷库工程的选址需求。

2.4.2　库址确定分析

项目所在地东侧、北侧均为耕地,西侧为村中土路,南侧为水泥路,西南侧距最近居民点 230 m,拟建冷库地点交通方便,可满足未来需求。

库区位置与规划相衔接、协调。项目所在地大部分为规划工业用地,符合用地规划要求。冷库项目用地性质为建设用地,不在主导生态功能区范围内,且不在当地饮用水水源区、风景区、自然保护区等生态保护区内,符合生态保护红线的要求。

同时,库区位置在该镇主导风向的侧风向。冷库应与周边居住区、公共建筑保持必要的卫生防护距离,应设置卫生防护用地,项目距西南侧最近居民点 230 m,满足相关卫生防护用地退让要求。冷库建设前后,未改变项目建设区域的环境功能区划;在落实该项目提出的各项污染防治措施后,可确保污染物达标排放,满足环境保护规划要求。

3　冷库总平面布置

冷库总平面布置由平面布置和竖向布置两大部分组成,平面布置是指合理地安排用地范围内的建筑物及其他工程设施水平方向相互间的位置关系;竖向布置是指与平面设计相垂直方向的设计,即库区各部分地形标高的设计。

3.1　总平面布置内容及要求

总平面布置是在考虑影响总平面图的布置因素后给出的总平面布置依据、总平面布置内容、总平面布置原则。

3.1.1　总平面布置依据

总平面布置是依据上级批准的设计任务书、库址选择报告进行的一项设计工作。

工艺设计人员(含制冷、生产)提出工艺布置方案,会同土建(建筑、结构)、水、电等设计人员,研究讨论确定布置方案,由土建工程负责人在1∶500、1∶1 000、1∶2 000的地形图上,对冷库的所有建筑物、构筑物、道路、上下水管道、供热管道、绿化设施等进行总平面设计和竖向设计。

这是一项比较复杂的综合性任务,需各方技术人员密切配合,从实际情况出发,分清主次,使总平面布置能最大限度地满足生产与经济方面的要求,又能合理解决环境卫生和建筑艺术等方面的问题。

3.1.2　总平面布置内容

(1)根据生产工艺过程、场地条件,合理布置库区内所有的建筑物、构筑物和其他设施。

(2)正确地选择库区内外交通运输系统,合理地组织人流和物流。

(3)根据生产要求,结合库址条件,合理地布置地上和地下工程管网。

(4)进行库区竖向布置。

(5)进行库区的绿化与美化设计。

(6)创造完美的工业建筑艺术群体。

3.1.3　总平面布置原则

所有管理者、从业人员和工程设计人员,都必须遵守国家、省(区、市)和行业分别制定的有关规划、建筑、卫生、消防、管理等的规范。

总平面布置涉及面比较广,因此影响因素也比较多。设计中必须全面考虑各种因素的不同影响,分清主次,统一解决;同时,这些影响因素也和各种不同性质、规模的冷库工程的具体条件和技术有关,且在不断发展变化。

总平面布置需充分考虑其影响因素,总平面布置原则如下。

1. 满足生产工艺的基本要求

总平面布置必须满足生产工艺流程的要求。库区内各建筑物、构筑物及各种设施的布置不仅应符合生产工艺流程的要求,而且应经济合理,生产线路最短,为经营管理创造良好的条件,并为以后扩建和生产工艺流程的改进提供方便的条件。

2. 力求布置紧凑,按功能划分区域

总平面布置应根据生产特点、卫生及防火条件、货运量、动力设施等条件,将建筑物、构筑物和其他设施等按生产作业线分组布置在库区内。库区内的建筑物、构筑物及设施应紧凑布置,库区外形及建筑物外形应力求简单规整,以最大限度地节约用地,缩短各种工程管网的长度,降低生产成本。

3. 与地形、地质、气象条件密切结合

地形条件会对生产工艺流程所需的平面造成影响。如地形坡度大,平整土地的工程量就大,使建设成本增加。工程地质条件,如地耐力、地下水位、暗河等,对冷库(或其他)建筑的基础设施有极大的影响。气象条件,如夏季主导风向,决定选址工作和冷库工程内各建筑之间的间距。

冷库在城市的布置要满足:在夏季主导风向的下风侧;在江河、湖区主要取水口的下游;远离居民区、商业区;靠近城市主要城际交通干线等;不占城市中心用地或农村的耕地;区域环境要远离化工产业园区、水泥生产厂、传染病医院等。建议在冷库工程周边,设不低于50 m的绿化隔离带,种植常绿植物和速生高大树种。

4. 满足卫生、防火、安全的要求

为了保证库区内的建筑有良好的通风和日照条件,在建筑方位和主导风向方面都有一些要求。例如,将有污染的原料区、隔离区放在生产区的下风向,与冷库要有一定的卫生防护距离。从安全角度考虑,一定要确保危险品仓库远离冷库。

5. 具备方便的运输设施与合理的运输线路

冷库的吞吐量比较大,因此必须有方便的运输路线和合理的运输设备。为满足生产要求,必须结合冷库货源进入与成品运出的具体情况,正确选择运输方式。运输设备是指与冷库对接的冷冻冷藏车辆,一般不要超过两种以上的车型。因为车型直接影响对接站台的设计高度、场内停车场和交通转弯通道的设计,不同车型对停车场地面建设有不同的要求。

3.2　总平面布置方法

总平面布置方法是指在总平面布置时,在满足冷库各种需求的同时,为达到经济合理的目的所需要采取的方法。

3.2.1　工艺布置方案

工艺布置方案是指在满足生产工艺的要求,保证生产流程连续性的同时,将所有的建筑物、构筑物、道路、管线等按生产流程进行联系和组合,尽量避免作业线的交叉和迂回运输。肉类产品工艺布置方案如图 2-1 所示,鲜鸡肉与蛋品的工艺布置方案如图 2-2 所示。

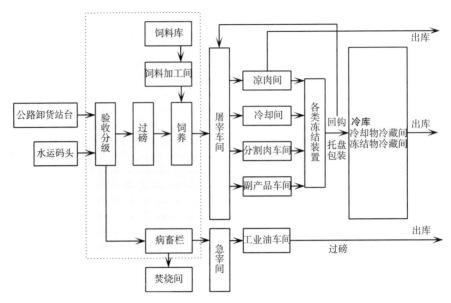

图 2-1　肉类产品工艺布置方案

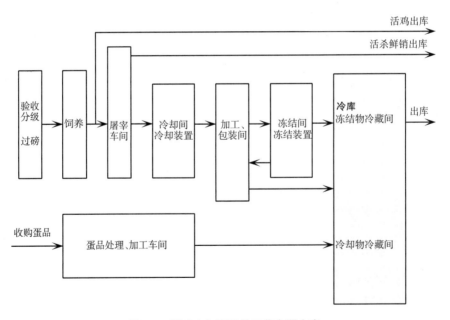

图 2-2　鲜鸡肉与蛋品的工艺布置方案

3.2.2　其他

冷库工程的排水、通风、日照、绿化、消防等诸多方面,均应遵照国家卫生标准规定的要求执行。

为保证食品的卫生条件,有污染的锅炉房、煤场、鱼类腌制池、鱼类加工厂、下脚料堆场等,与冷库都要有一定的卫生防护距离。从卫生角度来看,制冷机房、理鱼间等设施,要求有良好的通风和采光条件。

采用自然通风管进行地坪防冻的冷库,其通风管的走向应与夏季主导风向平行或与主导风向成不小于 45° 的夹角;制冷机房则要求布置在通风良好的地段,其长轴应与夏季主导风向垂直或成大于 45° 的夹角;当采用拱形和山形建筑平面时,主导风向应与主轴平行或成大于 45° 的夹角。冷库的常温站台不宜朝西,最好朝南。从冷库冷间的冷库门内外温差的角度分析,为了使开闭冷库门时的冷热交换量最少,冷库门朝向不宜朝南。解决这个矛盾的最佳方法是冷库做封闭站台(或称为封闭式月台),且建议朝北、朝东设计。

冷库工程的绿化设计是有指标性数据的。冷库工程的绿化不仅是美化工作,还有报警作用,如桉树的树叶如遇少量的制冷剂氨气(R717),会萎靡下垂,有安全警示的作用。

冷库建筑属工业建筑、仓库建筑,在消防安全方面,属于需严格管制的对象。建议新建的冷库工程,氨制冷机房必须远离居民区,距离大于 100 m;且间隔道路、绿化带、河道和人工隔离设施等。

3.3　总平面竖向布置

总平面竖向布置就是根据库址的地形和地质情况来确定建筑物、构筑物、室外场地、道路、铁路和管线等的标高。为满足冷库的建设和经营使用要求,竖向布置要做到尽可能减少各建筑物和构筑物基础的埋置深度,使各种管线有合理的走向和坡度,土石方工程量最小,且能在库区内平衡,使建筑物和构筑物免受地下水及洪水的威胁。

3.3.1　竖向布置的基本内容

(1)确定库区内所有建筑物、构筑物、室外场地、铁路及工程管线的标高。设计标高应尽可能接近原有标高,并使库内外的标高互相衔接,做到合理、经济、安全和交通运输方便。

(2)拟订库区的排水系统,配置必要的排水构筑物,以保证地面雨水能合理地在最短时间内以最短的流程由库区内排出。

(3)确定土方工程量、土方差额和土方移动的方向,并在设计中尽量利用自然地形,减少土方工程量,使库区挖方和填方接近平衡,达到土方总量最小和运距最短。

3.3.2　竖向布置应考虑的因素

(1)库区原有的自然坡度和标高。

(2)铁路专用线接轨点的标高及其与库址的距离,铁路专用线的坡度。

(3)公路连接点的标高与库址的距离,公路的坡度。

(4)库址周围地下水位及洪水位高度。

(5)冻土的深度。

(6)供水水源及排水出口水位,排水出口至库址的距离。

(7)土壤性质及土层厚度,建(构)筑物可能采取的基础埋置深度。

(8)地下管线的坡度及埋置深度。

(9)当地城市规划的标高。

3.3.3   竖向布置的方式

根据自然地形坡度和运输要求,可采用下列三种竖向布置的方式。

(1)连续式:在建筑场地范围内进行全面平整,平整的坡度可根据地形变化和排水方向确定,冷库总平面竖向设计多采用此方式,因它的建筑密度大,且生产面在一个水平上,故冷库多选择自然地形较平坦的场地。

(2)重点式:在建(构)筑物附近进行重点平整,其他地面仍保留原有地面,这种布置适用于建筑密度小、交通运输线及地下管线简单的场地。由于冷库生产连续性要求比较高,故很少采用这种方式。

(3)混合式:连续式和重点式相结合的布置方式。

冷库的竖向布置与总平面设计要统一考虑,在总平面图上附带表示,不单独出图,竖向布置应标注建筑物的坐标及设计标高,标注道路、铁路的纵向坡度、变坡点及交叉口的坐标和标高,标明地面排水方向(一般用箭头表示)及护坡、挡土墙、排水明沟等构筑物的位置。场地平整的最小设计坡度应保证雨水径流,一般为 5‰,困难情况下可采用不小于 3‰ 的坡度,地面最大坡度以大致产生冲刷为限,一般不宜大于 6%,明沟坡度一般为 3‰~5‰。

竖向设计中还要计算土石方工程量。初步估算时可用横断面近似计算法,对于梯田洼地及地形起伏较大的地段,可用分块局部计算法;精确计算地形变化比较平缓的地段时多用方格网计算法。计算土石方工程量时,还应考虑地下室工程、设备基础、地下管线的剩余土方以及库区边界由于放坡等所需的土石方工程量。

4   冷库建筑平面布置

冷库建筑平面设计的主要任务是根据设计任务书的要求、总平面图所限定的客观条件,确定建筑平面中各组成部分的范围以及它们之间的相互关系。冷库建筑平面设计是整个冷库建筑设计中十分重要的部分,它对建筑方案的确定有重要影响。在进行平面布置时,首先要抓住建筑平面设计,综合考虑各方面的因素,进行反复细致的推敲,为其他部分的设计打下一个良好的基础。此外,要仔细分析所建冷库的功能,依据生产工艺流程,布置生产工艺流程中各个环节的位置,处理好各个环节间的相互关系,在满足生产工艺流程要求的基础上,尽量减少交通辅助面积和结构占地面积,提高建筑平面利用系数,降低建筑造价,节约投资。

4.1   平面布置内容及要求

冷库平面布置与结构方案的选择、建筑造型、制冷设备布置有直接关系。

4.1.1   平面布置内容

冷库建筑设计是依据设计任务书规定的冷库性质、生产规模、总平面所给定的位置、食品冷加工及冷藏工艺流程、库内装卸运输方式、制冷系统、设备及管道的特点,对冷库的冷间、辅助用房、楼电梯间、穿堂、站台等进行合理布置,要求做到技术先进、安全适用、经济合理、适当注意美观。

冷库平面设计直接影响制冷工艺、装卸运输线路和经营管理的合理性,也会影响库房面积利用率、施工费用和建筑使用寿命。

综上所述,平面布置就是根据冷库的性质、生产规模、工艺流程、运输方式及管线的布置,来确定冷库的建筑形式(单层还是多层),确定冷间、穿堂、楼电梯间的面积、形式和具体位置。

4.1.2 平面布置要求

(1)尽可能短的运输线路,避免交叉和迂回运输,尽可能利用穿堂作为各部分的连接部位。穿堂可作为脱钩间、脱盘间、包装间、过磅间等,以降低工程造价,延长建筑使用寿命。

(2)应尽量减少主体建筑的外表面积,使其尽可能接近正方体,以降低建筑造价,减少热损耗。

(3)拟订布置方案时,要尽量提高冷库建筑面积的使用率,尽量压缩穿堂、过道、楼电梯间等辅助用房的面积。

(4)按不同的设计温度进行分区和分层布置,高低温分区应明确,尽可能相互分开。

(5)在分区内部应根据使用要求的不同和适宜的大小进行分间,不同种类的货物尽可能不要混装。

(6)冷间的净高和柱网尺寸应根据建筑模数和货物包装规格、托盘大小、货物堆码方式以及堆码高度等因素确定,同时应结合经营管理模式和使用功能确定,并应综合考虑结构选型的合理性。

4.2 不同生产工艺流程的平面布置

冷库建筑平面布置就是合理安排各种冷加工用房和辅助生产用房的相对位置,运用穿堂、走道进行有机的联系,使平面布置满足生产的要求,同时也符合冷库建筑的技术处理原则。建筑平面布置过程也是具体安排生产工艺流程线路的过程。进行建筑平面布置时,要对生产工艺中一道工序与另一道工序的相互关系和必需的条件进行深入的了解,并且通过多种方案比较,全面权衡利弊,这样才能获得较满意的效果。

4.2.1 生产性冷库功能分析

图 2-3 所示为生产性冷库功能分析图。从图中可以看出以下几点。

(1)大部分食品经过检验、分级、过磅后进入冷却间,成为冷却品后又转入冻结间冻结,冻结品再经脱钩(钩、轮等返回屠宰间),进入冻结物冷藏间,最后过磅、出库。一部分食品冷却后经冷却物冷藏间冷藏,而后过磅、出库,或冷却后直接出库。一次冻结的食品不经冷却直接进入冻结工序。

(2)冻结间和冻结物冷藏间联系密切,且库温都较低,这部分属于低温区;冷却间和冷却物冷藏间关系密切,且库温相同(近),相对前者而言,可称为高温区;检验、分级、过磅部分称为常温区。这三个区之间用穿堂联系。在平面设计时,要注意低、高、常温区的隔离问题。

（3）为避免进出货物路线交叉,较大型冷库或进出货物频繁的冷库,进出货物口至少应保持 90° 的方向差。

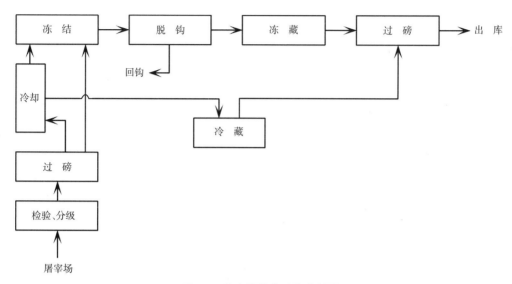

图 2-3   生产性冷库功能分析图

4.2.2   分配性冷库功能分析

分配性冷库的主要任务是接收从生产性、中转性冷库运来的食品进行冷藏,根据货流路线作出的功能分析图如图 2-4 所示。由图可以看出,运来的食品经检验、过磅后大部分直接送入冻结物冷藏间贮藏,其中温度高于-8 ℃的食品进入再冻间冻结,然后进入冻结物冷藏间。这类冷库工序简单,进出口一般都在一个方向。

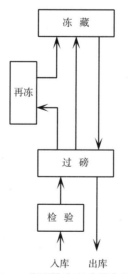

图 2-4   分配性冷库功能分析图

4.3　不同冷库建筑的平面布置

平面布置具体反映在建筑平面设计上,就是合理安排各种冷加工用房和辅助生产用房的相对位置,利用穿堂、走道将它们有机地联系起来,满足各种不同性质、规格的冷库在生产上的要求,下面详细介绍各种冷加工用房和辅助生产用房。

根据各类库房的温度,冷藏库大致可归纳为大于或等于 0 ℃的高温库房和处于负温的低温库房。其中,有的库房温度比较稳定,如冷藏间;有的库房温度可能在 0 ℃以上或以下的范围内波动,如采用直接冻结工艺的冻结间,入库处是正温,出库处则为负温。由于以上原因,应当根据不同情况,分别进行建筑热工处理。如果热工情况不同的库房毗连,其交接部位的构造处理将会很复杂,而且不易取得理想的效果,因此冷库建筑之间的平面组合是一个非常值得思考的问题。

4.3.1　冻结间与冻结物冷藏间的组合

各类冷库的冻结、冻结物冷藏工序之间的联系十分密切,且库温都较低,通常把它们布置在一起,放在主体内。这种布置使货流路线最短,食品由冻结间进入冻结物冷藏间时冷量损失少,布置方式如图 2-5 所示。其不足之处是,穿堂占有面积是冷库隔热廓体内的面积,降低了贮藏容量,同时冻结间热湿交换量大,经常产生水雾、结霜等现象,在工作和不工作时产生冻融循环,使冻结间容易受破坏,成为整个冷库的薄弱环节。

图 2-5　冻结间布置在主体内
1—冻结物冷藏间;2—冻结间;3—穿堂

4.3.2　低温库与高温库的布置

高温区只发生结露、凝水现象,一般不会出现冰霜;而低温区则可能产生凝水、结冰霜现象,甚至发生冻融循环。如果易损坏与不易损坏的库房毗连,则本来不易损坏的也将被牵连而影响正常使用。因此,应根据各库房的温度要求及热湿交换情况进行组合布置。通常来讲,冷却间、冷却物冷藏间属高温区,冻结间、冻结物冷藏间属低温区。按温度分区,可采取以下几种组合方法。

1. 高低温库独立成库

将高温库与低温库分为两个独立的围护结构体,使用方便,建筑热工处理也互不影响,有利于向库温单一化、专业化、自动化方向发展。

2. 高低温库分边布置

将高温库布置在一边,低温库布置在另一边,中间用一道隔热墙分隔开,楼板、地板也分隔开,高低温之间不应有连续梁。如果是多层库,则分界线应上下对齐,在同一轴线上,钢筋混凝土楼地板也应彻底分开,如图 2-6 所示。

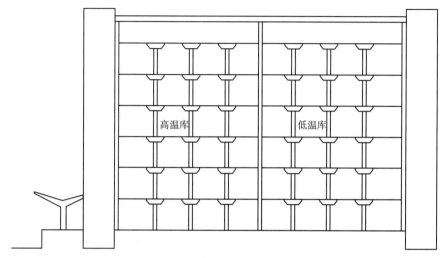

高温库   低温库

图 2-6   高低温库分边布置

3. 高低温库分层布置

对于多层冷库,可考虑将高低温库分别布置在不同楼层。高温库设在底层(或下面几层),低温库设在其上,如图 2-7(a)所示。这种冷库布置方式,地坪可不做防冻处理,适用于主要贮存高温食品的冷库。还可将高温库设在顶层,其下为低温库,如图 2-7(b)所示。这样布置有利于减少冷库屋顶传入的热量,但地坪防冻处理工作量大,适用于主要贮存低温食品的冷库。

采用分层布置方案,高低温库之间的楼板需做隔热处理。同时,虽然用楼层将不同温度的冷间分开,但它们通过楼电梯间仍有联系,若处理不当,较强的热湿交换仍会在其中进行。

同温冷间或同温层之间的隔墙(楼板),一般不做隔热处理。但若考虑使用中会出现空库,可适当增设隔热墙(楼板)。

4.4   实例分析

图 2-8 是一座大型冷库的设计图。该冷库的货物全靠铁路运输,货物量多而时间又受限制,要求有较大的吞吐量。冷库的平面形状多为方形或矩形,并配双面站台。该冷库的建筑结构整齐、简单,利于实现冷库的预制装配化、运输机械化,且便于进出货。其为多层土建式冷库,低温穿堂,双面站台,能够满足冷库货物快速大批量进出的需求。

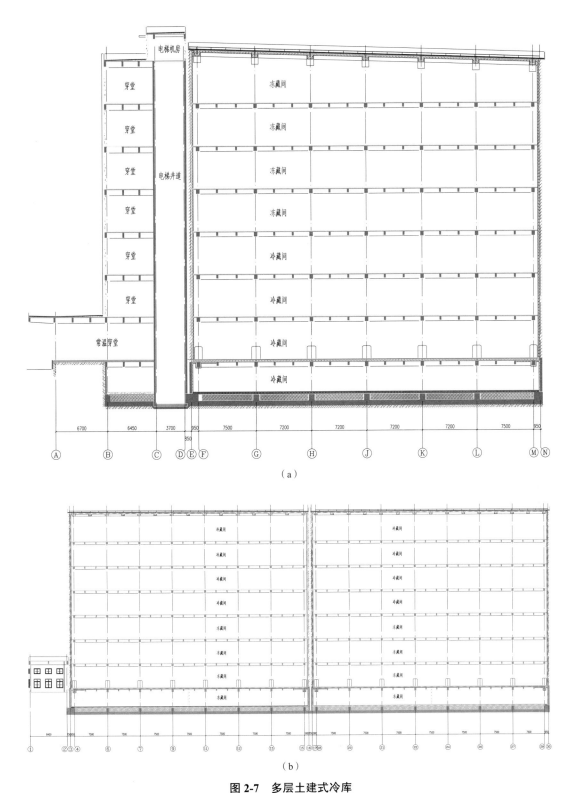

图 2-7 多层土建式冷库

(a)高温库在下 (b)高温库在上

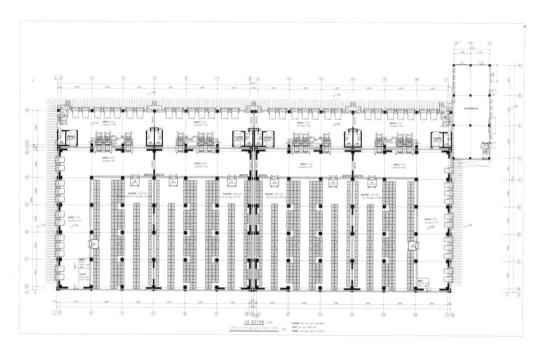

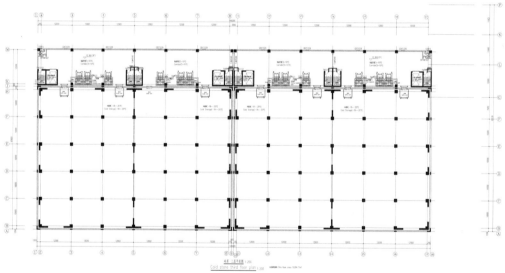

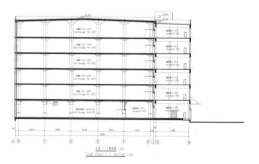

图 2-8 多层土建式冷库,低温穿堂,双面站台

Chapter 3

第 3 章
冷库建筑的结构

在建筑物中承受外部荷载的构架或构件,如基础、柱、墙、梁、板、屋面等组成的体系,称为建筑结构。冷库是低温仓储建筑,其特点与一般工业和民用建筑不同,因此对其结构和建材的要求也不同。

冷库建筑不同于一般的工业和民用建筑,主要表现在不仅受生产工艺的制约,更受冷库内外温差和水蒸气分压差的制约,由于冷库的使用性质不同,冷库建筑内部常处于-40~0 ℃温度范围内,而冷库建筑外部则随室外环境温度的变化经常处于周期性波动之中,加之冷库生产作业需要经常开门导致库内外热湿交换等,因此冷库建筑必须采取相应的隔热、隔汽、防潮技术措施,以适应冷库的特点。

本章主要介绍冷库建筑的承重结构、围护结构和其他结构。

1 冷库建筑的承重结构

承重结构是指承担建筑物各部分重量和建筑物本身重量的主要构件,如屋架、梁、楼板、柱子、基础等,这些构件构成了建筑的传力系统。

目前,冷库建筑的建造方式主要有三种:一是采用砌块和钢筋混凝土结构加保温建造的土建冷库;二是轻钢结构加装配式冷库;三是土建或钢筋混凝土结构加装配式冷库。

土建冷库有单层和多层之分,单层冷库多采用梁板式结构,多层冷库则采用无梁楼盖结构。轻钢结构加装配式冷库采用钢柱、钢梁等轻型钢结构承重,保温采用预制库板现场拼接,这种冷库结构美观,大小、高低皆可调节,建设周期短,库内规整,可实现自动化处理。土建或钢筋混凝土结构加装配式冷库以全新的建筑理念(即标准化、模块化、工厂化等)替代原有冷库建筑的建造模式及运营方式,这种冷库目前已成为世界冷藏行业发展的总趋势,具有很好的发展前途。

承重结构:抗震,承受外界风力、积雪、自重、货物及装卸设备重量。

地基与基础:承受冷库的全部荷载及自重,并通过基础传给地基。

冷库基础应有良好的防潮、防冻性能以及足够的强度。

1.1 地基与基础

地基和基础是两个不同的概念,但又有着密不可分的联系。冷库建筑上部的总荷载(包括屋面、楼层、墙、柱的自重及各种活荷载)通过基础传递到地基(图 3-1)。地基和基础都是为上部结构服务的,共同保证冷库的坚固、耐用和安全。因此,冷库必须具备足够的强度和稳定性,防止因沉降过大和不均匀沉降而引起裂缝和倾斜,有些建筑物的破坏就是由于地基和基础处理不当,产生不均匀沉降,基础断裂而造成的。在冷库设计中,通常应尽可能选择良好的天然地基,争取做浅基础,采用价廉易得的材料和先进的施工技术,使设计符合经济合理的原则。

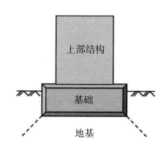

图 3-1　地基与基础

1.1.1　地基

地基是指承受由基础传来的荷载而产生应力和应变的土层。它承受由基础传来的冷库的全部荷载(包括冷库自重、风载、雪载、覆土压力等)。修建冷库前,必须对冷库所在地的地质条件进行全面调查,通过地质勘探,查清地基土的好坏,土层分布是否均匀,承载能力大小,地下水位高低,有无腐蚀作用,地下有无池塘、暗沟、溶洞、坟墓等。

地基承受建筑物荷载而产生的应力和应变随着土层深度的增加而减小,在达到一定深度后,就可以忽略不计。直接承受建筑物荷载而需计算压力的土层称为持力层。持力层以下的所有土层称为下卧层。地基在稳定条件下,每平方米所能承受的最大垂直压力,称为地基容许承载力(R),又称地耐力。

1. 对地基的要求

地基承载力(subgrade bearing capacity)是地基土单位面积能承受的压力,常用单位为 kPa。地基承载力应大于或至少等于加在地基上的荷载;地基设计所用的承载力通常是在保证地基稳定的前提下,使建筑物的变形不超过其允许值的地基承载力,即允许承载力,其安全系数已包括在内。冷库设计中不同层数建筑的允许承载力如表 3-1 所示。

表 3-1　冷库设计中不同层数建筑的允许承载力

建筑层数	允许承载力(kPa/m²)
单层	>0.8
二层	1.2~1.5
三层	1.5~1.8
四层	1.8~2
五层	2~2.5
六层	2.5~3

冷库下相同土壤的地基,单位面积的负荷应相等,如果不同地段的地基承载力不同,则

应按不同承载力变更地基单位面积负荷,为此可放大或缩小地基面积;地基必须稳固,不受运输振动等的影响;地基表面应与它承受的荷载的合力相垂直;地基必须加以防护,以免受地表水及地下水作用影响或遇低温而冻胀。0 ℃以下低温库房的承重墙、柱基础最小埋置深度自库房室外地坪向下不宜少于 1.5 m,且应满足所在地区冬季地基土冻胀和融陷影响对基础埋置深度的要求。软土地基应考虑库房地面大面积堆垛所产生的地基不均匀变形对墙柱基础、库房地面及上部结构的不利影响。

2. 地基土的分类

1)按材料组成分

冷库所用的地基土按材料组成分为岩石类土、碎石类土、砂类土、黏性土和人工填土。

(1)岩石类土:如花岗岩、石灰岩、片麻岩、砂岩等,为结晶或胶结的岩石,呈整体或有裂缝,或经风化后成碎块状的岩石。它的承载能力很高,根据岩石的种类和风化程度,其容许承载力可达 50~400 t/m²。

(2)碎石类土:经风化后未胶结的碎粒土,其中粒径大于 2 mm 颗粒的重量超过全重的 50%。根据颗粒形状和大小,其还可分为碎石、卵石、角砾、圆砾等。这类土的透水性很强,在紧密状态时压缩性很小,承载能力也很高,根据其密实程度,允许承载力可达 20~80 t/m²。

(3)砂类土:主要由粒径 0.5~2 mm 的砂粒组成,干粒时呈松散状态,无塑性。按粗细颗粒所占比例不同,其又可分为砾砂、粗砂、中砂、细砂和粉砂五种,通常允许承载力在 10~40 t/m²。

(4)黏性土:主要由粒径 0.05 mm 以下的颗粒组成,有塑性,其塑性指数大于或等于 1。根据塑性指数,其又可分为亚砂土、亚黏土和黏土,一般允许承载力为 8~30 t/m²。

(5)人工填土:经人工搬动后,又重新堆填而形成的土层。土层分布极不规律、不均匀,压缩性高。根据其成分和形成方式,又可分为素填土、冲填土和杂填土,这类土一般必须经过处理,才能作为冷库建筑的地基。

2)按地质条件和地耐力分

冷库所用的地基按地质条件和地耐力分为天然地基和人工地基两类。

(1)天然地基:不经过人工处理,直接用天然土壤承受上部建筑的全部荷载。作为天然地基的土壤必须有足够的强度(地耐力高),且稳固、不易被冲刷等。一般岩石类土、碎石类土、砂类土以及黏土均可作为天然地基。这种地基的土壤一般承载力较强、压缩性小而且均匀,好土有足够的厚度,地下水位较低。冷库所使用天然地基仅有岩石地基和碎石地基,岩石地基有火成岩、沉积岩和变质岩等几种,其承载力极高,通常为 1 000~4 000 MPa;碎石地基为土中夹杂风化破碎岩石或未完全发育沉积岩的土层,其承载力通常为 200~800 kPa。

(2)人工地基:土壤承载力小,不能承受冷库基础传来的荷载,须采用人工方法加固土壤,以提高其承载能力。如淤泥、杂填土、冲填土或其他高压缩性土层,作为地基没有足够的坚固性和稳定性,必须对土层进行人工加固后才能在上面建造房屋。

在大多数情况下,冷库的地基为人工地基。

3. 地基局部处理

基础施工时,常会发现局部基坑(槽)底部的土质与设计要求不同,或遇到地基勘探中没有查到的情况,如废井、回填土坑等,这时就必须对地基进行局部处理。如图 3-2 所示,对

于局部软弱土层,应将软土挖掉,基坑(槽)底部沿墙身方向挖成台阶形,台阶的高宽比为
1:2,然后做台阶形的垫层。

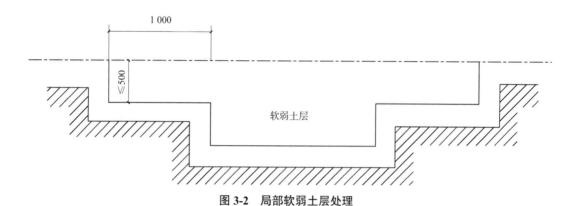

图 3-2　局部软弱土层处理

当基坑(槽)施工中发现废井、枯井或直径小而深度大的洞穴时,除了采用局部换土法外,
还可在井上设过梁或拱圈跨越井穴,若井穴位于建筑转角处,可根据具体情况,考虑从基础中
挑梁或延长基础至井圈外的地基,使其有足够的承载面积,并在基础上设基础梁。

基坑(槽)底如遇含水量较高的黏性土、黑土或质软而有弹性的橡皮土,应避免直接在
地基上夯打,可将基坑(槽)底适当加深,用碎石铺底,压入土中,上面再用灰土夯实。如软
弱土层较深,采用换土法会增加工程量,则要考虑地基加固,使土质由松到紧,含水量由高变
低,提高地基的允许承载力。

地基在局部处理后,为了避免地基软硬不一而造成基础沉降不均匀,有时必须加强基础
或上部结构的刚度,如砖墙局部加钢筋或加圈梁等。

1.1.2　基础

冷库的基础承受全部冷库建筑荷载,并将其均匀地传给地基。冷库基础的结构形式与
断面尺寸应与作用在其上的荷载及地基承载力相适应;应有良好的抗冻、抗浸与抗侵蚀性
能。当基础对地基的压力超过地基的容许承载力时,地基将出现较大的沉降变形,甚至发生
地基土层挤出而破坏。为了保证建筑物的稳定与安全,必须将建筑物基础的底面积扩大,以
适应建筑总荷载和地基容许承载力的要求。

1. 对基础的要求

基础是埋在地下的隐蔽工程,建成后不易检查和加固,而它往往又受到地下水的侵蚀和
寒冷地区土的冻胀作用以及其他影响,在设计时必须充分考虑各种条件,使其具有与上部建
筑使用年限相适应的耐久性。因此,基础要具有足够的抵抗外力(挤压、弯曲、剪切、倾覆和
移动)的能力,其断面尺寸和形式应与作用在其上面的荷载以及地基的承载能力相适应,使
其沉陷值在允许范围之内;具有良好的抵抗潮湿、冰冻和侵蚀性能,均匀地承受冷库的荷载,
并把它均匀地传给地基。

2. 基础的分类

基础可按照构造类型、基础材料等分类。基础的形式与建筑物上部的结构形式、荷载、

地基的承载能力以及选用材料的性能等有关。

1)按构造类型分

按构造类型,基础主要分为条形基础、单独基础、满堂基础等。

(1)条形基础:呈连续的带形,又称带形基础,沿墙长布置,如图 3-3 所示。当建筑物上部为框架结构,荷载较大,地基又属软弱土时,为防止不均匀沉降,常将柱下基础连接起来,形成钢筋混凝土条形基础。十字交叉式的条形基础称为井格基础,如图 3-4 所示。

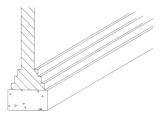

图 3-3 条形基础

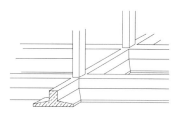

图 3-4 井格基础

(2)单独基础:基础中独立的块状形式,常作为框架结构的柱下基础。常用的断面形式有踏步形、锥形、杯形,如图 3-5 所示。当承重墙结构的地基上面土层较弱时,为了减少土方工程量,节约基础材料,可在墙下每隔 3~4 m 设一独立基础,上设过梁以承托墙体。单独基础又称柱墩式或井柱式基础。

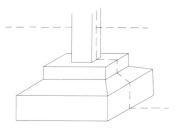

图 3-5 单独基础

(3)满堂基础:由成片的钢筋混凝土板支承整个建筑,板直接由地基土层承担,或支承在桩基上。满堂基础适用于荷载集中、地基承载力差的情况,主要有筏形基础(图 3-6)和箱形基础等。

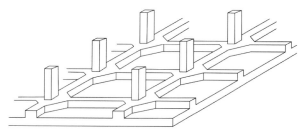

图 3-6 筏形基础

以上基础为实体块式、厚板式或梁板式等结构。为了减轻结构自重、节约基础材料、减轻地基荷载,在工程上已用多种形式的壳体基础来代替各种实体基础。

2）按基础材料分

按照基础材料,基础可分为以下几种常见形式。

（1）砖基础:以砖为砌筑材料形成的建筑物基础,由基础墙和大放脚组成。由于基础埋在土中经常受潮,故应采用不低于 MU7.5 的黏土砖和不低于 M5 的水泥砂浆砌筑。砖基础常做成踏步形,为满足刚性角要求,踏步常常做成二一间隔收（图 3-7（a））或二皮一收（图 3-7（b））,即二皮砖的高度与一皮砖的高度相间隔各收一次,每次收 1/4 砖宽,或每两皮砖的高度收进 1/4 砖宽。砖基础一般用于荷载不大、基础宽度较小、土质较好、地下水位较低的地基,否则施工质量不易保证。

图 3-7　砖基础
（a）二一间隔收　（b）二皮一收

（2）灰土基础:在砖基础下设灰土垫层（灰土垫层按基础计算）的基础（图 3-8）,灰土基础上扩大的砖砌墙基为大放脚。灰土基础是用石灰与黏土（按体积比=3∶7）加适量水拌合分层夯实而成的,一般每层虚铺 250~280 mm,夯实后厚度为 150 mm,称为一步,视荷载情况可做二步到三步。采用灰土基础可以节约基础用砖,但它只能作为地下水位以上及冰冻线以下的基础。

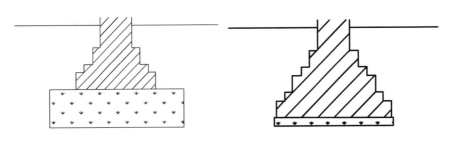

图 3-8　灰土基础

（3）三合土基础:用 1∶2∶4 或 1∶3∶6（体积比）的石灰、砂、碎砖加适量的水拌匀,铺在基坑（槽）内夯实而成的基础,每层厚度为 150~120 mm。其要求、特点与灰土基础相似,南方地区常采用这种基础。

（4）毛石基础:在产石地区采用毛石基础可以就地取材、降低造价,应采用未风化的硬质岩石。毛石基础常砌成踏步形,基础墙厚度及大放脚高度不宜小于 40 mm,每步伸出宽度不宜大于 200 mm,砌筑时常用强度等级为 M5 的砂浆,要求砂浆饱满,石块相互搭接,没有通缝(图 3-9)。

（5）混凝土基础:具有坚固、耐久、不怕水、刚性角大的特点,常作为地下水位以下的基础,缺点是耗用水泥量大、造价略高。它一般采用 C10 混凝土现场浇灌捣固而成,其断面可根据高度情况做成矩形、踏步形或锥形(图 3-10)。为了节约水泥,可在混凝土中加入适量的毛石,称为毛石混凝土。所用毛石强度等级应不低于混凝土强度等级,粒径应不大于基础宽度的 1/3,石块总体积可为基础总体积的 20%~30%。

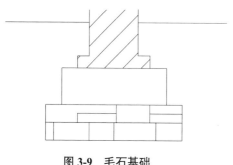

图 3-9　毛石基础

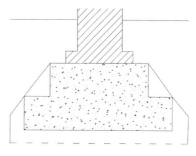

图 3-10　混凝土基础

（6）钢筋混凝土基础:当建筑物上部结构荷载很大而地基承载力又较小时,采用钢筋混凝土基础可以减小基础厚度和埋置深度,节约材料。钢筋混凝土基础板内的钢筋直径不宜小于 6 mm,间距不大于 250 mm,所用混凝土强度等级不低于 C25,基础下常设厚 100 mm的 C10 混凝土垫层(图 3-11)。

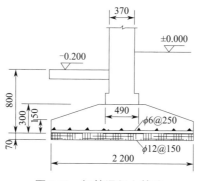

图 3-11　钢筋混凝土基础

（7）桩基:当地基的软弱土层很深而建筑物又很高或荷载很大时,采用浅埋基础不能满足地基承载力的要求,可采用桩基。穿过软弱土层后直接支承在坚硬土层上的桩,称为端承桩(图 3-12(a));若软弱土层很厚,桩不是支承在坚硬土层上,而是借土的挤实,利用土与桩的表面摩擦力来承受建筑荷载,这种桩称为摩擦桩(图 3-12(b))。

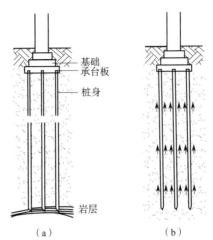

图 3-12　端承桩与摩擦桩

(a)端承桩　(b)摩擦桩

桩基一般由桩身和钢筋混凝土承台板或承台梁构成,独立基础砌在承台板上,砖墙砌在承台梁上,使基础和桩紧密联结,共同作用。

常用的桩有混凝土桩和钢筋混凝土桩。按施工方法,钢筋混凝土桩分为预制桩和灌注桩。

预制桩(图 3-13(a))借助打桩机打入土中,其混凝土强度等级不低于 C40,断面有方形、圆形和管状等。预制桩施工简便,容易保证质量,但造价高,施工时有较大振动,会影响附近建筑物。

灌注桩(图 3-13(b))一般是用打桩机将带活瓣桩尖的钢管打入土中,然后在钢管中注入混凝土,再将钢管拔出;也可用钻机钻孔后灌注混凝土。灌注桩造价较低,但施工时容易发生颈缩而影响桩的质量。

工程中还常采用爆扩桩(图 3-13(c))。它是先用机械在土中钻出竖孔,再用炸药将桩头扩大成球状,然后放入钢筋骨架,再灌注混凝土。这种桩的桩头为球状,扩大了土的支承面积,又挤实了土壤,且桩柱短,较为经济,但不宜用在淤泥或砂土层内。

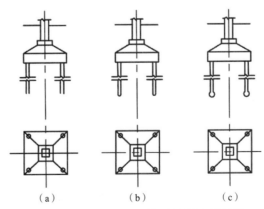

图 3-13　钢筋混凝土预制桩、灌注桩和爆扩桩

(a)预制桩　(b)灌注桩　(c)爆扩桩

桩基的优点是大大减少了土方工程量,加快了工程进度,同时比较坚固可靠。几种常见基础的比较见表3-2。

表 3-2　几种常见基础的比较

类型	特点	优点	缺点
砖基础	由基础墙和大放脚组成	砖基础一般用于荷载不大、基础宽度较小、土质较好、地下水位较低的地基,否则施工质量不易保证	费时,需要很多劳动力,且承载力小
灰土基础	在砖基础下设灰土垫层	可以节约基础用砖	只能用于地下水位以上及冰冻线以下的基础
三合土基础	同灰土基础	施工简便,造价较低,就地取材,可以节省水泥、砖石等材料	抗冻、耐水性能差,在地下水位以下或很潮湿的地基上不宜采用
毛石基础	采用未风化的硬质岩石	可以就地取材,降低造价	—
混凝土基础	采用 C10 混凝土,现场浇灌捣固而成	坚固、耐久、不怕水、刚性角大,同时可以减小基础厚度和埋置深度,节约材料	耗用水泥量大,造价略高
桩基	由桩身和钢筋混凝土承台板或承台梁构成	大大减少了土方工程量,加快了工程进度,同时比较坚固可靠	只能用于软土地基,桩径小,单桩承载力低

3. 基础底面积的确定

基础底面积与建筑物总荷载、地基容许承载力直接有关。在同样的地基容许承载力条件下,建筑物荷载愈大,要求基础底面积也愈大;相反,上部荷载相同,基础要以不同的底面积去适应不同的地基容许承载力。

图 3-14 为一条形基础,取长为 1 m 的一段,基础宽为 b,则其底面积为 $1 \times b$,若通过这一面积传下来的总荷载为 N(包括上部结构荷载、基础自重和基础上回填土的重量,单位为 t),地基容许承载力为 R(t/m²),则底面积 F 应满足下述关系式:

$$F = 1 \times b \geqslant N/R$$

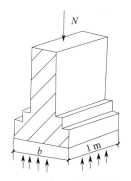

图 3-14　条形基础受力图

4. 基础的埋置深度及影响因素

基础的埋置深度(图 3-15)一般指自室外地坪标高至基础底部标高的垂直高度,简称埋深。

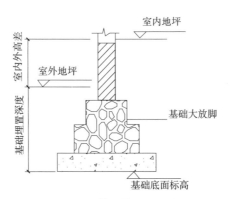

图 3-15　基础的埋置深度

基础埋深关系到地基的可靠性、施工的难易程度及造价。影响基础埋深的因素主要有以下几个。

（1）建筑物的用途及基础构造。当建筑物设置地下室、设备基础或地下设施时，基础埋深应满足使用要求；高层建筑基础埋深应随建筑高度的增大而增大，才能满足稳定性要求。

（2）作用在地基上的荷载及其性质。一般荷载较大时应加大基础埋深；受上拔力的基础应有较大埋深，以满足抗拔力的要求。

（3）工程地质和水文地质条件。基础应建在坚实可靠的地基上，不能建在承载力低、压缩性高的软弱土层上。存在地下水时，如黏性土遇水，则含水量增加，体积膨胀，使土的承载力下降。含有侵蚀性物质的地下水，对基础有腐蚀作用。图 3-16 为基础埋置深度和地下水位及冰冻线的关系。

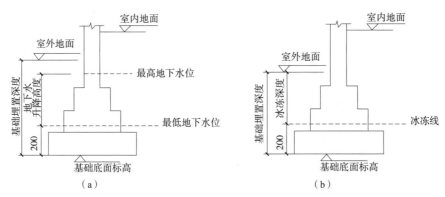

图 3-16　基础埋置深度和地下水位及冰冻线的关系
（a）基础埋置深度和地下水位的关系　（b）基础埋置深度和冰冻线的关系

（4）地基土冻胀和融陷。对于冻结深度浅于 500 mm 的南方地区或地基土为非冻胀土时，可不考虑土的冻结深度对基础埋深的影响。对于季节性冰冻地区，地基土为冻胀土时，为避免建筑物受地基土冻融影响而产生变形和破坏，应使基础底面低于当地冰冻线；如果允许建筑基础底面以下有一定厚度的冻土层，则应通过计算确定基础的最小埋深。

（5）相邻建筑的基础埋深。当存在相邻建筑物时，一般新建建筑物基础的埋深不应大于原有建筑基础，基础埋置深度与相邻基础的关系如图 3-17 所示，以保证原有建筑的安全。

当新建建筑物基础的埋深必须大于原有建筑物基础的埋深时,为了不破坏原有建筑物基础下的地基土,应与原基础保持一定的净距 L, L 应根据原有建筑的荷载、基础形式和土质情况确定。当上述要求不能满足时,应采取分段施工、设临时加固支撑、打板桩、设地下连续墙等施工措施,或加固原有建筑物的地基。

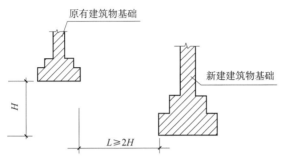

图 3-17　基础埋置深度与相邻建筑基础的关系

1.1.3　冷库地基和基础的常见问题

　　冷库地基和基础的常见问题有土质较差、地下水位高和易冻胀鼓裂。冷库在选址时,往往重点考虑水陆交通运输的问题,因此冷库常建设在沿海城市或河岸、港口,这些地方一般土质较差、地下水位较高,这就给地基冻胀创造了条件。如果冷库的地基和基础设计不当,地坪以下排水、隔热处理不好,形成冷桥,就会产生地基和地坪冻胀鼓裂现象,这对冷库造成的破坏,较其他冻融损害要严重得多。

　　冷库地基与地坪的冻胀与库房面积、库房温度、隔热层的效果、冷桥的热量传递、室外气候条件、地质情况、冻结时间以及使用管理情况等多种因素有关。两者的区别在于冻结深度,即 0 ℃冻结线的深度不同,当冻结深度较浅时,只产生地坪冻胀,这时危害较小,若冻结深度较深, 0 ℃冻结线落到基础底面以下,则不仅地坪发生冻胀鼓起,地基也将发生冻胀鼓起,这会使上部结构严重破坏,危害甚大。

　　为了防止地基和地坪冻胀,在进行冷库建设和结构设计时,应深入考虑(具体防冻处理措施见第 4 章),做出合理的设计方案,并进行妥善的构造处理。

1.2　柱和梁

冷库建筑的主要承重结构有梁板式和无梁楼盖式两种。

梁板式结构如图 3-18 所示,多用于小型单层冷库,具有技术简单、施工方便的特点。在这种结构中,柱在主梁之下支承主梁,主梁在次梁之下支承次梁,次梁在板下支承板,施工多采用预制装配的方法。若冷库要求整体性好,宜用现浇梁板结构。为方便制冷管道安装和便于库内的气流组织,库房内的梁多做成反梁。

多层冷库不宜采用梁板式结构,因板底有主、次梁通过,不利于隔热层和隔汽层的施工,也不利于制冷管道的安装和气流组织,更不利于充分利用建筑空间。目前,多层冷库多采用无梁楼盖式结构。

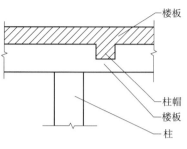

图 3-18   梁板式结构

无梁楼盖式结构由楼板、柱帽、柱组成,如图 3-19 所示。为了使冷库整体性好,多用现浇无梁楼盖式结构。

图 3-19   无梁楼盖结构

1.2.1   柱

柱子是重要的结构构件。冷库屋顶、楼板上的各种荷载,一般都是通过柱子传递到基础的。冷库所用柱子应是钢筋混凝土柱,其截面应为正方形,以便于敷设隔热层。采用无梁楼盖式结构时,柱网应按正方形网格布置,边柱上的板应外伸形成悬臂,以改善板与柱的受力情况,并减少柱的数量。采用梁板式结构时,柱网可以是正方形网格,也可以是长方形网格。

在冷库中普遍采用钢筋混凝土柱,其允许负荷大、截面面积小、占用空间少、运输方便、坚固耐用。砖柱的允许负荷小、吸水性大、抗冻能力差,很少采用。柱网尺寸主要采用 6 m × 6 m,单层冷库也可采用 12 m × 6 m 或 18 m × 6 m。柱的截面尺寸一般通过计算确定,柱在单层库或多层库的顶层时,由于柱受力小,按计算截面尺寸较小,但为防止库内叉车等运输工具的撞击,柱截面尺寸不宜小于 400 mm × 400 mm,表 3-3 为不同楼层柱的截面尺寸。

柱帽是当楼面荷载较大时,为提高板的承载能力、刚度和抗冲切能力,在柱顶设置的用于增加柱对板支托面积的结构。冷库中的柱帽形式如图 3-20 所示。

表 3-3 不同楼层柱的截面尺寸

名称	截面尺寸（mm × mm）
顶层	400 × 400
五层	400 × 400
四层	500 × 500
三层	500 × 500
二层	600 × 600
一层	700 × 700
地下室	700 × 700

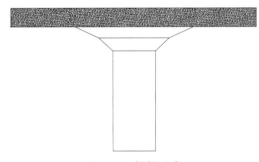

图 3-20 柱帽形式

1.2.2 梁

梁是水平的承重构件。楼板、屋面板上的各种荷载,一般通过梁传到柱子（或承重墙）,再由柱子或墙体传到基础和地基,因此梁也是建筑物中重要的结构构件。

1. 梁板式楼板

梁板式楼板由板和梁组成,通常在纵、横两个方向都设置梁,有主梁和次梁之分,适用于开间较大的房间。板上的荷载由楼板传给梁,再由梁传给墙或柱,当冷库的长和宽小于 3 个跨距时,可采用梁板式结构,由墙或柱支承,整体支模现浇而成,如图 3-21 所示。

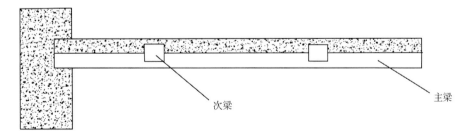

次梁　　　　　　　　　　　　　　　　主梁

图 3-21 梁板式楼板

2. 圈梁

圈梁是沿外墙、内纵墙和主要横墙设置的处于同一水平面的连续封闭梁,其主要作用是提高房屋的空间刚度,增加建筑物的整体性,提高砖石砌体的抗剪、抗拉强度。为防止地基不均匀沉降、地震或其他较大振动荷载对房屋的破坏,在房屋的基础上部设置的连续的钢筋混凝土梁称为基础圈梁,也称地圈梁;而在墙体上部,紧挨楼板的钢筋混凝土梁称为上圈梁(图 3-22)。

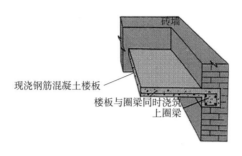

图 3-22   上圈梁

圈梁的设置:根据高厚比的要求,一般 4~6 m 设置一道,但顶部及吊车梁标高处和窗顶均应设置,圈梁宜环绕,圈梁高度不应小于 180 mm,纵筋不应少于 4 根直径 12 mm 的构造腰筋,梁两侧各两根。

3. 基础梁

简单来说,基础梁就是基础上的梁。基础梁一般用于框架结构、框架剪力墙结构,框架柱落于基础梁上或基础梁交叉点上,其主要作用是作为上部建筑的基础,将上部荷载传递到地基。基础梁作为基础,起承重和抗弯作用,一般基础梁的截面较大,截面高度一般建议取 1/6~1/4 跨距,其配筋由计算确定。基础梁承受外围护墙自重,它直接支承在基础上,它的顶标高一般在室内地坪以下 50 mm 或 60 mm 处,基础梁下一般留 50~150 mm 的空隙,以防止土壤冻胀而导致基础梁和围护墙开裂。基础梁一般做成梯形截面,可选用标准图。基础梁的布置如图 3-23 所示。

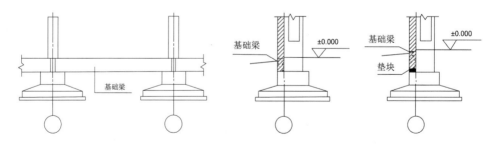

图 3-23   基础梁的布置

4. 过梁

过梁是门窗洞口上方的横梁,其作用是承受门窗洞口上部的荷载,并把它传到门窗两侧的墙上,以免门窗框被压坏或变形。过梁的长度一般为门窗洞口的跨度加 500 mm,如图 3-24 所示。

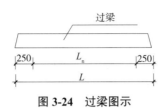

图 3-24 过梁图示

5. 锚系梁

当冷库外墙采用自承重墙时,外墙与库内承重结构之间每层均应可靠拉结,设置锚系梁。锚系梁间距可为 6 m,墙角处不宜设置,墙角至第一根锚系梁的距离不宜小于 6 m。墙角砌体应适当配筋。抗震设防烈度为 6 度及 6 度以上时,外墙应设置钢筋混凝土构造柱及圈梁,设置的锚系梁应能承受外墙的拉力与压力。

2 冷库建筑的围护结构

围护结构分为外围护结构和内围护结构。分隔室外与室内空间的构件称为外围护结构,如外墙、屋盖等。分隔室内各房间的构件称为内围护结构,如内墙、楼板等。围护结构应有良好的隔热、防潮作用,还能承受库外风雨的侵袭。

因为冷库建筑内冷外热,为保持生产要求的"冷度",阻挡外界热源侵入库内,建筑围护结构必须设置具有一定隔热能力的隔热层,最大限度地减少库内耗冷量,一般在冷库建筑物的外墙、地坪、屋顶、柱子和阁楼等部位设置隔热层。隔热层设置时要注意以下几点:隔热层应是连续的,不能间断和有缝隙,以防止出现冷桥,使冷气从库内流失;隔热层要有足够的厚度,达到设计的传热系数;隔热材料本身应力求有良好的防潮能力;隔热层应牢固地固定在围护结构上,并能防止鼠虫的侵害。

2.1 墙体、地坪、楼板

墙体、地坪和楼板既属于围护结构,也属于承重结构,因此这些构件需满足两方面的共同要求。

从结构受力的情况来看,有些墙体,除了承受本身的自重外,还承受由屋顶、楼层传来的各种荷载(包括构件自重和使用荷载等),并将这些荷载传递到基础,这种墙称为承重墙,如一般混合结构中承受上部荷载的墙体,某些单层冷库的外墙;有些墙体,不承受上部传来的荷载,只承受本身的自重,这种墙称为非承重墙。

2.1.1 墙体

墙体是冷库建筑的主要组成部分。冷库墙体一般为自承重墙,即只承受墙体本身或附设在墙上的结构的重量,而不承受其他荷载。冷库的外墙除了要阻挡风、雨、雪的侵蚀,防止温度变化和太阳辐射等外,还要求具有较好的隔热与防潮性能。冷库的内墙是隔断墙,起分隔房间的作用,分隔热和非隔热两种。隔热内墙要有隔汽防潮的作用。

冷库墙体按功能可分为承重墙、非承重墙、自承重墙、隔热墙、非隔热墙、防火隔墙;按材料可分为砖墙、石墙、砌块墙、大型预制板墙和木墙。

1. 对墙体的要求

冷库建筑墙体由外表层、围护墙体、隔汽防潮层、隔热层、内保护层等构成。对墙体的要求有:隔热保温、隔汽防潮、结构坚固、抗冻耐久、自重轻、施工维修简便。

外墙位于房屋周围,主要用来分隔室内外的空间,挡风阻雨,隔热御寒,提供满足人们使用要求的内部空间环境,故外墙又称为围护墙。其中,位于房屋两端的外墙一般称为山墙。内墙主要起将建筑物内部空间分隔成为许多房间的作用,所以又称内隔墙。有一种隔墙是为了防止火灾蔓延而设置的,它把建筑物易燃部分隔断开来,这种隔墙称为防火隔墙。

一般建筑的外墙只要选择适当的墙体材料和合理确定墙体厚度,其保温隔热要求便可满足,不需专设隔热层。而冷库由于室内要求稳定的低温,为了防止室外气候条件对库内温度产生不利的影响,必须设置专门的隔热层。冷库的内隔墙,依据所分隔库房温度的不同,有隔热墙,也有非隔热墙。

2. 冷库外墙的构造

冷库外墙保温技术的具体形式很多,现在广泛采用的是复合材料墙体。复合材料墙体根据保温层的位置可分为以下几种形式:外墙外保温、外墙内保温、夹心保温和自保温。冷库的外墙主要由外围护墙(主墙层)、隔汽防潮层、隔热层及内保护层(内衬层)等构成,图3-25是两种常见的外墙结构。软木板作为保温材料的外墙如图3-26所示。

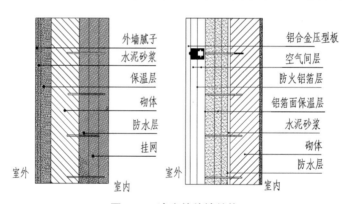

图3-25　冷库的外墙结构

(1)图3-25左图中的冷库墙体采用钢筋混凝土加防火内外保温系统保温,墙体的结构由外到内分别为防水白色乳胶漆,10 mm厚外墙腻子,20 mm厚水泥砂浆,60 mm厚保温层,370 mm厚砌体,20 mm厚防水层,15 mm厚挂网,乳胶漆。

(2)图3-25右图中的冷库墙体围护结构采用绝热性能良好的防火外保温复合材料,墙体围护结构由外到内分别为1.5 mm厚白色内光面铝合金压型板,100 mm厚空气间层,1 mm厚双面铝箔玻纤布,60 mm厚带铝箔面层酚醛泡沫板,150 mm厚聚氨酯泡沫板,防水层,20 mm厚水泥砂浆,370 mm厚砌体,20 mm厚水泥砂浆,乳胶漆。

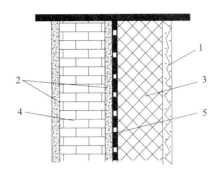

图 3-26 软木板作为保温材料的外墙

1—钢丝网水泥砂浆面层；2—水泥砂浆抹面；3— 软木隔热层；4—砖墙；5—二毡三油

一般情况下，冷库的库内温度比库外温度低，故隔汽层应设在隔热层外侧，以防水汽渗透进入隔热层，使隔热层受潮失效。在冬季寒冷地区，为了防止库外气温比库内温度低时，水汽从库内向隔热层渗透，可根据地区气候条件和库内温度情况，必要时在隔热层两面均设置隔汽层。外墙的隔汽层通常采用五层做法（ 二毡三油 ），为保证隔汽层的质量，首先要求基面平整，为此主墙层内表面上做 20 mm 厚水泥砂浆找平层，其要求与墙体外表层一样。在砂浆层充分干燥后，先涂冷底子油一道，然后用沥青贴上油毡。

隔热层是冷库外墙的主要组成部分，根据冷库条件和材料供应情况，可采用软木、泡沫混凝土等板状、块状的隔热材料，或稻壳、膨胀珍珠岩等松散的填充性隔热材料。隔热层应注意防火、防腐，例如用稻壳的隔热层必须拌六六六粉或石灰粉防腐剂，施工中不得带入火源，采用这类填充性松散隔热材料还应考虑隔热材料的下沉。

内衬层衬于隔热层内侧，主要用于保护隔热层不致受潮和损坏，对松散隔热材料还起着维护隔热层存在的作用。隔热材料的类型不同，内衬层所采用的材料和做法也各不相同。当采用松散材料（ 如稻壳 ）作为隔热层时，内衬层应具有一定的刚度，目前普遍采用预制钢筋混凝土小柱插板作为内衬墙。小柱插板具有自重轻、装卸方便、便于维修时调换稻壳、抗冻性强等优点。小柱一般 17 cm 见方，并带有凹槽，高度由冷库层高确定，预制插板长度在 2 m 左右时厚度为 3.5 cm，外形要求平直整齐，板缝不必用水泥砂浆勾缝，以利隔热层内蒸汽向库内逸散。若需设内隔汽层，则应在水泥砂浆找平后再铺贴，方法与外墙隔汽层相同。

松散材料隔热层的内衬层有时也采用 120 mm 厚的砖墙或木板墙，砖墙重量较大，抗冻性较差，而且占用库内面积较大。用于内衬墙的砖要求不低于 MU10，砌筑砂浆应用不低于 42.5 MPa 的水泥砂浆，砌筑时要求砂浆满缝，内表面应以水泥砂浆抹面。

采用块状隔热材料作为隔热层时，其内衬层可直接采用水泥砂浆抹面，为了使水泥砂浆层能牢固贴附于隔热层上，在抹面前可先在隔热层外加一层钢丝网。

为了加强外墙的稳定，在外墙上增加圈梁，通过锚系梁和楼板连接，这样就产生了两个问题：第一个是冷桥，第二个是裂缝。因为当冷库降温使用后，楼板受冷将收缩变形，通过锚系梁将墙往里拉；相反，外墙可能受热而膨胀外伸。由于墙角处的刚性较大，促使它向内弯曲，故墙体因弯矩而产生垂直裂缝。

冷库外墙如处理不当容易产生垂直裂缝，其原因是多方面的，如：地基沉陷不均匀；楼板在低温条件下自由收缩,通过锚系梁将外墙往内拉;而外墙和圈梁却因外部环境温度高而伸长,而且墙角部位刚性很大,在弯矩的作用下墙体开裂。目前,为了减少墙角裂缝,一般采取如下几种措施。

（1）多层冷库在各层楼板靠近墙角两侧均不设锚系梁,以减小墙角附近墙体所受的弯矩,如图 3-27 所示。

（2）在墙角处每隔一定高度,适当配置水平拉结钢筋,把方形墙角改为圆形墙角,如图 3-28 所示。

（3）在外墙四角设置伸缩缝（图 3-29）,但必须做好防水处理。

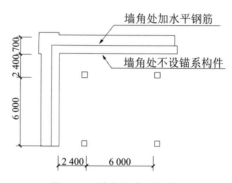

图 3-27　墙角设水平钢筋

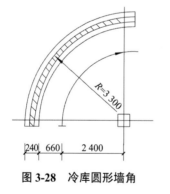

图 3-28　冷库圆形墙角

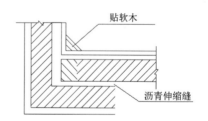

图 3-29　墙角伸缩缝构造

3. 冷库内墙的构造

为把冷库内各冷间隔开所砌筑的墙称为内墙。冷库的内墙不承受任何外荷载,因此其自重越小越好。为了少占库房面积,在满足坚固性和使用要求的条件下,内隔墙的厚度应尽可能小;内隔墙的分隔应满足使用要求,考虑到使用要求会发生改变,内隔墙的设计应有易于拆除而又不损坏其他部位的构造措施,如图 3-30 所示。

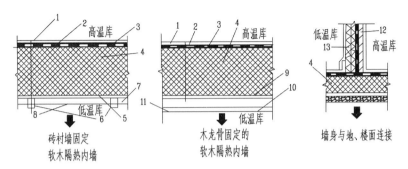

图 3-30　内墙的保温结构

1—刷大白浆两道；2—热沥青粘瓜米石粉刷；3——毡二油隔汽层；4—软木隔热层；5—水泥砂浆抹灰面刷冷底子油两道；
6—砖墙每隔 3 m 加钢筋混凝土小柱；7—水泥砂浆抹灰；8—刷大白浆两道；9—木板与木龙骨固定面刷冷底子油两道；
10—竖向木龙骨、横向木龙骨；11—刷桐油；12—半砖墙衬；13—水泥砂浆抹面

冷库的内隔墙应具有设计要求的隔热性能。内墙有保温与不保温之分，一般在相邻冷间温差小于 4 ℃的场合，采用不保温结构；低温库与高温库之间采用保温结构。不保温结构的内墙一般用 120~240 mm 厚的砖砌墙体，两边用水泥砂浆抹面。隔热层在温度较低一侧，防潮层在温度较高一侧。图 3-31 所示为两侧温差稳定的内墙；如两侧温度经常变化，则做双面隔汽层，如图 3-32 所示。

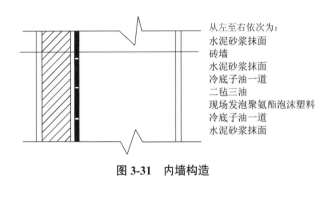

从左至右依次为：
水泥砂浆抹面
砖墙
水泥砂浆抹面
冷底子油一道
二毡三油
现场发泡聚氨酯泡沫塑料
冷底子油一道
水泥砂浆抹面

图 3-31　内墙构造

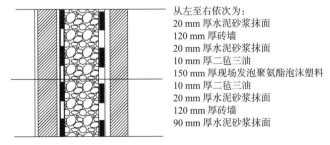

从左至右依次为：
20 mm 厚水泥砂浆抹面
120 mm 厚砖墙
20 mm 厚水泥砂浆抹面
10 mm 厚二毡三油
150 mm 厚现场发泡聚氨酯泡沫塑料
10 mm 厚二毡三油
20 mm 厚水泥砂浆抹面
120 mm 厚砖墙
90 mm 厚水泥砂浆抹面

图 3-32　双面隔汽层

隔汽层应设置在温度较高的库房一侧。如果两侧房间温度经常变化，隔热墙也可做双面隔汽层。另外，也有两面均不设隔汽层的做法，内隔墙两侧衬层根据隔热材料的不同采用不同的做法。

非隔热的内隔墙近年来普遍应用于同温库和多层冷库的同温楼层中。一般的做法是采用 120 mm 或 240 mm 厚的砖墙,两面用水泥砂浆抹面;也可用预制钢筋混凝土小柱插板或混凝土预制块砌体做非隔热的内隔墙。为了减少热量传递,隔热内墙的隔热层应和隔热外墙、楼地面的隔热层相连接。

当隔热外墙或隔热内墙采用填充性隔热材料作为隔热层时,必须考虑补充和调换隔热材料的可能性。如用木材或砖墙等,可在墙壁靠天棚顶部和墙的根部设装卸料门;如采用钢筋混凝土小柱插板作为衬墙,则其上下两块插板应是可以装拆的。图 3-33 为双面木板衬墙的软木隔热内墙。

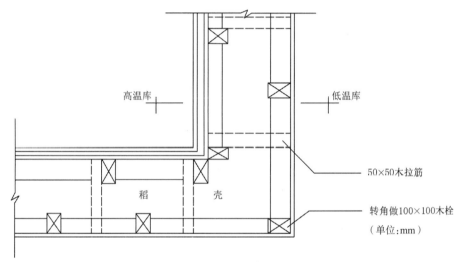

图 3-33　双面木板衬墙的软木隔热内墙

内隔墙的设置(图 3-34)要求:在同温层或同温楼,可以采用非隔热墙;当温差大于 4 ℃时,设置隔热层;隔汽层的设置应考虑热流方向,如果温度经常变化,则需要在两侧设隔汽层。

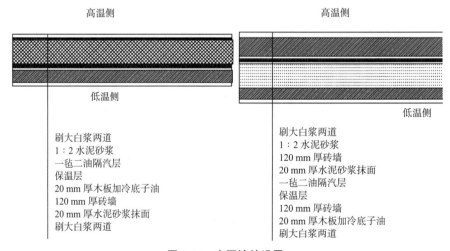

图 3-34　内隔墙的设置

辅助房间的墙和挡土墙:楼电梯间采用框架结构时,它的墙只是隔断墙;如采用混合结构,则为承重墙;站台的墙为隔断墙;当冷库标高高于室外时,则冷库内墙底部做成挡土墙;当冷库有地下室,标高低于室外时,冷库外墙底部做成挡土墙。

墙板与地面安装节点如图 3-35 所示。

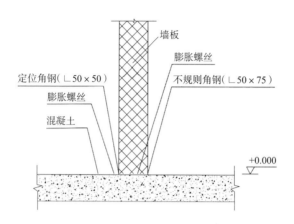

图 3-35　墙板与地面安装节点

2.1.2　地坪

1. 地面设计要求

地面要具有足够的坚固性,保温性能好,还要有一定的弹性,对于特殊情况还需满足某些特殊要求:有水作用的房间,地面应防潮防水;有火灾隐患的房间,应满足防火要求;有化学物质作用的房间,应耐腐蚀;有食品和药品的房间,地面应无毒、易清洁;经常有油污染的房间,地面应防油渗且易清扫;等等。

2. 地坪的组成

地坪通常指建筑物底层地面,它一般由基层、垫层和面层三部分组成。除此以外,根据实际需要,还可铺设隔热层、防潮层及结合层等,如图 3-36 所示。

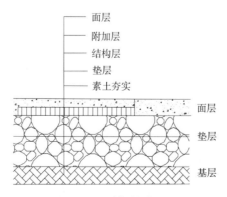

图 3-36　地坪构造

基层:地面的承重层。地面上的分布荷载,包括面层和垫层的自重都要传到基层,由基层来承担。基层一般采用素土夯实,若土质不好,则加碎砖或铺道石渣夯实。

　　垫层:位于面层和基层之间,承受面层荷载,并将荷载传递给基层。按不同性质的材料,垫层分为刚性垫层和非刚性垫层。刚性垫层由低强度混凝土或三合土等材料做成,要求坚固,其厚度应根据房间用途及面层支承荷载确定,冷库一般采用 100~120 mm 厚混凝土垫层。如果地面荷载较大,必须通过计算来确定其厚度。非刚性垫层由砂、碎石、矿渣等材料组成,一般用于受机械作用力的地方。

　　面层:地面的最上层,它直接承受外界的作用,根据所用材料的不同,有水泥砂浆、水泥石屑、细石混凝土、水磨石、木地板以及各种块料的面层,面层的名称通常以面层材料命名。冷库建筑的地坪面层多为钢筋细石混凝土面层,高温库可采用水泥砂浆面层。

　　当冷库温度较高时,根据室外气候条件等,地坪有时采用一般建筑的地坪做法,由上述三个基本层次组成,不设专门的隔热层;但当冷库温度较低时,冷库地坪就必须设置专门的隔热层和防潮层,当库房温度低于-3 ℃时,还需要在地坪下采取防冻措施,以防地坪下土壤冻结。

　　在地坪设置隔热层是为了阻挡外界热量通过土壤和地坪传入库房,同时也可减小因库房的低温而引起地坪下土壤冻胀的可能性。地坪的隔热层应在上下两侧都设置防潮层,以防止隔热材料受潮而降低隔热效果。当地下水位低于 4 m 时,多采用地下室,当地下室上面为低温间时,应有足够厚度的保温层,以免发生滴水现象。高温冷藏间地坪一般不产生地坪冻鼓现象,除靠墙 4~6 m 做隔热地坪外,其他做普通地坪。隔热地坪的高温做法如图 3-37 所示。

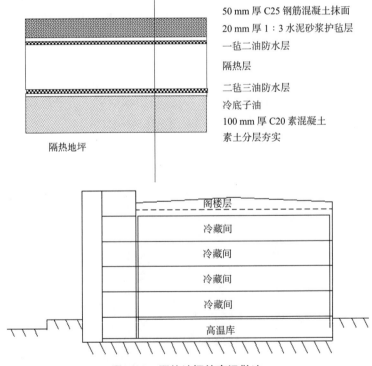

图 3-37　隔热地坪的高温做法

3. 地面类型

整体类地面:该类地面有水泥砂浆地面、细石混凝土地面、沥青砂浆地面、菱苦土地面、水磨石地面等。

板块类地面:该类地面有砖铺地面、地砖地面、天然石板地面、人造石板地面、木地面等。

卷材类地面:该类地面有塑料地板、橡胶地毯、化纤地毯、无纺地毯、手工编织地毯等。

涂料类地面:该类地面有多种水溶性、水乳性、溶剂性涂料地面。

4. 冷库地坪的防冻处理

当冷库底层冷间的设计温度低于 0 ℃时,地面应采取防止冻胀的措施;当地面下为岩层时,可不做防冻胀处理。当冷库底层冷间的设计温度高于或等于 0 ℃时,地面可不做防冻胀处理,但应设置相应的保温隔热层。在空气冷却器基座下部及其周边 1 m 范围内,地面总热阻 R_0 不应小于 3.18 m²·℃/W。

隔热地坪的低温做法有自然通风、机械通风、电热防冻法、油管加热和架空地坪。

(1)自然通风:当库房面积较小,库房宽度不超过 24 m,冷库周围又无其他建(构)筑物阻挡时采用。风管应埋设在隔热地板下,风管内径为 0.2~0.3 m,风管间距为 1~2 m。风口通出墙外,并应在风口处装调节阀门,冬天应把风口堵严,如图 3-38 所示。

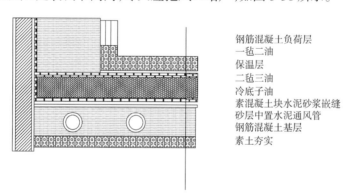

钢筋混凝土负荷层
一毡二油
保温层
二毡三油
冷底子油
素混凝土块水泥砂浆嵌缝
砂层中置水泥通风管
钢筋混凝土基层
素土夯实

图 3-38　自然通风

(2)机械通风:适用于库房面积较大或冬季室外气温很低的地区。通风管埋设在隔热地板下,隔热地板传热系数不大于 0.35 W/(m²·K),隔热层上下均应做防潮层。风管间距为 1~2 m,风管内径为 0.25~0.3 m,风管内空气流速为 1~2 m/s。在严寒地区,冬季应将空气加热后送入管内往复循环,以防地下土壤冻鼓,如图 3-39 所示。

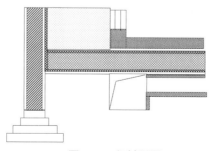

图 3-39　机械通风

（3）电热防冻法（图3-40）：在冷库地坪隔热防潮层下设置钢筋混凝土垫层，定时向垫层中的钢筋通入低压电，使其发热，达到地坪防冻的目的。由于这种做法耗电量大，还需预防线路短路，故目前较少采用。

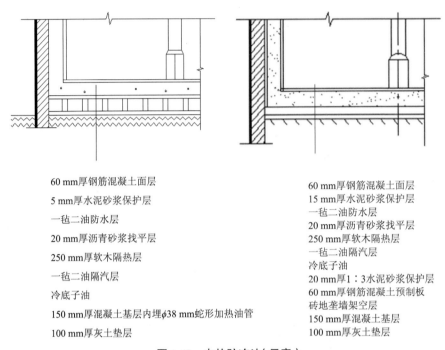

60 mm厚钢筋混凝土面层	60 mm厚钢筋混凝土面层
5 mm厚水泥砂浆保护层	15 mm厚水泥砂浆保护层
一毡二油防水层	一毡二油防水层
20 mm厚沥青砂浆找平层	20 mm厚沥青砂浆找平层
250 mm厚软木隔热层	250 mm厚软木隔热层
一毡二油隔汽层	一毡二油隔汽层
冷底子油	冷底子油
150 mm厚混凝土基层内埋ϕ38 mm蛇形加热油管	20 mm厚1：3水泥砂浆保护层
100 mm厚灰土垫层	60 mm厚钢筋混凝土预制板
	砖地垄墙架空层
	150 mm厚混凝土基层
	100 mm厚灰土垫层

图3-40　电热防冻法（示意）

（4）油管加热：适用于库房面积较小、冬季室外气温较低的地区。油管采用ϕ32~38 mm蛇形无缝钢管，上绑散热钢筋网，一并放在隔热地坪下的素混凝土垫层内。利用氨压缩机排气管的热量将热油打入地下油管，往复循环加热，以防地下土壤冻鼓。在浇捣混凝土垫层之前，要严格检查管路是否畅通，要求绝对不漏，并做好油管外表面防锈处理，如图3-41所示。

（5）架空地坪：适用于库房面积较大、库址地势较低和地下水位较高的地区。

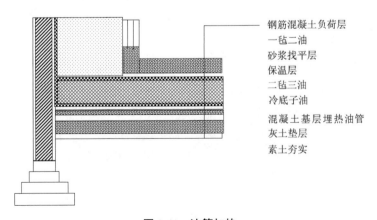

钢筋混凝土负荷层
一毡二油
砂浆找平层
保温层
二毡三油
冷底子油
混凝土基层埋热油管
灰土垫层
素土夯实

图3-41　油管加热

2.1.3 楼板

楼板起着分隔上下楼层的作用。它是水平的承重构件,承受楼层的荷载(包括设备、货物、人及楼板自重),并把荷载传给柱子,再通过柱子传到基础。同时,它对外墙起水平支撑作用,帮助墙身减少因水平风力产生的挠曲变形。冷库楼板承受的荷载较大,因此要求楼板要有足够的强度和刚度,以保证结构的安全和正常使用;同时还要求楼板耐磨、不起灰,既能防水,又能防火,具有一定的隔声能力,避免楼层间相互干扰。

图 3-42 所示为预制混凝土楼板和现浇混凝土楼板。其中,现浇混凝土楼板的整体性好、刚度大、用筋量少、预留方便,缺点是施工周期长、模板用量大、干缩性大、易变形;预制混凝土楼板的加工进程快、节省模板,有助于减轻劳动强度,符合工业化要求,但是构件缝较多,整体性不好,结构刚度低。

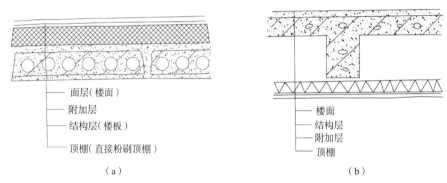

图 3-42 混凝土楼板分类

(a)预制混凝土楼板 (b)现浇混凝土楼板

常见的楼板有以下几种类型。

(1)平板式楼板(图 3-43):在墙体承重的建筑中,当房间较小时,楼面荷载可直接通过楼板传给墙体而不需要另设梁,这种厚度一致的楼板称为平板式楼板。平板式楼板多用于厨房、卫生间、走廊等跨度较小的空间。平板式楼板多采用四边支承,根据其受力特点和支承情况,分为单向板和双向板。

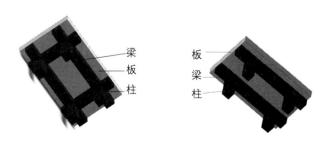

图 3-43 平板式楼板

(2)梁板式楼板(图 3-44):为使楼板结构的受力与传力较为合理,常在楼板下设梁以增加板的支点,从而减小板的跨度。这样,梁与板合为一个整体,构成梁板式楼板。依据梁格划分的板的尺寸,梁板式楼板同样可分为单向板和双向板两种。

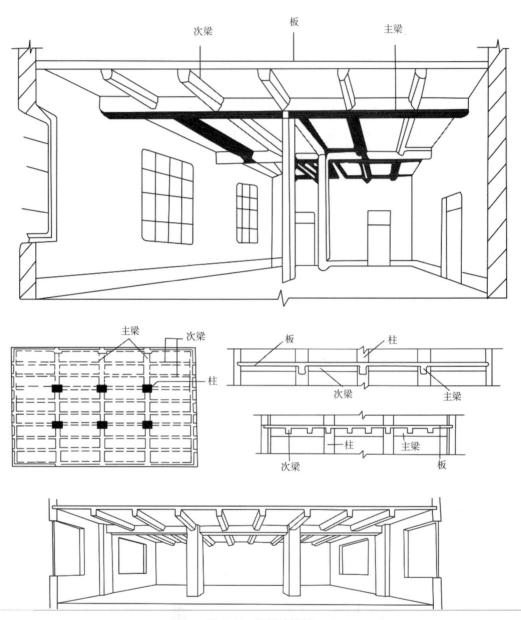

图 3-44　梁板式楼板

（3）无梁楼板（图 3-45）：框架结构中将板直接支承在柱子上且不设梁的结构。无梁楼板采用的柱网通常为正方形或接近正方形,板的最小厚度为 120 mm。无梁楼板的优点是在较大的均布荷载下,混凝土及钢筋用量较少;净空高度大,可节省造价;屋顶平整,卫生条件好,有利于冷分配设备和管道的布置;如需倒贴隔热层,施工方便。

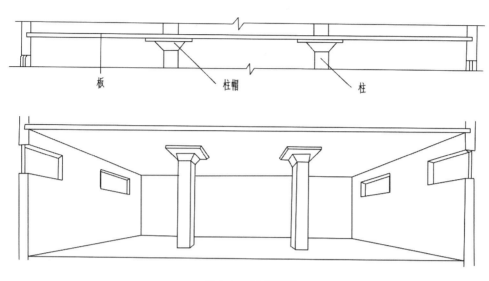

图 3-45 无梁楼板

（4）钢衬板组合楼板（图 3-46）：利用凸凹相间的压型薄钢板做衬板，与现浇钢筋混凝土浇筑在一起支承在钢梁上构成的整体型楼板，主要由楼面层、组合板和钢梁三部分构成，组合板包括混凝土和压型钢衬板，此外可根据需要吊顶棚，楼板跨度为 1.5~4.0 m，经济跨度为 2~3 m。

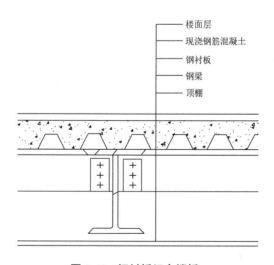

图 3-46 钢衬板组合楼板

（5）新型楼板（图 3-47）：新型冷库的楼板为水平承载结构，一般采用有足够强度和刚度的钢板混凝土现浇而成。楼板的保温层有两种做法：一种是将保温层铺设在楼板上面，再在保温层上面布置混凝土承压层，以方便机械化装卸；另一种是将保温层吊装在楼板下面，这种结构操作比较麻烦，而且对保温层的粘贴要求较高。

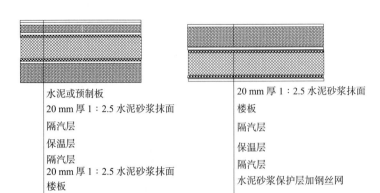

图 3-47 新型楼板
（a）上贴法 （b）下贴法

在冷库设计中,直接码垛货物的多层冷库,楼面均布活荷载标准值及准永久值系数应根据房间用途按表 3-4 所示的规定取值。冷间内钢筋混凝土保护层的最小厚度见表 3-5。

表 3-4 冷库楼面均布活荷载标准值及准永久值系数

序号	房间名称	楼面均布活荷载标准值（kN/m²）	准永久值系数
1	人行楼梯间	3.5	0.3
2	穿堂、站台、收发货间	15.0	0.6
3	冷却间、冻结间	15.0	0.4
4	冷却物冷藏间	15.0	0.8
5	冻结物冷藏间	20.0	0.8
6	制冰池	20.0	0.8
7	冰库	9h	0.8
8	专用于装隔热材料的阁楼	1.5	0.8
9	电梯机房	7.0	0.8

注:1. 本表第 2~7 项为等效均布活荷载标准值。
2. 本表第 3~5 项已包括 1 000 kg 叉车运行荷载在内,且主要指建筑层高较大、直接码垛货物的房间;针对其楼面均布活荷载标准值,设计中应注明其相应的货物堆放高度及货物的密度要求。
3. 当冷藏间堆货高度不超过 2.5 m 时,其楼面均布活荷载标准值可根据货物码垛高度及货物的密度适当降低。
4. h 为堆冰高度(m)。

表 3-5 冷间内钢筋混凝土保护层的最小厚度

序号	构件名称			钢筋混凝土保护层最小厚度（mm）
1	板（包括无梁楼板）	厚度≥100 mm	板面钢筋	15
			板底钢筋	25
		厚度<100 mm	板面钢筋	15
			板底钢筋	20

续表

序号	构件名称	钢筋混凝土保护层最小厚度（mm）
2	梁	30
3	柱	35

注：钢筋混凝土预制插板墙的柱和板的保护层厚度不受此限制。

2.2　屋盖

1. 对屋盖的要求

屋盖是房屋最上部的围护结构，应满足相应的使用功能要求，为建筑提供适宜的内部空间环境，也称屋顶。屋盖是房屋顶部的承重结构，受到材料、结构、施工条件等因素的制约。冷库建筑中屋盖的主要作用是承受日晒、风吹和雨淋，以及隔热和稳定墙身。在建筑中，对屋盖的要求有：结构坚固、施工方便、取材容易、易排水、具有一定的隔热性、造型美观。

2. 屋顶的分类

冷库屋顶是冷库的水平外围护结构，不但要满足防水、防火的要求，还要保温，以减少因室外温度影响和太阳辐射而进入库内的热量。因此，冷库屋顶一般采用阁楼形式。

（1）通风式阁楼：如图 3-48 所示，这种阁楼在四面墙上开设通风百叶窗，屋顶上屋脊部位设有带挡风板的"气楼"，同时在保温层面上设置二毡三油的隔汽层，沿外墙四周设置隔冷带，通风较好，能降低库内的温度。

（2）封闭式阁楼：如图 3-49 所示，这种阁楼是将阁楼外围护结构用防水隔汽层封闭起来，使外界空气、水蒸气不能进入库内，起到保温的作用。

（3）混合式阁楼：如图 3-50 所示，这种阁楼的外墙隔汽层与屋顶防水层交接，外墙保温层在顶部设置了一道塑料薄膜隔汽带，在松散保温材料上半部设置了塑料布隔汽层；同时还设置了玻璃窗，平时关闭，必要时打开，用于通风换气。

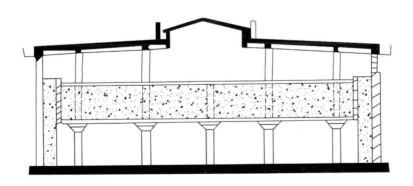

图 3-48　通风式阁楼

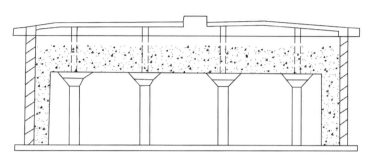

图 3-49　封闭式阁楼

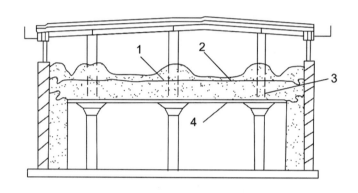

图 3-50　混合式阁楼

1—隔热层；2—聚氯乙烯薄膜隔汽层；3—隔热层；4—楼板

　　屋顶的形式有坡屋顶、平屋顶、拱壳屋顶、折板屋顶等多种。目前常用的屋顶形式主要是坡屋顶和平屋顶，这也是冷库建筑中常用的两种形式。

　　屋顶形式的选择主要考虑房屋的使用要求、屋顶的结构形式、屋面防水材料以及造型美观等因素，在满足使用要求的前提下，屋面防水材料起着决定性作用。如果采用防水性能好、单块面积大、接缝少的材料（如油毡、钢筋混凝土板等），坡度可以小至 2%~3%，就形成了平屋顶；如采用平瓦、小青瓦、石棉瓦等小块材料，则面层接缝多，要求坡度大，就形成了坡屋顶。

　　坡屋顶由屋面和支承结构、顶棚组成。其屋面是由一些相同坡度的倾斜面相互交接而成的。坡屋顶的坡度因所采用的屋面铺材和铺盖方法不同而异，一般坡度均大于 10%。

　　坡屋顶的支承结构有山墙承重和屋架承重两类，冷库由于开间、面积较大，都用屋架承重，根据具体条件可采用木屋架、钢筋混凝土屋架或轻钢屋架等。屋架的形式有三角形、梯形、多边形、弧形等。为了加强屋架之间的联系和稳定，在屋架之间应设置水平支撑和竖向支撑等稳定构件。坡屋顶的屋面由支承构件及防水层组成，支承构件包括檩条、椽子、屋面板或钢筋混凝土挂瓦板，防水层采用黏土平瓦、小青瓦、水泥瓦、石棉瓦或铁皮等铺设。坡屋顶坡度较大，雨水易排除，屋面铺材多就地取材，施工简便，易于维修，因此广泛应用在各类建筑上，小型单层冷库也常采用坡屋顶。但采用坡屋顶要求建筑平面简单，否则会使屋面产生许多斜天沟而容易导致漏水，而且当建筑物宽度较大时，为不使山墙过高，一般采用多跨形，这就要求屋顶设置内天沟和内落水，故宽度较大的冷库较少采用坡屋顶。

屋顶坡度小于 10% 的屋顶称为平屋顶,平屋顶的支承结构常采用钢筋混凝土梁板。由于梁板布置较灵活、构造简单,因此建筑物平面形状比较复杂时采用平屋顶较为适宜。平屋顶屋面坡度小,不需要设内天沟和内落水,一般大中型冷库多采用平屋顶。但平屋顶坡度小、排水慢,屋面积水的机会较多,容易渗漏,因此对屋面防水排水问题的处理较坡屋顶更为重要。根据防水层所采用的材料和构造,平屋顶可分为柔性防水屋面和刚性防水屋面两类。

对于承受屋顶重量的外墙,大面积钢筋混凝土屋盖胀缩,引起外墙顶部裂缝,故需采取措施使外墙与屋盖脱开。冷库屋盖与外墙脱开后,为了保证墙身的稳定,须在墙内设钢筋混凝土立柱与上下圈梁连在一起,构成钢筋混凝土框架结构。对于钢筋混凝土立柱间距,有檐沟者取冷库柱距的 1/2,无檐沟者同库内柱距。为了保证立柱间填充墙的稳定,应沿立柱竖向每隔 500 mm 设 2φ6 拉结钢筋,拉结钢筋伸出立柱两侧各不小于 500 mm,与填充墙拉结。

2.3　变形缝

2.3.1　伸缩缝

伸缩缝又称温度缝,由于墙体材料在温度变化时产生不同程度的收缩或膨胀,当墙体较长时会产生裂缝,因此当墙的长度超过一定值时需设伸缩缝。按照规定,当冷库外墙长或宽超过 50 m 时,必须设置伸缩缝。

伸缩缝按断面形式可分为平缝、错口缝和企口缝,缝宽为 20~40 mm,缝口用沥青麻丝或其他有弹性而不渗水的材料嵌填。当伸缩缝较宽时,缝口可采用镀锌铁皮或铝皮做盖缝处理。伸缩缝把墙体、楼板、屋面都断开,由于基础墙埋在地下,受气温影响不大,故基础墙可不断开。

2.3.2　沉降缝

当房屋的地基强度不均匀或房屋相邻部分的荷载、结构形式有较大差别时,建筑物可能会发生不均匀下沉,产生倾斜、破裂等现象,因而在这种情况下必须设沉降缝。沉降缝必须把屋顶、墙体、楼板直到基础等结构都断开。沉降缝的宽度与地基情况及建筑高度有关,一般不小于 50 mm。沉降缝内一般不填塞材料,当必须填塞材料时,应保证缝的上端不会因建筑物倾斜而顶住。

下面几种情况需留设沉降缝:一幢房屋坐落在不同承载力的地基上时;同一房屋建筑相邻高差(层数)或荷载变化很大时;新旧房屋相接时;房屋建筑平面复杂,应分若干区段时。沉降缝可起伸缩缝的作用,所以当建筑物既要做伸缩缝,又要做沉降缝时,应尽可能合并,但不能以伸缩缝代替沉降缝。

2.3.3　防震缝

在地震区设计房屋时,为防止地震使房屋破坏,应用防震缝将房屋分成若干形体简单、结构刚度均匀的独立部分。为减轻或防止相邻结构单元由地震作用引起的碰撞而预先设置的间隙称为防震缝,缝宽一般为 50~70 mm。

冷间采用框架结构,防震缝最大间距不应大于 50 m;采用板柱-剪力墙结构,防震缝最大间距不应大于 45 m,如有充分依据和可靠措施,防震缝最大间距可适当增加。当采用其他结构体系时,应符合现行国家规范的要求。

抗震设防烈度 6 度及 6 度以上地震区,冷库结构设计应符合现行国家标准《建筑抗震设计规范》(GB 50011—2010)的要求,高层冷库结构设计应符合《高层建筑混凝土结构技术规程》(JGJ 3—2010)的要求。抗震设防烈度 6 度及 6 度以上地区的板柱-剪力墙结构,柱上板带上部钢筋的 1/2 及全部下部钢筋应纵向连通。

防震缝的具体做法与沉降缝基本相同。

2.4 冷库门

冷库门的主要功能是在最大限度降低冷量损失的基础上,允许货物自由方便地贮存和进出,同时保证工作人员的安全出入,因此是冷间不可或缺的设施。由于冷间设计的目的与要求不同,冷库门也相应地按不同要求来配置。

2.4.1 冷库门的要求

冷库门是库房围护结构的一部分,应具有良好的隔热性与气密性,减少冷量损失,轻便,启闭灵活,有一定的强度,设有防冻结或防结露设施,坚固、耐用和防冲撞。冷库门内侧应设应急内开门锁装置,并应有醒目的标识,设置应急安全灯及防止操作人员被误锁在库房内的呼救信号设备;门洞尺寸应满足使用要求,方便装卸作业,同时又能减少开门时外界热量和湿气的侵入。冷库门与普通门的主要不同之处是,它必须做隔热处理,是可以活动启闭的隔热结构。目前,冷库门的隔热材料一般采用聚苯乙烯泡沫塑料或软木,采用塑料薄膜或热沥青作为隔汽层。为了减少冷库门部位的热量传递,冷库门的门扇与门框应有足够的搭接宽度,并应保证门扇在关闭时具有良好的密封性。冷库门的门框在设计时也必须注意避免热量散失。

冷库门的设计首先要考虑满足使用要求。建筑面积大于 1 000 m² 的冷藏间应至少设两个冷藏门(含隔墙上的门),面积不大于 1 000 m² 的冷藏间可只设一个冷藏门。冷库门应设在方便货物进出库房的位置,其尺寸根据使用要求确定,既要考虑尽可能减少库门开启时的冷量损失,又要适应运输工具进出。例如,一般冷藏间的门,以前只考虑用手推车运输,其门洞尺寸通常采用 1 200 mm × 2 000 mm(宽 × 高);为了适应机械化运输的需要,一般冷库常考虑用电瓶铲车运输,其门洞尺寸则应不小于 1 500 mm × 2 200 mm;而对于库房面积很小的零售性冷库,冷库门就较小,其门洞净宽可小至 800 mm,净高可小至 1 800~1 900 mm。为了保护门洞,防止货及运输工具撞坏门洞壁,应在门洞两壁做 1 200~1 500 mm 高的金属防撞板设施,通常采用镀锌铁皮或铝板,棱角处加∟30 × 20 × 3 的角钢。

冷库门是库房货物出入的咽喉,开启频繁,当库门打开时,库内外的冷热空气就在门洞附近进行冷热交换,门洞周围的墙面、地面、天棚底面等处很容易出现凝露、滴水、结霜、结冰现象,这会导致围护结构隔热材料受潮而降低隔热性,缩短冷库使用寿命,并影响库房工人的安全操作。另外,在门扇和门框的搭接部位以及门脚处,也常因密闭不好而严重冻结,影响库门的启闭。因此,除设法提高冷库门的隔热、隔汽性能,加强搭接密封性外,还必须采取一些有效的辅助措施。例如,为了减少库内外空气的热交换以及因热交换造成的危害,在外冷库门装设空气幕,并设不隔热的回笼间,为了防止门扇周围冻结,在冷库门上设置电热防冻装置等。

冷库门还应考虑安全要求,为了便于库内人员在发生意外时能迅速离开库房,库门(平开门)一律采用外开的方式,关闭的库门必须可从库内打开。电动门必须附设手动装置,并应在库内装设报警(呼救)装置。

2.4.2　冷库门的分类

目前,我国现有冷库门按照启闭方式可分为平开冷库门和推拉冷库门两种,而按启闭动力又可分为手动和电动冷库门两类。

1. 平开冷库门

根据安全要求,为使门的启闭不影响库内货堆面积和操作,平开冷库门均采用外开式。按照门的安装位置,平开冷库门分为嵌入式和框外式两种,嵌入式冷库门的门扇安装在门洞内,而框外式冷库门则贴装于门洞外。平开冷库门一般都是手动冷库门。

因骨架和面层材料不同,平开冷库门有木制门、钢木骨架铁皮门、玻璃钢门等。木制门的骨架和面层均采用木材(木框双面企口板),内衬聚苯乙烯泡沫塑料或软木隔热层,泡沫塑料薄膜包封,封口用电烙铁烫缝,软木则以石油沥青涂抹六面进行粘贴和做隔汽层,泡沫塑料或软木在嵌填时必须错缝。木制门应采用不易变形、耐冻的优质木材制作,并应经过干燥和防腐处理,否则容易产生裂缝和变形,使门开关不便,跑冷结冻。

木制门常做成嵌入式,根据使用要求可做成单扇或双扇。木制门制作较方便,但用于低温库时比较容易损坏,故目前多用于冰库和高温库。

目前广泛采用钢木骨架铁皮门。它通常用∟50×50的等边角钢或钢板和木材做骨架,1.2 mm 厚的钢板做面层,内衬聚苯乙烯泡沫塑料隔热层,其优点是比木制门轻便、耐用,缺点是铁体及面板易生锈。为了防止面层生锈,也可改用铝板、五夹板外包镀锌铁皮。若用硬质塑料板等作为面层材料,靠高温侧的拼缝及孔洞均应焊死或进行密封处理,以免因蒸汽渗透而损坏绝热层。

钢木骨架铁皮门通常为单扇框外式,其制作与框外式木制门一样,均可参照《建筑配件通用图集 室外配件》(LJ206)并依据材料及使用条件做适当的修改补充。

玻璃钢门是近些年开始研制使用的。它的门框还是采用木材制作,门扇的框架和面板均采用玻璃钢制作,绝热层采用聚苯乙烯泡沫塑料。由于玻璃钢的隔汽性很好,因此不需另做隔汽防潮层。为了减少库内外冷热空气通过冷库门的门缝进行热交换,平开冷库门必须在门框搭接处(上、左、右三方)采用橡胶密封条进行密封,而在门扇下方用橡胶皮进行密封。

平开冷库门一般采用钢管门轴或冷库门用合页进行安装。门上装有碰锁、内推把、外拉手等五金零件,以便紧密关闭或开启。

2. 推拉冷库门

为了适应冷库机械化运输的需要,冷库门要做得较大。若采用单扇外开的冷库门,则门的开启半径很大,达 1.6 m 以上,对冷库的操作运输很不便,而且门扇自重大,开闭不灵活,又容易变形。因此,推拉冷库门得到发展。

推拉冷库门的重量通过滚轮支承在门顶的滑轨上,门扇通过滑轨沿外墙面移动,占地面积小,有利于机械运输,而且使用轻便,不易变形;同时它还有利于门的自动化设计,只是门缝的密封处理较为复杂。推拉冷库门可采用手动和电动两种形式。

目前使用的大多数是半自动电动门,门洞净尺寸有 1 600 mm × 2 200 mm 和 1 800 mm × 2 500 mm 等。门扇有单扇和双扇两种,其面层材料有镀锌铁皮、铝板、玻璃钢和不锈钢等,隔热材料有聚苯乙烯泡沫塑料和硬质聚氨酯两种,电动传送装置有钢丝绳、杆和链条等。

电动冷库门在门扇中必须设有安全保护装置,关闭时如遇到障碍物,应能自动反向运行,以免压住车辆或人而发生危险。电动冷库门还应附设手动装置和库内保险装置,保证安全使用。

冷库门还有平开手动冷库门、平移式手动冷库门、滑升式冷库门、电动式冷库门、冷库自由门等。

2.4.3　减少冷库冷量损失的措施

为了减少冷库开门时的冷量损失,防止外界热湿负荷进入,采取的基本措施包括在冷库门内侧设门斗和门帘,在冷库门上方设置空气幕,并设置定温穿堂和封闭式站台,且在站台装卸口设置保温滑升门、站台高度调节板、密闭软接头等。

冷库门斗设在冷库门的内侧,其宽度和深度约为 3 m ,门斗的尺寸既要方便作业,又要少占库容。门斗的制作材料以简易、轻质和容易更换为宜,门斗地坪应设电热设施,以防止结冰。冷库内门斗和透明门帘的同时设置,有效地阻隔了门口的冷热交换。

冷库门帘一般挂在库门内侧紧贴冷库门,早期多使用棉门帘,近年来多用聚氯乙烯软塑料透明门帘。

近年来,空气幕在各地冷库得到了广泛的应用。空气幕是由从装在库门部位的风筒喷口喷射出来的空气流形成一个连续而严密的风帘,利用这个风帘阻挡库内外空气发生对流,达到减少库内外空气热湿交换的目的。它的作用是减少库内外热湿交换,方便装卸作业。空气幕有外下吹式、内下吹循环式、外下吹循环式、内侧吹循环式等多种形式。

目前,我国冷库广泛采用的 73 型空气幕属于外下吹式空气幕,图 3-51 所示为其外形尺寸及安装示意图。

对于负温下的冷库门,在门扇与门框的搭接部位及门脚处,应设置电热防冻装置。目前常用的橡胶密封条和橡胶皮不能使其完全密闭,低温条件下这些地方会出现较严重的冻结,妨碍门的启闭。在实际使用过程中,会因经常要凿冰开门和铲除地面上形成的冰块,而使冷库门扇及其附近的地板、门框等受到损伤,从而加速了跑冷和冻结,并会造成冷库门及其附近结构的损坏。故低温冷藏库和冻结间的门,应设置电热防冻装置。

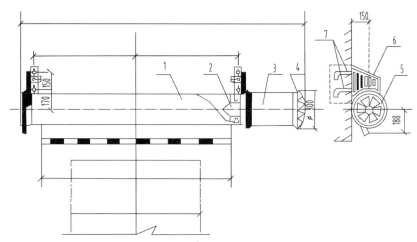

图 3-51　73 型空气幕外形尺寸及安装示意图

1—风筒;2—雪花形导流器;3—双级串联风机;4—防护网;5—防风调节阀;6—支架;7—预埋螺栓

电热防冻装置一般是将电热丝(铁铬铝合金丝)包裹绝缘绸布或套小瓷管绝缘后,嵌入门框或门扇预先开好的小槽内,然后用 U 形卡钉或螺钉固定于槽底,表面用盖板封闭(或用橡胶密封条遮盖)。电热丝安装在门扇周边时,由于门扇的启闭易引起导线折断或拉脱,因而将其镶嵌在门框内较好,此时镶嵌于门脚地坪水槽内的电热丝应用槽钢覆盖。

门封在冷库或对温度要求较高的场所,以及装卸时间较长的场合使用极其广泛。门封应根据不同的运输车辆选配,门封能隔离封闭门内外空气,避免气体对流,节省能源开支,防止内部空气外泄和外部空气、灰尘入侵,保护正在装卸的货物免受风吹雨淋等。

门封主要分为充气式门封和机械式门封两大类。

充气式门封主要由微型风机、气帘、组合钢支架构成。顶部帘板和侧部帘板要装在弹性好的镀锌材质框架上,框架结构一定要坚固、灵活而且抗撕拉。帘板和框架部件安装简便,易于维护。在运输车辆停靠后,门封的鼓风机开始充气,将车辆与洞口之间的空隙完全封闭。在完成装卸后,将鼓风机关闭,通过内置的张紧绳将侧部气囊缩回,并将配重从顶部拉回。装卸货过程中的充放气,只需短短几秒就可以完成。机械式门封的主要结构为组合钢支架、前部遮帘。

3　冷库建筑的其他结构

冷库建筑的其他结构包括楼梯间、电梯间和站台等。

3.1　楼梯、楼梯间

楼梯是多层冷库的上下交通要道。尤其在停电或某些特殊情况下,楼梯成为唯一的垂直通道,因此楼梯的设计应满足人和货物的垂直运输要求,且使用方便,有足够的通行宽度和疏散能力。冷库的主要楼梯必须建于单独的防火楼梯间内,其位置应使库房内任一点到楼梯间的距离不超过 60 m,以便在发生意外事故时,库内人员可迅速安全撤出。此外,冷库均应设置消防专用梯。

库房的楼梯间应设在穿堂附近,并应采用不燃材料建造,通向穿堂的门应为乙级防火门;首层楼梯间出口应直通室外或距直通室外的出口不大于 15 m。

常见的楼梯布置方式有下列三种,如图 3-52 所示。

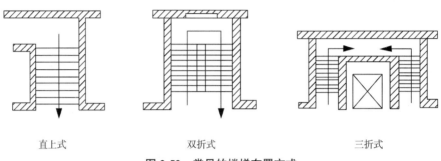

图 3-52   常见的楼梯布置方式

直上式楼梯即单跑楼梯,当房屋层高较低,楼梯间狭长时采用,冷库很少采用。双折式楼梯即双跑楼梯,比较通用,冷库广泛采用这种楼梯,其两段楼梯可以等长,也可以不等长。三折式楼梯即三跑楼梯,常用于楼梯间进深浅、宽度大、层高较高的建筑,且常结合电梯井布置。

楼梯的宽度应便于人行走和货物搬运,并满足疏散要求。货物对楼梯宽度的要求根据货物尺寸而定,人的行走对楼梯宽度的要求按每人 50~60 cm 计算。多层冷库主要楼梯的净宽应不小于 1.1 m。楼梯的斜度可用一个踏步的高宽比($h : b$)表示,斜度应按使用要求确定。如冷库的主要楼梯考虑停电时需用人工运货,则楼梯斜度应缓和些,可取高宽比为 1 : 2(26° 34′)左右,一般楼梯则可取 1 : 1.5(33° 42′)左右,不常用的次要楼梯可以更陡些。楼梯的踏步尺寸一般高为 160~170 mm ,宽为 240~300 mm 。

踏步的高度最好满足下列经验公式:

高+宽=450 mm

或

2× 高+宽=600~620 mm

设计楼梯时,必须考虑各梯段及平台净空高度,避免碰头和影响运输,一般净空高度不小于 2.2 m。楼梯平台由平台梁和平台板组成,通常设于踏步过多或楼梯转弯处,以缓解疲劳,其宽度应不小于梯段宽度,并不得设扇形踏步。楼梯栏杆下端固定在踏步上或斜梁及平台上,靠墙的一边也可固定在墙上,上端设扶手,其高度一般为 900 mm;梯宽超过 1.4 m,应双面设扶手。

3.2   电梯间

多层、高层库房应设置电梯等垂直运输设备,电梯是多层冷库货物垂直运输的主要设备。电梯或其他运输设备的轿厢选择是影响多层冷库吞吐速度的主要因素,应充分利用其运载能力,电梯的数量及规格根据总吞吐量确定。

电梯由轿厢、电梯间（电梯井）及机械起重设备三部分组成。冷库用的电梯需要较大的轿厢面积，以便于连车带货一起进入轿厢。电梯井壁应平整而没有凹凸，可做成封闭的不燃墙或镶玻璃的网状铁栅。电梯井的平面尺寸，应根据电梯平衡锤的位置、轿厢的规格确定。电梯井壁的耐火极限不应低于 2 h，开口部位应设置耐火极限不低于 1 h 的电梯层门。

机械间通常布置在电梯井上，要求通风、采光良好，隔声耐火，有时为了检修，需在机械间顶上设吊钩供安装、检修时吊装设备用。

冷库电梯及垂直运输设备设置在穿堂及站台内，除对电梯井道的耐火极限有要求外，对电梯层门耐火极限也提出了相应要求，升降机等运输设备的井道，每层开口部位也有需设置防火卷帘的相应防火要求。

库房电梯的设置数量可按下列规定计算：5 t 型电梯运载能力，可按 34 t/h 计；3 t 型电梯运载能力，可按 20 t/h 计；2 t 型电梯运载能力，可按 13 t/h 计。以铁路运输为主的冷库及港口中转冷库，电梯数量应按一次进出货吞吐量和装卸允许时间确定；全部采用公路运输的冷库，电梯数量应按日高峰进出货吞吐量和日低谷进出货吞吐量的平均值确定；在以铁路、水运进出货吞吐量确定电梯数量的情况下，电梯位置可兼顾日常生产和公路进出货使用的需要，不宜再另设电梯。

3.3　站台

站台是保证冷库与外界货物联系的设施。为了便于货物装卸，根据库外运输工具，站台可分为铁路站台和公路站台。站台的宽度与冷库的规模、货物的周转量、装卸工具以及要求的装卸速度等有直接关系。一般用机械装卸货物时速度快，要求站台较宽；用人工装卸时速度慢，站台可比较窄。

冷库站台的宽度如表 3-6 所示。

表 3-6　冷库站台的宽度

运输工具	铁路站台宽度（m）	公路站台宽度（m）	备注
手推车	7~9	5~7	大中型冷藏库、大中城市分配性冷藏库取上限
电瓶铲车	8~10	6~8	

冷库站台还可分为敞开式站台和封闭式站台。

1. 敞开式站台

1）公路站台

公路站台（图 3-53）包括机场、码头内中转冷库的库房站台。航运、海运宜结合运输方式，设置与冷藏车（箱）的货物出入库相适应的站台形式，以便于物流衔接。公路站台的长度，应根据其货运量和同时装卸的车辆数量确定。站台面至回车场的地面距离，应与运输车辆车厢高度相适应，一般为 1.1~1.2 m。公路站台宜全部设防雨罩棚，罩棚的柱距一般不小于 6 m，罩棚至站台面的净高一般不小于 3.0 m。

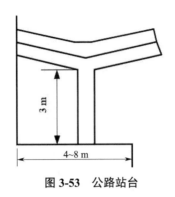

图 3-53　公路站台

库房的公路站台应符合下列规定:站台宽度不宜小于 5 m;站台边缘停车侧面应装设缓冲橡胶条块,并应涂有黄、黑相间的防撞警示色带;站台上宜设罩棚,靠站台边缘一侧如有结构柱,柱边距站台边缘净距不宜小于 0.6 m;罩棚挑檐挑出站台边缘的部分不应小于 1.00 m,净高应与运输车辆的高度相适应,并应设有组织排水。

2)铁路站台

铁路站台(图 3-54)的长度应按同时停靠装卸的车厢数量确定。

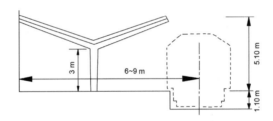

图 3-54　铁路站台

大型冷库通常按一短列机械保温列车 12 节长度计算,每节车厢长 17.8 m,则站台长度为 216 m;中型冷库可采用 6 节保温列车长度计算,站台长度为 108 m;大型冷库在受条件限制时,站台长度也可为 108 m。在南方多雨地区,商品进出频繁的大中型冷藏库,铁路站台宜全部设防雨罩棚,少雨地区可根据情况局部设罩棚。

库房的铁路站台应符合下列规定:站台宽度不宜小于 7 m;站台边缘顶面应高出轨顶面1.1 m,边缘距铁路中心线的水平距离应为 1.75 m;站台长度应与铁路专用线装卸作业段的长度相同;站台上应设罩棚,罩棚柱边与站台边缘净距不应小于 2 m,檐高和挑出长度应符合铁路专用线的界限规定;在站台的适当位置应布置满足使用需要的上、下台阶和坡道,台阶处宜设置防护栏杆。

保温列车的加冰口在车顶上,列车加碎冰时可利用站台顶棚上设的加冰运输装置。此种顶棚宜采用钢筋混凝土水平悬臂板,从轨面至悬臂板梁底的净高为 5.0 m。另外,也可在站台上设移动式皮带输送机加冰。顶棚宜采用 Y 形结构,从线路中心轨面至站台边缘上顶板底的高度约 6.2 m(保温车厢顶至板底的距离应能保证皮带输送机工作所需的空间)。

此外,还可将碎冰机平面设在站台边,提高平台高度,在碎冰机下设旋转式输冰槽,直接向保温列车加冰,而保温列车由调车绞车牵引逐节移动。

2. 封闭式站台

库房直接与外部相连用于装卸货物的封闭空间称为封闭式站台,封闭式站台分为有人工制冷降温的控温封闭站台和不设人工制冷降温的非控温封闭站台。

与常规站台相比,封闭式站台就是将原常规站台增加了隔热围护结构,使之形成一个保温隔热的封闭空间;同时,对进出冷藏库的食品或物品、对接的汽车、铁路列车门,设置一个专用的密封门装置,做到食品或物品的进出在封闭站台完成,与室外大气、温度隔断,确保食品或物品的质量与卫生。封闭式站台可根据实际需要,设计成常温或低温(封闭站台内设置降温设备)形式。封闭式站台与冷藏库、室外大气环境存在一个温度梯度,能有效地使冷库门处的冷湿破坏程度降到最小;以往冷库门外设置门斗,由于门斗体量较小,不能达到理想的保护效果,而封闭式站台本身的构造与体量恰好弥补了门斗的这一缺陷。封闭式站台可根据需要,略为放大宽度,甚至可达 15 m 以上,目的是使封闭站台除满足自身要求外,还可使其在物品周转上更加方便。封闭式站台的设置,肯定会使一次性投资增加,还需要配套一些专用的设备,如封闭式专用站台门、对接冷藏车(冷藏列车)专用的升降平台等。

封闭式站台的优点:冷藏车(冷藏列车)停靠封闭式站台前,与冷库之间通过封闭式站台形成一个相对密闭的空间,避免外界的热量和水汽侵入,明显地减少了冷库内的冷量损耗与库内结露现象;可降低冷库门内外的温度差,有效地保护了冷库门;设置了隔热围护结构,有利于冷库节能;使食品或物品与外界隔离,确保其不受温度的影响,保证品质。

总之,设置封闭式站台的优点远远多于其缺点,因此为保证冷链完整运行,站台的设计要求为封闭式站台,主要保证食品或物品在进出冷藏库的整个环节中温度链不断,同时又能满足其他功能。

封闭式站台一般可分为公路站台和铁路站台两种。采用什么样的形式以及具体如何设计,应根据具体情况和实际需要确定。封闭式站台地面要有 1% 的外斜坡度,以利于排水。站台边缘应镶嵌角钢,以防碰撞损坏。站台应设有防雨罩棚,罩棚不宜过高,根据站台的大小和深度确定。檐口不宜翘得太高。封闭式站台温度保持在 2~7 ℃,所需冷量按 190 W/m² 计算。

封闭式公路站台:标高应高出路面 0.8~1.2 m,与进出最多的汽车高度一致;长度按每 1 000 t 冷藏容量 7~10 m 设计;宽度根据货物周转量、搬运方法确定,根据封闭式公路站台的特点,如采用叉车装卸货物,建议取 ≥9 m。货物装卸口的数量按每 3 000 m³ 的冷藏容量 7~10 个设计。站台装卸口上的门应该在墙内侧,而外侧为车位门封,以保证装卸过程中的密封性,减少能耗损失,也有利于食品的安全和卫生。车位门封有两种形式:充气式门封和原木外粘特殊配制泡沫塑料门封。

封闭式铁路站台(图 3-55):标高应高出轨道面 1.1~1.3 m;长度和宽度按表 3-7 取值。货物装卸点的数量按每 30 000 m³ 的冷藏容量 3~5 个设计。铁路中心至站台边缘为 1.75 m,支撑柱的间距一般取 9 m。对于现代化机械作业冷库,装卸货物一般采用电瓶车,这样就要求柱中线至站台边缘的宽度不小于 2 m。在封闭式站台的两端设有滑升门,便于冷藏列车进入封闭式铁路站台内部,并与外界隔断。

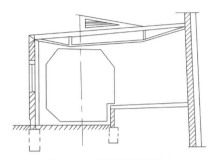

图 3-55　封闭式铁路站台

表 3-7　封闭式铁路站台的长度和宽度

冷藏库规模	站台长度(m)	站台宽度(m)
≥10 000 t	317	8~10
≥5 000 t	216	8~10
1 500~4 500 t	108	6~10

3. 货物进出库装卸口设施

冷库进出货作业时,要保持冷藏链不断链,在装卸口设置保温滑升门、站台高度调节板、车辆限制器和密闭接头等是必要的。

站台高度调节板的主要作用是将封闭式站台和冷藏车连成一个整体,方便叉车的机械化门对门作业。现在常见的调节板有机械式、液压式和气袋式等。

此外,还应配备手推车,它是冷库或配进中心常用的搬运工具之一,装卸方便、承载量大、灵活轻便。常用的手推车有尼龙轮手推车、小轮胎手推车、家禽冻结手推车和液压托盘搬运车等。

4　冷桥及其处理

4.1　冷桥的形成及危害

在冷库围护结构的隔热层中,如有导热系数较隔热材料大得多的构件通过,会使隔热结构形成短路,这种现象称为冷桥。由于冷桥附近结构表面所感受的冷量大量向冷桥部位集中,因此由冷桥造成的冷量损失大大地超过了简单地按其截面面积计算所得的数值。冷桥的存在不但增加了库房的冷量损耗,而且冷桥部位成为隔热结构的薄弱环节,造成该处隔热结构温度较高的一面产生凝露、结霜、结冰,隔热层受潮失效,严重时还使结构层受冻。

库房由于承重结构需要连续而使保温隔热层断开的部位、门洞和设备、电气管线穿越保温隔热层周围的部位,冷藏间、冻结间通往穿堂的门洞外跨越变形缝部位的局部地面和楼面等,均应采取防冷桥的构造措施。冷库内存在的冷桥,大部分是节点构造处理不当引起的。例如,多层冷库无梁楼板边缘嵌入外墙绝热层内形成冷桥(图 3-56),造成绝热层受潮结冰,防潮层损坏,外墙潮湿长霉菌、青苔,楼板板底空洞等问题。如用谷壳填砌,谷壳下沉后又形成严重的空洞。

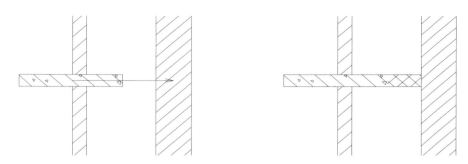

图 3-56　无梁楼板边缘嵌入外墙绝热层形成冷桥

　　单层冷库采用反梁楼盖结构的阁楼隔热层,由于反梁位置处稻壳厚度不足,形成冷桥(图 3-57)。多层冷库的内隔墙或内衬墙穿过楼板隔热层直接砌在楼板结构层上,形成冷桥,时间久了会使内隔墙和内衬墙墙体损坏(图 3-58)。

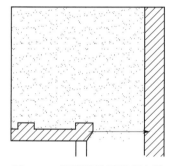

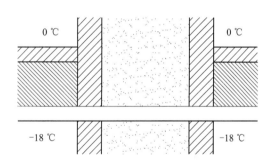

图 3-57　阁楼隔热层形成冷桥　　　　　图 3-58　内隔墙直接砌在楼板结构层上形成冷桥

　　在冷库隔热墙体、楼板等处,若管道、孔洞预留尺寸比所需绝热厚度小,也会形成冷桥,使附近的墙体、楼板凝露、滴水,引起隔热层损坏(图 3-59)。如冷库门部位的地坪因门过道冷桥而导致门脚结冰等(图 3-60)。

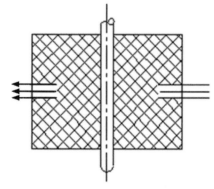

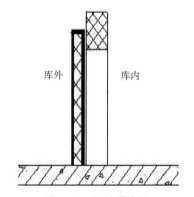

图 3-59　管道孔洞预留尺寸过小形成冷桥　　　　图 3-60　门过道冷桥

4.2　防冷桥处理

冷桥构件不仅向库内传递较多的热量,构件本身的温度也较低,会产生凝露或结霜,对隔热和防潮隔汽结构有很大损害;严重时会产生冻融循环,破坏建筑结构。防止冷桥出现和减小其危害的措施称为防冷桥处理。

在设计冷库时,首先应当尽可能避免冷桥形成。若因建筑结构或其他方面的原因,不可能完全避免,则应采取各种措施进行处理,减少冷桥的影响。

4.2.1　地坪防冷桥处理

地坪需要重点考虑的是防冻胀措施。由于地基深处与表面的温度梯度而形成的热流,会造成地下水蒸气向冷库基础渗透。经过长时间的作用,当冷库地坪下表面温度降到 0 ℃以下时,则会导致地坪冻胀,毁坏冷库地坪。

地坪防冻常采取的处理措施有:设结构架空层、设地垄墙通风层、砂垫层埋通风管、地坪埋加热管等。地基情况不太好的应该设结构架空层,普通地基可采用砂垫层埋通风管或设地垄墙通风层,一些改造项目或不便深挖基坑(槽)的情况可选用地坪埋加热管方式。地坪埋加热管措施可以将制冷机组排放的热量进行回收,通过不锈钢换热器将乙二醇载冷剂加热,经过分水器与地热管进行循环加热以控制地面保温层下方保持 5 ℃以上的温度,这种处理方式可以减小冷凝器的负荷,降低制冷机组的压缩比,提高能效比,是比较节能环保的措施,综合效益比较可观。

4.2.2　墙的防冷桥处理

土建冷库墙身的冷桥分为外保温系统及内保温系统两种情况。

外保温系统的墙身冷桥一般出现在底层与室内地坪相接的部位,此处墙身保温层由于和室内地坪无法连续,故存在冷桥,因此需要把室内地面保温层沿墙往上顺延,阻止冷桥形成。冷库建筑如采用从屋架上设吊筋拉结阁楼层梁板的结构方案,吊筋应采用镀锌圆钢以防锈蚀,并设硬木绝缘块。多层冷库的各层楼板与外墙的锚系构件也应采用镀锌圆钢,外包隔热材料。

内保温系统的墙身冷桥有以下两种方式:一种是冷间外围护墙墙身落在框架梁上,这样每层楼板位置的墙身保温层都会因楼板中断而形成冷桥,其处理措施是把靠墙的边跨楼板标高降低,内墙保温层沿楼板上下面往里顺延,阻断冷桥;另一种是冷间围护墙与框架结构脱开,每层圈梁处设锚系梁或挑梁与主框架柱连接,这时锚系梁或挑梁就会形成冷桥,其处理方式是在锚系梁与框架柱连接点周围做保温层,阻断冷桥。

4.2.3　柱的防冷桥处理

多层或单层土建冷库结构简单稳定,整体性较好,隔热层的施工也比较灵活、方便,是大多数冷库工程优先采用的结构形式,但其存在柱身冷桥问题。柱身冷桥的处理方式一般是随地面或顶棚的保温层向柱身顺延,顺延长度为 1.5 m 左右。

如图 3-61 所示,穿过隔热层的柱应做防冷桥处理。当柱穿过半架空地坪时,防冷桥处理的结构上端面缝口应注意用防水密封胶严密堵口。当柱穿过埋设自然通风管的地坪时，除防冷桥处理外，柱脚两侧都应布置通风管，以免柱基下土壤冻结。如柱穿过隔热楼板或阁楼楼板，也应进行防冷桥处理。冷库底层柱子的下段在离地面 1.5 m 范围内，一律包隔热材料，并在隔热材料外围设保护设施，以防货物碰撞。

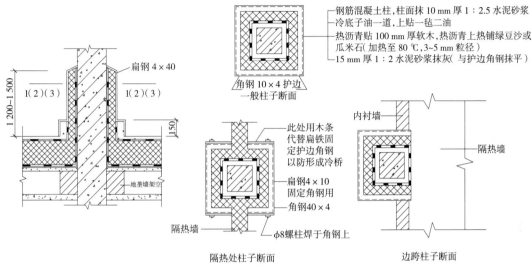

图 3-61　楼层柱子防冷桥处理

4.2.4　楼板的隔热处理

如图 3-62 所示，当上下层（包括阁楼层）库房温差在 5 ℃以上时，除楼板应做隔热层外，楼上柱子的下段在离楼面 1.5 m 范围内，需做隔热处理。同一层内，当相邻两个库房温差在 5 ℃以上时，其隔墙的隔热材料应与楼地面的隔热材料连通。隔墙顶部应在库温较高的一侧顶板底距离隔墙面 1.2 m 的范围内做隔热带，如图 3-63 所示。

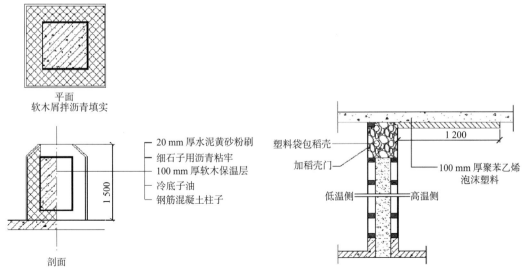

图 3-62　楼板的隔热处理　　　　图 3-63　高低温库内隔墙上平顶隔热处理

4.2.5 冲(融)霜排水管的隔热处理

冻结间的冲(融)霜排水管应做好绝缘措施,排水管与冷风机下的钢板水盘接口要做到严密不渗漏,排水管的地下部分或经过高温库部分,必须外包隔热防潮材料直至外墙为止。为防止地坪以及土壤冻结,自地坪外计算,包隔热层的长度至少应为 1 500 mm。如冲(融)霜排水管穿过冷却物冷藏间或其他高温冷间,也必须在管外包隔热层,以防产生凝水。

4.2.6 管道穿墙冷桥处理

管道穿过冷库隔热墙体、楼板等处时也会形成冷桥,处理不当会造成附近的墙体、楼板以及管道本身凝露、滴水。穿墙管道尽可能集中布置,以便做好冷桥处理,预留孔洞不宜太大。待管道安装后先用细石混凝土填实缝隙,抹平后补喷聚氨酯并沿管道顺延一定长度。为防止吸气管路与支架接触处形成冷桥,在管道与支架之间应垫经过防腐处理的木块。

Chapter 4

第 4 章
冷库建筑材料与隔热防潮

1　冷库建筑材料

冷库主要用于食品的冷冻、加工及冷藏,它通过人工制冷,使室内保持一定的低温。冷库建筑经常处于低温潮湿或冻融频繁的环境下,因此建筑结构所采用的材料应耐低温、耐湿、抗水性能好。冷库的墙壁、地板及屋顶都敷设有一定厚度的隔热材料,以减少外界传入的热量。为了减少吸收的太阳辐射,冷库外墙表面一般涂成白色或浅色。

冷库建筑要防止水蒸气的扩散和空气的渗透。室外空气侵入时,不但增加冷藏库的耗冷量,而且还向库房内带入水分,水分的凝结会引起建筑结构特别是隔热结构受潮冻结损坏,所以要设置防潮隔热层,使冷库建筑具有良好的密封性和防潮隔汽性能。

冷库的地基受低温的影响,土壤中的水分易被冻结。土壤冻结后体积膨胀,会引起地面破裂及整个建筑结构变形,严重的会导致冷库不能使用。因此,低温冷库地坪不仅要有有效的隔热层,隔热层下还必须进行处理,以防止土壤冻结。

冷库的楼板要堆放大量的货物,又要通行各种装卸运输机械设备,屋顶上还设有制冷设备或管道,因此它的结构应坚固并具有较大的承载力。低温环境中,特别是在周期性冻结和融解循环过程中,建筑结构易受破坏。因此,冷库的各部分构造要有足够的抗冻性能。总体来说,冷库建筑以其严格的隔热性、密封性、坚固性和抗冻性来保证食品的质量。

1.1　建筑材料的基本性质

建筑材料的基本性质是指材料处于不同的使用条件和使用环境时,通常必须考虑的最基本的、共有的性质。因为建筑材料所处的部位和环境不同,人们对材料的使用功能要求不同,所以建筑材料的性质也就有所不同。

1.1.1　材料的物理性质

1. 密度和容重

材料单位体积的质量是评价材料性质的重要指标之一。材料的体积一般分为自然状态下的体积与绝对密实状态下的体积。

所谓绝对密实状态下的体积,是指材料结构内部不包含孔隙,这是一种理想状态下的体积。而自然状态下的体积,则包含材料结构内部的孔隙。

1)密度

在工程中,把材料在绝对密实状态下单位体积的质量称为密度,按下式计算:

$$\gamma = G/V \tag{4-1}$$

式中　γ——材料的密度(g/cm^3);

　　　G——干燥材料的质量(g);

　　　V——绝对密实状态下材料的体积(cm^3)。

2)容重

容重为材料在自然状态下单位体积的质量,按下式计算:

$$\gamma'=G/V_1 \qquad\qquad (4\text{-}2)$$

式中　γ'——材料的容重(g/cm^3或kg/m^3);

　　　G——材料的质量(g或kg);

　　　V_1——自然状态下材料的体积(cm^3或m^3)。

材料在自然状态下的重量,一般来说是随含水量的变化而变化的,所以在测定材料的容重时,应注明含水情况。密度和容重是材料的基本性质,常用来计算材料的密实度和孔隙率。另外,材料的容重与其强度、隔热性能也有密切关系。除钢和水外,一般材料的容重均小于密度。因容重更能反映材料的真实属性,故在材料学中常选用容重这个指标。

2. 密实度与孔隙率

密实度与孔隙率均是表示材料密实程度的指标。

1)密实度

密实度是指材料体积内被固体物质填充的程度,用d表示。

$$d=V/V_1 \qquad\qquad (4\text{-}3)$$

2)孔隙率

孔隙率是指材料内部孔隙的体积占材料总体积的百分率,用p表示。

$$p=\frac{(V_1-V)}{V_1}\times100\% \qquad\qquad (4\text{-}4)$$

材料的其他性质,如吸水性、隔热性及强度等,均与孔隙率的大小有密切关系。在孔隙率相同时,材料的其他性质也不尽相同。这说明材料的性质除了与孔隙率有关外,还与材料的孔隙构造有关。

材料的孔隙构造分为连通和封闭两种。连通孔隙与外界相通,封闭孔隙与外界隔绝。连通孔隙不仅彼此贯通且与外界相通,而封闭孔隙则不仅彼此不连通且与外界隔绝。

孔隙按尺寸大小又分为极微细孔隙、细小孔隙和较粗大孔隙。孔隙的大小及其分布对材料的性能(如热工、隔声)影响较大。

密实度和孔隙率是材料的重要性质,在数值上,两者之和为1或100%。对同一种材料而言,孔隙率越大则密实度越小,如为完全密实材料,则密实度为100%,孔隙率为0,因此常用孔隙率表示材料的密实程度。

3)填充率和空隙率

填充率是指散粒材料在其堆积体积中,被颗粒实体体积填充的程度。

空隙率是指散粒材料在其堆积体积中,颗粒之间的空隙体积所占的比例。

空隙率的大小反映了散粒材料的颗粒相互填充的致密程度。空隙率可作为控制混凝土骨料级配与计算含砂率的依据。

3. 亲水性与憎水性

与水接触时,有些材料能被水润湿,而有些材料则不能被水润湿,这两种现象中,前者表现为亲水性,后者表现为憎水性。具有亲水性的材料称为亲水性材料;否则称为憎水性材料。

材料具有亲水性或憎水性的根本原因在于材料的分子结构。亲水性材料与水分子之间的分子亲和力大于水分子之间的内聚力;反之,憎水性材料与水分子之间的亲和力小于水分子之间的内聚力。

在工程实践中,材料是亲水性材料或憎水性材料通常以润湿角的大小划分。润湿角为在材料、水和空气的交点处,沿水滴表面的切线与水和固体接触面所成的夹角。其中,润湿角 θ 愈小,表明材料愈易被水润湿。当材料的润湿角 $\theta<90°$ 时,为亲水性材料,如木材、砖、混凝土、石等;当材料的润湿角 $\theta>90°$ 时,为憎水性材料,如沥青、石蜡、塑料等。水在亲水性材料表面可以铺展开,且能通过毛细管作用自动将水吸入材料内部;水在憎水性材料表面不仅不能铺展开,而且水分不能渗入材料的毛细管中,如图 4-1 所示。憎水性材料具有较好的防水性与防潮性,常用作防水材料,也可用于亲水性材料的表面处理,以减少吸水率,提高抗渗性。

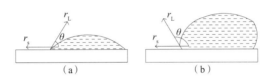

图 4-1　材料润湿示意图
（a）亲水性材料　（b）憎水性材料

4. 吸水性与吸湿性

由于材料存在孔隙,所以材料在水中或潮湿的空气中均能吸收水分,导致材料表观密度增加,隔热性能减弱。

1）吸水性

吸水性为材料在水中吸收水分的性质,用吸水率表示,吸水率分为质量吸水率和体积吸水率。质量吸水率为材料在吸水饱和状态下,所吸收水分的质量占材料在干燥状态下质量的百分数,按下式计算:

$$W_{质} = \frac{G_{湿} - G_{干}}{G_{干}} \times 100\% \tag{4-5}$$

式中　$W_{质}$——材料质量吸水率(%);

　　　$G_{湿}$——材料吸水至饱和时的质量(g);

　　　$G_{干}$——材料在干燥状态下的质量(g)。

对于某些轻质材料(如泡沫混凝土、泡沫塑料、软木等),其质量吸水率往往超过 100%,即 $G_{湿}$ 为 $G_{干}$ 的 2 倍以上。在这种情况下,最好用体积吸水率表示。

体积吸水率为材料在吸水饱和状态下,所吸收水分的体积占材料自然体积的百分数。由于水的密度为 1 g/cm³,所以材料吸收水分的体积在数值上等于其质量,故可按下式计算:

$$W_{体} = \frac{G_{湿} - G_{干}}{V_1} \times 100\% \qquad (4\text{-}6)$$

式中　$W_{体}$——材料的体积吸水率(%);

　　　V_1——材料在自然状态下的体积(cm^3)。

　　材料的吸水性主要取决于材料孔隙的大小及孔隙的特征。一般情况下,孔隙率越大,吸水性越强。但如果孔隙的构造是封闭的,则水分不易渗入,孔隙粗大,水分又不易留存,故有些材料尽管孔隙率较大,但吸水率却较小。通常具有很多开口且孔隙微小的材料,其吸水率往往较大。

　　2)吸湿性

　　材料的吸湿性是指材料在潮湿空气中吸收水分的性质。干燥的材料处在较潮湿的空气中时,会吸收空气中的水分;而当较潮湿的材料处在较干燥的空气中时,便会向空气中放出水分。前者是材料的吸湿过程,后者是材料的干燥过程。由此可见,在空气中,某一材料的含水量是随空气的湿度变化的。

　　材料在任一条件下的含水量称为材料的含水率,其计算公式为

$$W_{含} = \frac{G_{含} - G_{干}}{G_{干}} \times 100\% \qquad (4\text{-}7)$$

式中　$W_{含}$——材料的含水率(%);

　　　$G_{含}$——材料含水时的质量(g);

　　　$G_{干}$——材料在干燥状态下的质量(g)。

　　材料的含水率受所处环境中空气湿度的影响。当空气中的湿度在较长时间内稳定时,材料的吸湿和干燥过程处于平衡状态,此时材料的含水率保持不变,其含水率称为材料的平衡含水率。

5. 耐水性、抗渗性、抗冻性

　　1)耐水性

　　材料的耐水性是指材料长期在饱和水的作用下而不破坏,强度也不显著降低的性质。衡量材料耐水性的指标是材料的软化系数(K_p)。软化系数反映了材料饱水后强度降低的程度,是材料吸水后性质变化的重要特征之一。

　　2)抗渗性

　　抗渗性是指材料在压力水作用下抵抗水渗透的性能。

　　材料的抗渗性不仅与材料本身的亲水性或憎水性有关,还与材料的孔隙率和孔隙特征有关。材料的孔隙率越小且封闭孔隙越多,其抗渗性越强。

　　3)抗冻性

　　材料吸水后,在负温作用条件下,水在材料毛细孔内冻结成冰、体积膨胀,产生冻胀压力,使材料产生内应力,内应力会使材料遭到局部破坏,例如表面出现剥落、裂纹,产生质量损失和强度降低。随着冻融循环的反复,材料的破坏作用逐步加剧,这种破坏称为冻融破坏。

　　抗冻性是指材料在吸水饱和状态下,能经受反复冻融循环作用而不破坏,强度也不显著

降低的性能。

抗冻性以试件在冻融后的质量损失、外形变化或强度降低不超过一定限度时所能经受的冻融循环次数来表示,或称为抗冻等级。

材料的抗冻等级可分为 F15、F25、F50、F100、F200 等,分别表示材料可承受 15、25、50、100、200 次的冻融循环。材料的抗冻性与其内孔隙构造特征、材料强度、耐水性和吸水饱和程度等因素有关。抗冻性良好的材料,抵抗温度变化、干湿交替等破坏作用的能力也较强。所以,抗冻性常作为评价材料耐久性的一个指标。

6. 导热性、热容量、耐燃性和耐火性

1)导热性

当材料两侧存在温差时,热量从材料一侧通过材料传导至另一侧的性质,称为材料的导热性。导热性用导热系数 λ 表示,导热系数的计算公式为

$$\lambda = \frac{Qd}{FZ(t_1 - t_2)} \tag{4-8}$$

式中 λ——材料的导热系数[W/(m·K)];

Q——传导的热量(J);

F——热传导面积(m^2);

Z——热传导时间(s);

d——材料厚度(m);

$t_1 - t_2$——材料两侧的温差(K)。

在物理意义上,导热系数为单位厚度(1 m)的材料,两侧温差为 1 K 时,在单位时间(1 s)内通过单位面积(1 m^2)的热量。

导热系数是评定材料保温隔热性能的重要指标,导热系数越小,其保温隔热性能越好。材料的导热系数主要取决于材料的组成与结构。一般来说,金属材料的导热系数大,无机非金属材料的导热系数适中,有机材料的导热系数最小。例如,铁的导热系数比石灰大,大理石的导热系数比塑料大,水晶的导热系数比玻璃大。孔隙率大且为闭口微孔的材料导热系数小。此外,材料的导热系数还与其含水率有关,含水率增大,其导热系数明显增大。

2)热容量

材料在受热时吸收热量,冷却时放出热量的性质称为材料的热容量。单位质量材料温度升高或降低 1 K 所吸收或放出的热量称为热容量系数或比热。比热的计算公式为

$$c = \frac{Q}{m(t_1 - t_2)} \tag{4-9}$$

式中 c——材料的比热[J/(g·K)];

Q——材料吸收或放出的热量(J);

m——材料质量(g);

$t_1 - t_2$——材料受热或冷却前后的温差(K)。

3)耐燃性和耐火性

耐燃性是指材料在火焰或高温作用下可否燃烧的性质。

按照遇火时的反应将材料分为非燃烧材料、难燃烧材料和燃烧材料三类。

（1）非燃烧材料：在空气中受到火烧或高温作用时，不起火、不碳化、不微烧的材料，如砖、混凝土、砂浆、金属材料和天然或人工的无机矿物材料等。

（2）难燃烧材料：在空气中受到火烧或高温作用时，难起火、难碳化，离开火源后燃烧或微烧立即停止的材料，如石膏板、水泥石棉板、水泥刨花板等。

（3）燃烧材料：在空气中受到火烧或高温作用时，立即起火或燃烧，离开火源后继续燃烧或微燃的材料，如胶合板、纤维板、木材、织物等。

耐火性是指材料在火焰或高温作用下，保持不破坏、性能不明显下降的能力。耐火性用耐火时间（h）来表示，称为耐火极限。通常耐燃的材料不一定耐火（如钢筋），耐火的材料一般耐燃。

1.1.2　材料的力学性质

1. 材料的强度与强度等级

1）材料强度

材料的强度是材料在应力作用下抵抗破坏的能力。通常情况下，材料内部的应力多由外力（或荷载）作用引起，随着外力增加，应力也增大，直至应力超过材料内部质点所能抵抗的极限，即强度极限，材料发生破坏。

根据外力作用方式，材料强度有抗拉强度、抗压强度、抗剪强度等，其计算公式为

$$f = F_{max}/A \qquad (4\text{-}10)$$

式中　f——材料强度（MPa）；

　　　F_{max}——材料破坏时的最大荷载（N）；

　　　A——试件受力面积（mm²）。

2）强度等级

强度等级是指按照材料相应的强度值，将其划分成若干个不同的强度级别。脆性材料（水泥、混凝土、砖、砂浆）主要以抗压强度来划分等级，而塑性材料（钢筋）主要以抗拉强度来划分等级。抗压强度等级符号由表示材料品种的相应字母和相应等级的强度值两部分组成。例如，M5 表示砂浆的强度等级为 5 MPa；C20 表示混凝土的强度等级为 20 MPa；MU7.5 表示砖的强度等级为 7.5 MPa。

3）比强度

比强度是指材料强度与表观密度之比。它是衡量材料轻质高强性能的一个重要指标。普通混凝土、低碳钢、松木（顺纹）的比强度分别为 0.012、0.053、0.069。比强度越大，则材料越轻质高强。选用比强度大的材料或提高材料的比强度，对减轻结构自重、降低工程造价等具有重大意义。

2. 材料的弹性和塑性

材料在外力作用下产生变形，当外力取消后，材料能够完全恢复原来形状的性质称为弹性，这种完全恢复的变形称为弹性变形（或瞬时变形）。

材料在外力作用下产生变形，当外力取消后，材料仍能保持变形后的形状和尺寸，并且不产生裂缝的性质称为塑性，这种不能恢复的变形称为塑性变形（或永久变形）。

3. 材料的脆性和韧性

1）脆性

材料受力达到一定程度时,突然发生破坏,并且无明显的变形,材料的这种性质称为脆性。大部分无机非金属材料均属脆性材料,如天然石材、烧结普通砖、陶瓷、玻璃、普通混凝土、砂浆等。脆性材料的特点是塑性变形很小,抵抗冲击、振动荷载的能力差,抗压强度高,而抗拉、抗折强度低。在工程实践中使用时,应注意发挥这类材料的特性。

2）韧性

材料在冲击或动力荷载作用下,能吸收较大能量而不破坏的性能,称为韧性或冲击韧性。韧性以试件破坏时单位面积所消耗的功表示。韧性材料的特点是塑性变形大,抗拉、抗压强度较高。建筑钢材、木材、橡胶等属于韧性材料。对于承受冲击振动荷载的路面、桥梁等结构,应选用具有较好韧性的材料。

4. 硬度和耐磨性

1）硬度

材料的硬度是指材料表面的坚硬程度,是材料抵抗其他硬物刻画、压入其表面的能力。通常用刻画法、回弹法和压入法测定材料的硬度。

2）耐磨性

耐磨性是材料表面抵抗磨损的能力。材料的耐磨性用磨耗率表示。

1.2　常用的建筑材料

1.2.1　砖和其他砌体材料

1. 砖

1）烧结普通砖（实心砖）

烧结普通砖是以黏土、页岩、煤矸石、粉煤灰为主要原料经烧结而成的。烧结普通砖的外形为直角六面体,标准尺寸是 240 mm × 115 mm × 53 mm,按抗压强度可分为 MU30、MU25、MU20、MU15 和 MU10 等 5 个强度等级。

烧结普通砖有一定的强度和耐久性,并有较好的保温隔热性能,是传统的墙体材料。但由于烧结普通砖的生产消耗了大量的土地资源和煤炭资源,造成严重的环境破坏和污染,因此国家为促进墙体材料结构调整和技术进步,提高建筑工程质量和改善环境,出台了一系列政策,如所有省会城市在 2005 年以后全面禁止使用实心黏土砖,在沿海地区和大中城市禁用范围将逐步扩大到以黏土为主要原料的墙体材料。

2）烧结多孔砖和烧结空心砖

（1）烧结多孔砖。烧结多孔砖是以黏土、页岩、煤矸石为主要原料烧结而成的,主要用于结构承重。烧结多孔砖的大面有孔洞,孔的尺寸小而数量多,其孔洞率不小于 15%,使用时孔道垂直于承压面,因为它的强度较高,主要用于 6 层以下建筑物的承重部位,其规格尺寸见表 4-1。

表 4-1　烧结多孔砖的主要规格尺寸　　　　　　　　　　　　　　　　（mm）

代号	长	宽	高
M 型	190	190	90
P 型	240	115	90

烧结多孔砖根据其抗压强度、抗折强度可分为 MU30、MU25、MU20、MU15、MU10 和 MU7.5 等 6 个强度等级；根据砖的尺寸偏差、外观质量、强度等级和物理性能，可分为优等品、一等品与合格品三个质量等级。

（2）烧结空心砖。烧结空心砖是以黏土、页岩、粉煤灰为主要原料烧结而成的，主要用于非承重部位。烧结空心砖的孔洞为矩形条孔或其他孔形，一般平行于大面或条面，孔的尺寸大而数量少，其孔洞率不小于 35%。因为其质量轻、保温性能好、强度低，所以主要用于非承重墙及框架结构的填充墙。

3）蒸压灰砂砖

蒸压灰砂砖是以石灰和砂为主要原料，经计量配料、搅拌混合、消化、压制成型、蒸压养护、成品包装等工序而制成的实心或空心砖，它是典型的硅酸盐建筑制品，主要用于多层混合结构建筑的承重墙体。

根据国家标准《蒸压灰砂砖》(GB 11945—2019)的规定，其空心率小于 15%，长度不小于 500 mm 或高度不小于 300 mm，强度级别有 MU10、MU15、MU20、MU25、MU30 等 5 个强度等级，对应抗压强度平均值分别为 10 MPa、15 MPa、20 MPa、25 MPa、30 MPa。

4）蒸压粉煤灰砖

蒸压粉煤灰砖是以粉煤灰、石灰、石膏以及骨料为原料，经配料、搅拌、轮碾、压制成型、高压蒸汽养护等生产工艺制成的实心粉煤灰砖，根据其抗压强度、抗折强度可分为 MU20、MU15、MU10、MU7.5 等 4 个强度等级。

2. 砌块

1）混凝土小型空心砌块

混凝土小型空心砌块是以水泥为胶凝材料，砂石为骨料加水搅拌、振动加压成型，经养护而制成的具有一定空心率的砌体材料。

按国家标准规定，混凝土小型空心砌块的常见规格尺寸为 390 mm × 190 mm × 190 mm，最小外壁厚应不小于 30 mm，最小肋厚应不小于 25 mm，小砌块的空心率应不小于 25%。其按砌块抗压强度可分为 MU3.5、MU5.0、MU7.5、MU10.0、MU15.0 与 MU20.0 等 6 个强度等级。

混凝土小型空心砌块具有强度高、自重轻、砌筑方便、墙面平整好、施工效率高等优点，因此应用广泛，一般用于各类建筑的承重墙体及框架结构填充墙。

2）轻骨料混凝土小型空心砌块

轻骨料混凝土小型空心砌块是以水泥为胶凝材料，炉渣等工业废渣为轻骨料，加水搅拌，振动成型，经养护而制成的具有较大空心率的砌体材料。

轻骨料混凝土小型空心砌块具有自重轻、保温隔热性能好、抗震性能强、防火、吸声隔声性能优异、施工方便、砌筑效率高等优点,因此可用于框架结构的填充墙、各类建筑的非承重墙及一般低层建筑墙体。

常用的轻骨料混凝土小型空心砌块有陶粒混凝土小砌块、火山渣混凝土小砌块、煤渣混凝土小砌块和自然煤矸石混凝土小砌块等。一般规格尺寸为 390 mm × 190 mm × 190 mm,强度级别可分为 MU1.5、MU2.5、MU3.5、MU5.0、MU7.5 与 MU10.0 等 6 个强度等级。

3)蒸压加气混凝土砌块

蒸压加气混凝土砌块是以水泥、石灰、矿渣、砂、粉煤灰等为基本原料,加入适量发气剂(铝粉),经磨细、计量配料、搅拌浇筑、发气膨胀、静停切割、蒸压养护、成品加工、包装等工艺制成的一种多孔轻质的墙体材料。

蒸压加气混凝土砌块具有质量轻、保温隔热性能好、防火、吸声、有一定强度、可加工性好、施工简便等特点,可应用于多层及高层建筑的分户墙、分隔墙和框架结构的填充墙及 3 层以下的房屋承重墙。

蒸压加气混凝土砌块按抗压强度可分为 MU1.0、MU2.0、MU2.5、MU3.5、MU5.0、MU7.5、MU10.0 等 7 个强度等级。

1.2.2 水泥

水泥是一种良好的无机胶结材料。水泥浆体不但能在空气中硬化,还能更好地在水中硬化并持续增加强度,故水泥属于水硬性胶结材料。

1. 水泥的种类

水泥有很多品种,通常按性质和用途可分为通用水泥、专用水泥和特种水泥。通用水泥是在工业与民用建筑等土木工程中应用最为广泛的水泥,包括六大品种:硅酸盐水泥、普通硅酸盐水泥、矿渣硅酸盐水泥、火山灰质硅酸盐水泥、粉煤灰硅酸盐水泥和复合硅酸盐水泥。

2. 水泥的主要技术性质

1)细度

细度是指水泥颗粒的粗细程度,它直接影响水泥的性能和使用。凡水泥细度不符合规定者为不合格品。水泥细度采用筛析法或比表面积法测定。筛析法要求在 0.080 mm 方孔筛上的筛余量不得超过 10%。比表面积法要求硅酸盐水泥的比表面积应大于 300 m²/kg。

2)标准稠度用水量

国家标准规定,检验水泥的凝结时间和体积安定性需用标准稠度水泥净浆。标准稠度是人为规定的稠度,其用水量可用水泥标准稠度测定仪测定。硅酸盐水泥的标准稠度用水量一般为水泥质量的 21%~28%。

3)凝结时间

凝结时间分为初凝时间和终凝时间。初凝时间为水泥加水拌合至标准稠度的净浆开始失去可塑性所需的时间;终凝时间为水泥加水拌合至标准稠度的净浆开始失去可塑性并开始产生强度所需的时间。为使混凝土或砂浆有充分的时间进行搅拌、运输、浇捣和砌筑,水泥的初凝时间不能过短。当施工完毕后,则要求尽快硬化,增大强度,故终凝时间不能太长。国家标准规定,水泥的凝结时间以标准稠度的水泥净浆,在规定温度及湿度环境下用水泥净浆凝结时间测定仪测定。硅酸盐水泥的初凝时间不得少于 45 min,终凝时间不得超过

6.5 h。实际上，国产硅酸盐水泥的初凝时间多为 1~3 h，终凝时间多为 3~4 h。

4）体积安定性

体积安定性是水泥浆硬化后因体积膨胀而产生变形的性质。它是评定水泥质量的重要指标之一，也是保证混凝土工程质量的必备条件。体积安定性不良的水泥应做废品处理，不得应用于工程中，否则将导致严重后果。

5）强度

强度是评价水泥质量的又一重要指标。我国采用水泥胶砂强度评定水泥强度。检验水泥强度所用胶砂的水泥和标准砂按 1∶3 混合，加入规定数量的水，按规定方法制成标准试件，在（20±1）℃的水中养护，测定其 3 d 和 28 d 的强度。按照测定结果，将硅酸盐水泥分为 42.5、42.5R、52.5、52.5R、62.5、62.5R 等 6 个强度等级，将普通水泥分为 32.5、32.5R、42.5、42.5R、52.5、52.5R 等 6 个强度等级（其中 R 表示早强型，其他为普通型）。

6）水化热

水泥中的矿物质在水化反应中放出的热量称为水化热，大部分的水化热是在水化初期（7 d 内）放出的，以后逐渐减少。

3. 水泥的应用及保管

在冷库建筑中，水泥的品种对工程质量起着十分重要的作用，因此必须结合冷库结构的特点选用水泥品种。结构构件的周围环境有可能出现冻融的部位，宜采用普通硅酸盐水泥。其他部位可采用矿渣硅酸盐水泥，但不得采用火山灰水泥及掺有火山灰质材料的矿渣硅酸盐水泥。不同品种的水泥不得混合使用，同一构件不得使用两种水泥；冻结间、冻结物冷藏间、储冰间、低温穿堂等应优先使用高于 32.5 级的普通硅酸盐水泥，亦可使用高于 32.5 级的矿渣硅酸盐水泥；冷却间、冷却物冷藏间应使用高于 32.5 级的普通硅酸盐水泥或矿渣硅酸盐水泥。

在水泥的运输或贮存过程中，一定要注意防潮、防水，按不同品种、等级及出厂日期分别存放，并加标志。贮存时间不宜超过 3 个月。因为在一般贮存条件下，3 个月后，水泥强度降低 10%~20%；6 个月后，降低 15%~30%；一年后，降低 25%~40%。

1.2.3 普通混凝土

普通混凝土是由水泥、水和砂、石骨料制成的人造石材。水泥和水形成水泥浆，包裹在骨料表面并填充颗粒间的空隙。在硬化前，水泥浆起润滑作用，赋予拌合物一定的施工和易性。水泥浆硬化后，则将骨料胶结成一个坚实的整体。在混凝土中，砂、石起骨架作用，故称为骨料，它们在混凝土中还起到填充作用和减小混凝土在凝结硬化过程中收缩的作用。

一般对混凝土质量的基本要求：具有符合设计要求的强度；具有与施工条件相适应的施工和易性；具有与工程环境相适应的耐久性。

1. 混凝土的组成材料

1）水泥

混凝土所用水泥品种要根据工程特点及所处环境条件、施工条件和水泥特性等因素确定。水泥强度要和混凝土的设计强度相适应，通常以水泥强度为混凝土强度的 1.5~2 倍为宜。

2）骨料

粒径为 0.6~5 mm 的骨料为细骨料,粒径大于 5 mm 的骨料为粗骨料。为保证混凝土质量,骨料必须质地密实,具有足够的强度,并要求清洁,所含杂质不超过规定值。

3）水

混凝土用水不能含有影响水泥正常硬化的有害杂质或油脂、糖类等物质。因此,海水、污水、工业废水等均不能用于混凝土中,一般能饮用的自来水及洁净的天然水可作为混凝土用水。

2. 混凝土的主要性质

1）混凝土拌合物的和易性

和易性是指混凝土拌合物易于施工操作（搅拌、运输、浇筑、捣实）并能获得质量均匀、成型密实的性能。和易性是一项综合的技术性质,包括流动性、黏聚性和保水性等三方面的含义。

2）混凝土的强度

混凝土的强度主要指抗压强度。在混凝土的各种强度中,抗压强度常作为评定混凝土质量的指标,并作为确定混凝土强度等级的依据。根据国家标准规定的试验方法,制作边长为 150 mm 的立方体试件,在温度（ 20 ± 5 ）℃、相对湿度 90%以上养护 28 d,测得的抗压强度值为混凝土立方体抗压强度,并以此为依据将混凝土划分成 14 个等级,用符号 C 与立方体抗压强度标准值（以 N/mm² 计）表示,即 C10、C15、C20、C25、C30、C35、C40、C45、C50、C55、C60、C65、C70 及 C80 等。

1.2.4　砂浆

砂浆由无机胶结材料、细骨料和水组成。胶结材料为水泥的砂浆叫水泥砂浆;胶结材料为石灰膏的砂浆叫石灰砂浆;若在水泥砂浆中掺入适量的石灰膏以增加砂浆的和易性,这样的砂浆叫混合砂浆。根据用途,砂浆又分为砌筑砂浆和抹面砂浆。

砂浆的主要技术指标为和易性和强度。和易性取决于砂浆的流动性和保水性,而强度则是以符号 M 和砂浆立方体的抗压强度值表示,如 M10、M7.5 等。

在冷库建筑中,应选用水泥砂浆,而不用石灰砂浆。

1.2.5　建筑钢材

建筑钢材是指建筑工程中用于钢结构的各种型钢（工字钢、槽钢、角钢等）、钢板和用于钢筋混凝土结构中的各种钢筋。

钢材有多种分类,按化学性质分为碳素钢和合金钢。

1. 碳素钢

碳素钢按质量的不同分为普通碳素钢和优质碳素钢。

普通碳素钢按含碳量可分为:低碳钢,含碳量一般小于 0.25%;中碳钢,含碳量一般为 0.25%~0.60%;高碳钢,含碳量一般大于 0.60%。

2. 合金钢

合金钢按合金元素总含量可分为:低合金钢,合金元素总含量一般小于 3.5%;中合金钢,合金元素总含量一般为 3.5%~10%;高合金钢,合金元素总含量一般大于 10%。

冷库建筑上所用的钢材主要是普通碳素钢中的低碳钢以及低合金钢。

1.2.6 木材

木材是一种重要的建筑材料,它同水泥、钢筋一起构成基本建设的三大材料。

1. 木材的优缺点

木材有很多优点:分布广,可就地取材;质轻而强度高,易于加工;有较高的弹性和韧性,能承受冲击和振动作用;大部分木材有美丽的纹理等。但木材也有一定的缺点:构造不均匀,各向异性;易随空气的温度和湿度变化而吸收和蒸发水分,导致尺寸、形状及强度改变,从而引起裂缝和翘曲;易腐蚀及虫蛀;易燃烧;耐久性差,天然疵病较多等。

2. 木材的强度

木材的强度按受力状态分为抗拉、拉压、抗弯及抗剪四种强度。木材顺纹和横纹抵抗外力的能力不同。

木材的强度与含水率有关,含水率低,木材强度大;反之强度小。因此,必须控制木材的含水率。建筑结构构件所用木材的含水率一般不大于 15%~18%。

3. 木材的干燥与防腐

木材的干燥:木材通常含有较多的水分,使用前必须进行干燥处理。干燥能减轻容重,防止腐朽、开裂及弯曲,提高木材的强度和耐久性。干燥的方法分为天然干燥和人工干燥两种。

木材的防腐:防止木材腐朽的措施通常有两种。一种是对木材进行干燥处理,使其含水率在 20%以下,使木材不适于真菌寄生;同时对用于干燥环境中的木结构,需采取通风、防潮、表面涂刷油漆等措施,以保证结构经常处于干燥状态。另一种措施是用防腐剂处理,使木材变为有毒物质,破坏菌类繁殖条件,达到防腐要求。具体处理方法可分为涂布法和浸渍法,常用的防腐剂有煤焦油或氟化钢水溶液等。

4. 木材的应用

木材被广泛用于门窗、地板、梁、柱、支撑、桥梁及混凝土模板等结构中。

冷库建筑应尽量避免用木结构作为主要承重结构。采用木结构作为冷库的其他构件时,应选用经干燥处理的红松或杉木,同时还应做好防潮防腐工作,以延长其使用年限。

1.2.7 防水材料

防水材料是指可防止房屋建筑遭受雨水、地下水、生活用水侵蚀的材料。防水材料按状态可分为防水卷材(如 SBS 改性沥青防水卷材、APP 改性沥青防水卷材、EPDM 防水卷材、PVC 防水卷材等)、防水涂料(如高聚物改性沥青涂料、合成高分子涂料等)、密封材料(如沥青嵌缝油膏、丙烯酸密封膏、聚氨酯密封膏、聚硫密封膏、硅酮密封膏等)以及刚性防水材料等四大系列。防水材料按其组成可分为沥青材料、沥青基制品防水材料、改性沥青防水材料和合成高分子防水材料等。

1. 沥青及沥青防水材料

沥青是一种憎水性有机胶凝材料,在常温下呈黑色或黑褐色的黏稠状液体、半固体或固体。沥青具有良好的不透水性、黏结性、塑性、抗冲击性、耐化学腐蚀性及电绝缘性等。沥青可用来制造防水卷材、防水涂料、防水油膏、胶黏剂及防锈防腐涂料等。

2. 防水卷材

防水卷材是可卷曲成卷状的柔性防水材料,它是目前我国使用量最大的防水材料。防水卷材主要包括普通沥青防水卷材、高聚合物改性沥青防水卷材和合成高分子防水卷材三个系列。

3. 防水涂料

防水涂料是在常温下呈无定形液态,经涂布能在结构物表面固化形成具有一定厚度并有一定弹性的防水膜的物料总称,防水涂料广泛用于工业与民用建筑的屋面防水工程、地下室防水工程和地面防潮、防渗等。防水涂料按主要成膜物质可分为沥青类防水涂料、高聚物改性沥青类防水涂料、合成高分子类防水涂料和聚合物水泥类防水涂料等。

4. 密封材料

建筑密封材料是能承受位移以达到气密、水密目的而嵌入建筑接缝中的材料。建筑密封材料按性能分为弹性密封材料和塑性密封材料;按使用时的组分分为单组分密封材料和双组分密封材料;按组成的材料分为改性沥青密封材料和合成高分子密封材料;按形状分为定型(如密封条、密封带、密封垫等)和不定型(如黏稠状的密封膏或嵌缝膏)密封材料。

1.2.8　绝热与吸声材料

1. 绝热材料

在建筑中,习惯上把用于控制室内热量外流的材料叫作保温材料;把防止室外热量进入室内的材料叫作隔热材料。保温、隔热材料统称为绝热材料。

1)绝热材料的基本性能

在建筑工程中,合理选用绝热材料,能提高建筑物的使用效能。例如,房屋围护结构及屋面所用的建筑材料具有一定的绝热性能,能长年保持室内温度的稳定。在采暖、空调及冷藏等建筑物中采用必要的绝热材料,能减少热量损失,节约能源消耗。通常在选择绝热材料时,需根据材料的导热系数、表观密度、抗压强度来确定;另外,还要根据工程的特点,考虑材料的吸湿性、温度稳定性、耐腐蚀性等性能。

2)常用的绝热材料

绝热材料按其成分可分为有机和无机两大类。无机绝热材料是以矿物质为原料制成的呈松散状、纤维状或多孔状的材料,可制成板、管套或通过发泡工艺制成多孔制品。有机绝热材料是用有机原料制成的,如树脂、木丝板、软木等。

2. 吸声材料

声音起源于物体的振动,发出声音的发声体叫作声源。声音发出后一部分在空气中随着距离的增大而扩散,另一部分因空气分子的吸收而减弱。当声波遇到建筑物构件时,一部分被反射,一部分穿透材料,很大一部分转化为热能而被吸收。被材料吸收的声能与原先传递给材料的全部声能之比,称为吸声系数,吸声系数是评定材料吸声性能好坏的指标。

1)吸声材料

吸声材料是指吸声系数大于 0.2 的材料。吸声材料的吸声性能除与材料本身的组成、性质、厚度及表面的条件(有无空气层及空气层的厚度)有关外,还与声波的入射角和频率有关,同一材料对高、中、低不同频率的吸声系数不同。

2)隔声材料

隔声材料是指能够减弱声音传播的材料。隔声性能以隔声量表示,隔声量是指一种材料入射声能与透过声能相差的分贝数,差值愈大,其隔声性能愈好。

1.3   冷库建筑常用的隔热材料

1.3.1   隔热材料的分类

冷库建筑常用的隔热材料种类很多,按其成分可分为有机隔热材料和无机隔热材料两大类。

1. 有机隔热材料

天然有机隔热材料一般都是农林产品,如稻壳、软木等。与无机隔热材料相比,有机隔热材料的容重较小,隔热性能良好,但吸湿性大,一般易燃烧。随着化学工业的发展,近几十年迅速发展起一类高分子化学合成隔热材料,其在冷库建筑中被广泛应用。

目前,常用的有机隔热材料有以下几种。

1)软木

软木是将栓木树皮或黄菠萝树皮压碎筛分后,加入皮胶、沥青或合成树脂胶料,经模压、烘焙(400 Pa左右)而成的板状隔热材料。软木是目前我国比较理想的隔热材料,具有导热系数小($\lambda=0.058$ W/($K \cdot m$),设计采用值为 0.07 W/($K \cdot m$))、不易受潮、容重小(干燥软木容重为 170 kg/m^3)、富有弹性、易切割加工、便于安装、不生霉菌、不易腐烂、不易被鼠咬和较高的机械强度(抗压强度一般为 0.98~1.47 MPa,抗弯强度为 0.39~0.78 MPa)等优点。

软木是一种良好的隔热材料,但因软木的价格较高,原料产地不广,各方面需求迫切,供不应求,因此软木只用于要求较高的库房,如冻结间的保温内隔墙、楼板、地面、设备管道的隔热层与冷桥处理等。软木板的规格一般为 1 000 mm × 500 mm × 50 mm。

2)聚苯乙烯泡沫塑料

聚苯乙烯泡沫塑料具有质轻、隔热性好、耐低温等优点。其容重为 18~19 kg/m^3,导热系数≤0.041W/($K \cdot m$)。其缺点是经紫外线照射后易老化,影响使用年限,故不宜用于无覆盖受阳光直接照射的部位;存放时,亦应避免阳光长期照射。聚苯乙烯泡沫塑料还有冷缩现象、吸水率大等缺点。

冷库建筑中用聚苯乙烯泡沫塑料宜选用自熄性的(防火要求)。

在冷库建筑中,聚苯乙烯泡沫塑料一般用于冷库门、墙壁、顶棚、设备管道的隔热层和冷桥处理。

3)硬质聚氨酯泡沫塑料

硬质聚氨酯泡沫塑料具有质轻、强度高、隔热性能好、成型工艺简单等特点。其容重约为 40 kg/m^3,导热系数≤0.027 W/($K \cdot m$)。其气泡结构几乎是不连通的,因此防水隔热性都很好。其可以预制,也可以现场发泡,直接喷涂或灌注成型,还可根据不同的使用要求配制不同密度、强度、耐热、阻燃的泡沫体,适合快速施工。硬质聚氨酯泡沫塑料由于黏结牢固、包裹密实、内外无接缝,且能保证隔热效果,既减少了隔热层厚度,又减少了施工工序,因此被广泛地应用于保温隔热、隔声、防震等工程中,是冷库建筑中一种很有前途的隔热材料。

4)铝箔波形保温隔热纸板

铝箔波形保温隔热纸板是以高强波形纸板为基层,在纸板的两表面裱贴铝箔的一种隔热材料。它的隔热和吸声性能好,质量较轻,有一定刚度,造价低,构造简单,材料来源广,加工方便,是一种在技术上较先进、经济上较合理的反射性隔热材料。

2. 无机隔热材料

无机隔热材料的特点是不腐烂、不燃烧、机械强度较大、耐久性好,但其容重和导热系数一般较大。常用的无机隔热材料有以下几种。

1)玻璃纤维

玻璃纤维具有良好的隔热性能,其导热系数测定值为 0.037~0.043 W/(K·m),设计采用值为 0.076~0.081 W/(K·m);容重为 60~120 kg/m³。其缺点是吸水率高,影响范围大,一滴水放进玻璃纤维中的扩散范围达直径 5 cm 以上;易下沉;施工要有特殊的劳动保护,还要考虑采取防止污染食品的有效措施。

玻璃纤维一般在小型冷库中使用。

2)膨胀珍珠岩

膨胀珍珠岩是火山喷出的酸性玻璃质熔岩(因具有珍珠裂隙而得名)经破碎、预热、焙烧、膨胀(约 20 倍)而成的一种白色多孔粒状材料,它可直接填充于夹层中起隔热作用,也可制成各种形状的制品。

膨胀珍珠岩具有良好的隔热性能,其吸水性很强,吸水速度很快, 15~30 min 的质量吸水率达 400%,体积吸水率达 29%~30%,经 3 d 后还达不到饱和,容重越小,吸水性越强。

冷库隔热工程宜采用沥青膨胀珍珠岩或水玻璃膨胀珍珠岩。沥青膨胀珍珠岩是将膨胀珍珠岩与沥青混合,加热搅拌后浇筑而成的。其容重为 200~500 kg/m³,导热系数为 0.08~0.10 W/(K·m)。沥青膨胀珍珠岩一般用于冷库地坪工程中。

3)炉渣

炉渣的容重为 660~1 000 kg/m³,干燥状态的导热系数测定值为 0.17~0.29 W/(K·m),设计采用值为 0.29~0.41 W/(K·m)。使用时应将炉渣过筛,选用粒径为 10~15 mm 的炉渣,其最大质量吸水率不超过 13%,含硫量不超过 2%,最好露天堆放 3~4 个月,通过曝晒,使其硫化物挥发掉;苛性石灰中和后再使用,否则苛性石灰在消化时体积增大,会破坏隔热构造。经筛选、干燥的炉渣应妥善堆放,以免吸水受潮。

炉渣因导热系数大,用量较多,运输、筛选、保管均困难,因此在低温库中已被淘汰,一般只用于高温库地坪。

4)泡沫玻璃

泡沫玻璃是采用玻璃纤维下脚料或平板玻璃磨成粉状与发泡剂(石墨、炭黑等)混合后,经烘干在发泡炉内发泡再缓慢退火而成的。其容重为 150~220 kg/m³。除导热系数低(约为 0.042 W/(K·m))以外,其主要优点在于孔隙完全封闭,体积吸水率在 0.2%以下,机械强度高,抗压强度为 0.539~1.568 MPa,抗折强度为 0.49~0.98 MPa,并能适应-420~270 ℃的温度变化范围,既能承重,又能隔热防潮。所以,泡沫玻璃是冷库建筑领域中的最佳材料之一,但因产量少、价格高,很少采用。

5)泡沫混凝土

泡沫混凝土通过水和水泥加泡沫剂(一般为水胶、松香及碳酸钾的混合物)制成。其优点是抗压强度高(一般为 0.588 MPa),抗冻性、耐久性、耐火性都比较好;缺点是吸湿性大,易受潮,故砌筑泡沫混凝土时应用沥青。

泡沫混凝土的容重为 300~500 kg/m³,导热系数为 0.07~0.16 W/(K·m)。

1.3.2   选择隔热材料的技术要求与方法

1. 选择隔热材料的技术要求

隔热材料的种类很多,冷库选用哪类材料,要根据其结构、施工、费用等因素来确定。一般的技术要求应考虑以下几个方面。

(1)导热系数较小。当传热系数一定时,导热系数小的隔热材料比导热系数大的隔热材料所需要的隔热层厚度小,可以节省隔热材料。所以,冷库建筑中所用隔热材料的导热系数不大于 0.12 W/(K·m)。

(2)容重小。容重小的材料含有均匀的微小气泡。气泡愈多,材料的容重就愈小。一般的隔热材料,在一定范围内容重小的,其导热系数也小。容重小,还可以减轻冷库结构的荷载。一般要求容重最好在 400 kg/m³ 以下。

(3)吸湿性小。隔热材料吸收水分后,将使其导热系数增大,隔热性能降低。一般要求隔热材料的吸湿率不大于 20%,此外还要求材料吸收少量水分后,不应很快地破坏其机械强度,也不应松散、腐烂。

(4)耐久性能好。应尽量选用不燃或难燃烧的隔热材料,以免引起火灾。在选择易燃材料做隔热层时,应做好防火处理。

(5)抗冻性能好。隔热材料在含水冻结后,其机械强度应不降低,在周期性的冻融循环下,材料不能失去其主要的物理性能。

(6)抗压强度高。冷库地坪要承受比较大的压力,目前楼板计算荷载采用 20 kPa。因此,冷库地坪、楼板所用的隔热材料应具有一定的抗压强度,一般要求不小于 0.588 MPa。对于屋顶及墙壁,除特殊情况外,则不需这样大的抗压强度,宜采用轻质或松散材料,但要求沉陷性小、尺寸稳定性好。

(7)经久耐用。隔热材料的性能应不随时间而变,能抵抗虫蛀、鼠咬,并不因霉菌繁殖而引起破坏。

(8)无异味。隔热材料不应有特殊的气味,以免污染所储存的食品。

(9)施工简便,与基底材料的结合力强。隔热工程在整个冷库建筑中占有很大的比重,因此选用施工简便、易于切割加工的材料,能缩短工期、减少投资;与基底材料结合力强,能确保工程质量。

(10)价格便宜,易于购买,便于运输和保存。

实际上,完全符合上述十项要求的隔热材料是很少的。因此,在选用隔热材料时,应根据使用要求和围护结构构造、当地材料来源、产量、技术性能等具体情况进行全面的分析比较,尽量选择符合上述要求的隔热材料。

2. 选用隔热材料的方法

（1）冷库外墙、隔热内墙、屋顶阁楼层，目前仍采用松散稻壳为主要隔热材料。当掌握了必要的数据和较多的实践经验后，通过技术经济比较，也可采用其他隔热材料，如聚苯乙烯泡沫塑料、膨胀珍珠岩、沥青玻璃棉、沥青矿渣棉、泡沫混凝土等。

（2）多层冷库楼地面的隔热层，以软木板为主要隔热材料，也可采用经过干燥处理的泡沫混凝土。

1.4　冷库建筑常用的隔汽防潮材料

在冷库建筑中，隔汽防潮也非常重要。常用的隔汽防潮材料有石油沥青及其制品。近年来，隔汽防潮材料有很大的发展，出现了许多新的隔汽防潮材料，如沥青塑料防水卷材、聚乙烯塑料薄膜等。

1.4.1　沥青及其制品

1. 沥青

沥青具有很好的防水性能和黏结力，是建筑工程中主要的防水材料之一。

常用的沥青有石油沥青和煤焦油沥青两种。

1）石油沥青

石油沥青是天然石油蒸馏出轻油、重油后剩余的胶状物质或胶状物质的氧化物。天然石油蒸馏后的胶状物质叫软沥青；软沥青经氧化后变硬叫硬沥青，也叫建筑沥青。

2）煤焦油沥青

煤焦油沥青是由烟煤炼制焦炭或制取煤气时，在煤焦油中提炼出各种油质之后所得的残渣，又称柏油，在常温下，一般为黑色固体，温度变化对它影响很大，冬季易脆，夏季易软化，具有高度抗水性和抗微生物性，故宜用于地下工程。

2. 沥青的主要技术性能

1）稠度

沥青材料的稠度表示其稀稠软硬的程度，用针入度表示。针入度是沥青在 25 ℃时，用 100 g 的标准针经 5 s，垂直沉入沥青试样中的深度，以 1/10 mm 表示。例如，沉入沥青的深度为 10 mm，则这种沥青的针入度就是 100。沥青的针入度被规定为沥青的牌号。针入度为 60 的沥青，就称为 60 号沥青。硬度大的沥青针入度小，硬度小的沥青针入度大。

2）塑性

沥青材料的塑性表示其在一定温度与外力作用下的变形能力，以延伸度表示。沥青在外力的影响下延伸成细线的能力，称为沥青的延伸度。其测定方法是将沥青熔融后，浇制成"8"字形的模块，浸在 25 ℃的水中，以每分钟 5 cm 的速度向相反方向拉伸，至断裂时为止的线长称为延伸度，用 cm 表示。

3）温度稳定性

沥青的稠度、塑性等性质受外界温度的影响很大，不同的沥青其耐热性也不同，因此温度稳定性也是沥青材料的一个很重要的性质。

温度稳定性常用软化点来表示。软化点指沥青材料由固体状态转变为具有一定流动性的膏体时的温度,软化点的试验方法是环球法。将凝固在特制铜环内的沥青平放在软化点测定架中间层板的孔上,将软化点测定架置于装有水或甘油的烧杯内,在铜环中心放一枚钢球,将水或甘油加热至一定温度,铜环内的沥青因软化而下坠,当沥青裹着钢球下坠到底板时,此时的温度即为沥青的软化点。

用于冷库内低温部分的石油沥青,针入度要大,软化点要低,使其在低温下不易脆裂;用于冷库外屋顶、外墙的防水隔汽层的石油沥青,则要求针入度小、软化点高、含蜡量小,以避免因外界温度高时发生流淌。冷库内楼面、地面、内墙面一般选用 60 号的石油沥青。冷库外墙、屋面可选用 10 或 30 号的石油沥青。

3. 沥青制品

1)玛琋脂(沥青胶)

为了提高沥青的耐热性,改善低温时的脆性和节约沥青用量,常在沥青中掺加一些填充料(如石棉、石灰石粉、滑石粉等)、增韧剂(桐油)和溶剂,这样配制出来的材料叫沥青胶,工地上称为玛琋脂。玛琋脂依所用沥青的不同分为石油沥青玛琋脂和煤沥青玛琋脂;根据使用温度的不同又可分为热玛琋脂和冷玛琋脂两种。

2)冷底子油

冷底子油是一种把沥青溶于挥发性溶剂中的液状物。粘贴油毡之前,在混凝土或水泥砂浆基层面上先涂一层冷底子油,可清除基层面上的浮灰、浮砂和填补凹坑。当溶剂挥发后,剩下一层沥青膜,可使油毡与基层更紧密地结合在一起。因为多用在防潮层的底层,故称冷底子油。

冷底子油所用的沥青品种必须与防潮隔汽层和黏合剂所用的沥青品种相同。冷底子油用 30%~40% 的石油沥青及 60%~70% 的有机溶剂(多为汽油)配制而成。配好的冷底子油应放在密封容器内,并置于阴凉处贮存,以防止溶剂挥发。

3)油毡

油毡按其所浸的沥青材料不同,可分为石油沥青油毡和煤焦油沥青油毡两种。石油沥青油毡是用低软化点石油沥青浸渍原纸,然后用高软化点石油沥青涂盖油纸的两面,再撒以撒布材料而制成的一种防水卷材。

根据原纸每平方米的重量,石油沥青油毡分为 200 号、350 号和 500 号三个标号。根据油毡表面所用撒布材料种类的不同,石油沥青油毡又分为粉状撒布材料面油毡和片状撒布材料面油毡两类。冷库建筑中,宜采用有粉状撒布物的不低于 350 号的石油沥青油毡。

煤焦油沥青油毡是用低软化点煤焦油沥青浸渍原纸,然后用高软化点的煤焦油沥青涂盖油纸的两面并在表面撒矿物质防粘而得的一种卷材。煤焦油沥青油毡只有 350 号一种,适用于地下防水。

油毡在贮存时,必须立放,高度不超过两层,切忌横放、叠放和斜放,以免黏结变质。

1.4.2 沥青塑料防水材料

沥青塑料防水材料是用焦油沥青、聚氯乙烯、滑石粉、苯二甲酸二丁酯原料经混合压制而成的。这种卷材具有高度的不透水性,有足够的强度,延展性极大,耐热达 150 ℃,

在-15~20 ℃的温度下不脆不裂,且有较高的耐腐蚀性,是一种新型防水材料。

1.4.3　聚乙烯塑料薄膜

用塑料薄膜做防潮隔汽层具有优异特性:费用低,施工简单,不必加热处理。用于冷库的塑料薄膜要求能适应-60~30 ℃的温度变化,其强度和蒸汽渗透阻均应符合要求。其中以聚乙烯塑料薄膜较好,其密度小,无毒,透气性及吸水性很差,机械性能、柔软性、耐冲击性和耐寒性都良好。

2　围护结构隔热设计

2.1　保温原则

(1)保证内表面不结露,即内表面温度不低于室内空气的露点温度。
(2)限制内表面温度,以免产生过强的冷辐射。
(3)从节能角度考虑,热损失应尽可能小。
(4)应当具有一定的热稳定性。

2.2　隔热结构设计与优化

冷库建筑隔热设计是整个冷库建筑设计中十分重要的一环。在隔热设计中,要合理选择隔热材料和隔热层厚度,做到既能保证贮存食品需要的低温条件,又要取得较好的经济效果。

1. 室内设计温度和相对湿度

室内设计温度和相对湿度是根据食品加工工艺和食品贮存所需要的温度和湿度确定的,可按表 4-2 选用。

表 4-2　冷间室内设计温度和相对湿度

序号	冷间名称	室温(℃)	相对湿度(%)	适用食品范围
1	冷却间	0~4	—	肉、蛋等
2	冻结间	−23~−18	—	肉、禽、兔、冰蛋、蔬菜等
		−30~−23	—	鱼、虾等
3	冷却物冷藏间	0	85~90	冷却后的肉、禽
		−2~0	80~85	鲜蛋
		−1~1	90~95	冰鲜鱼
		0~2	85~90	苹果、鸭梨等
		−1~1	90~95	大白菜、蒜薹、洋葱、菠菜、香菜、胡萝卜、甘蓝、芹菜、莴苣等
		2~4	85~90	土豆、橘子、荔枝等
		7~13	85~95	菜椒、菜豆、黄瓜、番茄、菠萝、柑橘等
		11~16	85~90	香蕉等

序号	冷间名称	室温(℃)	相对湿度(%)	适用食品范围
4	冻结物冷藏间	−20~−15	85~90	冻肉、禽、副产品、冰蛋、冻蔬菜、冰棒等
		−20~−18	90~95	冻鱼、冻虾、冷冻饮品等
5	冰库	−6~−4	—	盐水制冰的冰块

2. 室外计算温度和相对湿度

冷库室外温度是随季节、地区而变化的,并且历年的变化也各不相同,因此室外温度是波动变化的。在室外温度波动的情况下,通过围护结构传入室内的热量也是波动的。但由于围护结构的热惰性,室外温度波动振幅经围护结构衰减后,波动传热量在工程应用上可忽略不计,仅计算平均传热量即可。

《冷库设计标准》(GB 50072—2021)规定,库房围护结构室外计算温度,应采用"夏季空气调节日平均温度"(《工业建筑供暖通风与空气调节设计规范》(GB 50019—2015)中的室外气象参数);室外空气相对湿度选用"最热月月平均相对湿度"。

3. 围护结构总热阻 R_0 的确定

围护结构的总热阻取决于围护结构单位面积上允许传入库内的热量。从 $q=K\Delta t$ 可知,在计算中采用的传热系数 K,除了考虑库内外的温度条件外,其大小应根据制冷工艺设备造价、经常生产费用和隔热材料费用(包括造价和折旧费)三者之间的关系确定。当 K 值大时,库房耗冷量大,设备造价和经常生产费用高,但隔热材料费用可以减少。当 K 值小时,隔热材料费用高,设备造价和经常生产费用可以减少。因此,合理确定传热系数是非常重要的,简便的方法是规定单位面积热流量指标来确定 R_0 值。

《冷库设计标准》(GB 50072—2021)根据冷库建筑所采用的隔热材料,规定单位面积热流量 q 的控制指标为 6~11 W/m²。当采用价格高的隔热材料时,一般可采用单位面积热流量较大的总热阻;当采用价格低的隔热材料时,可采用单位面积热流量较小的总热阻。

根据我国冷库围护结构的情况和隔热材料的价格、热力性能以及库内外温度情况,《冷库设计标准》(GB 50072—2021)确定了比较经济合理的 R_0 值,供设计时选用,详见表4-3至表4-7。在冷库围护结构的热工计算中,选用表4-3至表4-7中的热阻值时,应先将室内外温差乘以表4-8中的修正系数 a 进行修正后,再查表选用热阻 R_0 的值。

表 4-3　直接铺设在土壤上的冷间地面的总热阻

冷间设计温度(℃)	R_0 (m²·℃ /W)
−2~0	1.72
−10~−5	2.54
−20~−15	3.18
−28~−23	3.91
−35	4.77

表 4-4　冷间外墙、屋面或顶棚的总热阻　　　　　　　　　　　　　　　　　　（m²·℃/W）

设计采用的室内外温度差 Δt（℃）	单位面积热流量（W/m²）					
	6	7	8	9	10	11
90	15.00	12.86	11.25	10.00	9.00	8.18
80	13.33	11.43	10.00	8.89	8.00	7.27
70	11.67	10.00	8.75	7.78	7.00	6.36
60	10.00	8.57	7.50	6.67	6.00	5.45
50	8.33	7.14	6.25	5.56	5.00	4.55
40	6.67	5.71	5.00	4.44	4.00	3.64
30	5.00	4.29	3.75	3.33	3.00	2.73
20	3.33	2.86	2.50	2.22	2.00	1.82

表 4-5　冷间隔墙总热阻　　　　　　　　　　　　　　　　　　（m²·℃/W）

隔墙两侧设计室温	单位面积热流量（W/m²）	
	10	12
冻结间-23℃—冷却间0℃	3.80	3.17
冻结间-23℃—冻结间-23℃	2.80	2.33
冻结间-23℃—穿堂4℃	2.70	2.25
冻结间-23℃—穿堂-10℃	2.00	1.67
冻结物冷藏间-20~-18℃—冷却物冷藏间0℃	3.30	2.75
冻结物冷藏间-20~-18℃—冰库-4℃	2.80	2.33
冻结物冷藏间-20~-18℃—穿堂4℃	2.80	2.33
冷却物冷藏间0℃—冷却物冷藏间0℃	2.00	1.67

表 4-6　铺设在架空层上的冷间地面最小总热阻

冷间设计温度（℃）	R_0（m²·℃/W）
-2~0	2.15
-10~-5	2.71
-20~-15	3.44
-28~-23	4.08
-35	4.77

表 4-7　冷间楼面总热阻

楼板上、下冷间设计温度差 Δt（℃）	R_0（ m²·℃ /W ）
35	4.77
23~28	4.08
15~20	3.31
8~12	2.58
5	1.89

表 4-8　围护结构两侧温差修正系数 a 值

序号	围护结构部位		a
1	D>4 的外墙	冻结间、冻结物冷藏间	1.05
		冷却间、冷却物冷藏间、冰库	1.10
2	D>4 相邻有常温房间的外墙	冻结间、冻结物冷藏间	1.00
		冷却间、冷却物冷藏间、冰库	1.00
3	D>4 的冷间顶棚，其上为通风阁楼，屋面有保温隔热层或通风层	冻结间、冻结物冷藏间	1.15
		冷却间、冷却物冷藏间、冰库	1.20
4	D>4 的冷间顶棚，其上为不通风阁楼，屋面有保温隔热层或通风层	冻结间、冻结物冷藏间	1.20
		冷却间、冷却物冷藏间、冰库	1.30
5	D>4 的无阁楼屋面，屋面有通风层	冻结间、冻结物冷藏间	1.20
		冷却间、冷却物冷藏间、冰库	1.30
6	D≤4 的外墙	冻结间、冻结物冷藏间	1.30
		冷却间、冷却物冷藏间、冰库	1.35
7	D≤4 的冷间顶棚，其上有通风层	冻结间、冻结物冷藏间	1.40
		冷却间、冷却物冷藏间、冰库	1.50
8	D≤4 的无通风层屋面	冻结间、冻结物冷藏间	1.60
		冷却间、冷却物冷藏间、冰库	1.70
9	半地下室外墙外侧为土壤时		0.20
10	冷间地面下部无通风等加热设备时		0.20
11	冷间地面保温隔热层下有通风等加热设备时		0.60
12	冷间地面保温隔热层下为通风架空层时		0.70
13	两侧均为冷间时		1.00

注：D 为围护结构的热惰性指标。

2.3　围护结构隔热层厚度的计算

围护结构的总热阻 R_0 确定后,根据围护结构的构造做法和选定的隔热材料,按下式计算隔热层的厚度:

$$\delta = \lambda \left[R_0 - \left(\frac{1}{\alpha_w} + \sum_{i=1}^{n} \frac{\delta_i}{\lambda_i} + \frac{1}{\alpha_n} \right) \right] \qquad (4\text{-}11)$$

式中　δ——隔热材料的厚度(m);

　　　λ——隔热材料的导热系数[W/(m·℃)];

　　　R_0——围护结构的总热阻(m²·℃/W);

　　　α_w——围护结构外表面传热系数[W/(m²·℃)];

　　　α_n——围护结构内表面传热系数[W/(m²·℃)];

　　　δ_i——围护结构除隔热层外第 i 层材料的厚度(m);

　　　λ_i——围护结构除隔热层外第 i 层材料的导热系数[W/(m·℃)]。

冷库隔热材料设计采用的导热系数值应按下式计算确定:

$$\lambda = \lambda' b \qquad (4\text{-}12)$$

式中　λ——设计采用的导热系数[W/(m·℃)];

　　　λ'——正常条件下测定的导热系数[W/(m·℃)];

　　　b——导热系数的修正系数,可按表 4-9 采用。

表 4-9　导热系数的修正系数

序号	材料名称	b	序号	材料名称	b
1	硬泡聚氨酯	1.3	5	沥青膨胀珍珠岩	1.2
2	挤塑聚苯乙烯泡沫塑料	1.3	6	水泥膨胀珍珠岩	1.3
3	泡沫玻璃	1.1	7	膨胀珍珠岩	1.7
4	岩棉	1.5	8	加气混凝土	1.3

注:1. 块状保温隔热材料不应采用含水黏结材料黏结。加气混凝土、水泥膨胀珍珠岩的修正系数,应为经过烘干的块状材料并用不含水黏结材料贴铺、砌筑的数值。

　　2. 对于装配式冷库的轻质复合夹心板材料,应按照产品性能及安装构造确定。

2.4　围护结构隔热设计应注意的问题

(1)相邻同温冻结物冷藏间的隔墙可不设隔热层。上、下相邻两层均为同温冻结物冷藏间时,其两层间的楼板也可不设隔热层。

(2)当冷库底层冷间设计温度低于 0 ℃时,地面应采取防止冻胀的措施(地面下为岩层或砂砾层,且地下水位较低时可不做处理)。

(3)冷库底层冷间设计温度高于或等于 0 ℃时,地面虽可不采取冻胀措施,但应设置隔热层。此时在空气冷却器基座下部及周围 1 m 范围内的地面总热阻(R_0)应采用 3.18 m²·℃/W。

(4)冷间围护结构热惰性指标 $D \leq 4$ 时,其隔热层外侧宜设通风层。

（5）库房屋面及外墙装饰面层宜涂白色或浅色。

2.5 围护结构优化分析

库体外热负荷与库体围护结构的厚度成反比。随着围护结构厚度的增大，库体外热负荷将变小，这可以减少制冷系统投资和制冷系统运行费用，但是围护结构的厚度增加，将会导致围护结构的初投资增加，因此如何确定围护结构的厚度对于指导建设微型冷库是十分重要的。苏联制冷设计院制定的《冷库围护结构层设计指南》提出了蔬菜类冷库围护结构经济传热系数计算公式，认为经济传热系数与围护结构传热系数、围护结构材料价格、传热温差、运行时间等有关。国内有关学者也提出过相关公式，他们在苏联研究成果的基础上考虑了运行费用及可能产生干耗等影响因素，还有学者直接从建筑热工规范中引进度日数和复利数概念，建立了经济热阻计算公式。本节将在已有的经济热阻基础上建立微型冷库生命周期经济保温层厚度计算准则。

（1）对于一定库容的微型冷库，热负荷为

$$Q_w = 2 \times \left(\frac{V}{h} + 2\sqrt{Vh} \right) \times \frac{\Delta t}{0.84 + \frac{\delta_{insu}}{\lambda_{insu}}} \qquad (4\text{-}13)$$

式中　V——冷库公称体积（m³）；

　　　h——围护结构传热系数[W/(m²·℃)]；

　　　δ_{insu}——围护结构厚度（m）；

　　　λ_{insu}——导热系数[W/(m·℃)]；

　　　Δt——围护结构外侧与内侧的温差（℃）；

　　　Q_w——围护结构的热负荷（W）。

式（4-13）考虑了在围护结构最优厚度条件下通过围护结构的热负荷，加上冷库贮藏果蔬的呼吸热，就构成了制冷系统的冷负荷。

（2）呼吸热按照单位库容果蔬的呼吸热计算：

$$Q_r = q_{vl} V \qquad (4\text{-}14)$$

式中　Q_r——果蔬呼吸热（W）；

　　　q_{vl}——单位库容果蔬的呼吸热（W/m³），和贮藏密度有关。

表 4-10 列出了部分果蔬在不同温度贮藏时单位库容果蔬的呼吸热 q_{vl}。

表 4-10　部分果蔬单位库容呼吸热

品名	贮藏密度（kg/m³）	单位库容果蔬呼吸热 q_{vl}（W/m³）					
		0 ℃	2 ℃	5 ℃	10 ℃	15 ℃	20 ℃
苹果	310	4.31	5.39	7.19	15.81	22.28	27.85
葡萄	300	2.21	4.31	6.13	9.1	12.6	18.9
梨	300	3.32	5.95	10.26	14	39.2	57.75
黄瓜	390	7.74	8.65	11.38	16.8	42.77	49.35
番茄	385	6.29	6.96	8.98	13.92	27.4	35.48
豌豆	320	30.61	41.44	55.25	74.67	132.16	194.88

（3）整个微型冷库的得热量可按下式计算：

$$Q = Q_{w} + Q_{r} + Q_{f} = 2 \times \left(\frac{V}{h} + 2\sqrt{Vh} \right) \times \frac{\Delta t}{0.84 + \frac{\delta_{insu}}{\lambda_{insu}}} + q_{vl}V + Q_{f} \tag{4-15}$$

式中 Q_f——冷风机循环风机的功率（W）。

（4）考虑制冷系数 ε，制冷机组的电功率按下式计算：

$$W = \frac{Q}{\varepsilon} = \frac{2 \times \left(\frac{V}{h} + 2\sqrt{Vh} \right) \times \frac{\Delta t}{0.84 + \frac{\delta_{insu}}{\lambda_{insu}}} + q_{vl}V + Q_{f}}{\varepsilon} \tag{4-16}$$

（5）由式（4-16）可得微型冷库生命周期内的总费用为

$$Y = F\delta_{insu}P_{insu} + nn_{1}\frac{W}{1\,000}P_{e} + C_{1}\frac{W}{1\,000} + C_{2} \tag{4-17}$$

式中 Y——微型冷库在其生命周期内的总费用，包括库体围护结构费用、运行费用和制冷
机组费用；

F——围护结构的面积（m^2）；

P_{insu}——每立方米围护结构的价格（元/m^3）；

n——微型冷库的生命周期，即可运行年份；

n_1——每年运行的小时数；

P_e——电价[元/（kW·h）]；

C_1——制冷机组每千瓦所需要的价格（元/kW）系数；

C_2——补充系数，在小制冷量范围内 C_1 和 C_2 是常数。

将式（4-16）代入式（4-17）就可以得到生命周期费用关联式。此关联式是在进行优化
选择时所需要优化的目标：

$$Y = F\delta_{insu}P_{insu} + (nn_{1}P_{e} + C_{1}) \frac{2 \times \left(\frac{V}{h} + 2\sqrt{Vh} \right) \times \frac{\Delta t}{0.84 + \frac{\delta_{insu}}{\lambda_{insu}}} + q_{vl}V + Q_{f}}{1\,000\varepsilon} + C_{2} \tag{4-18}$$

（6）对式（4-18）寻优就可得到生命周期经济保温层厚度：

$$\delta_{insu} = \left[\sqrt{\frac{(nn_{1}P_{e} + C_{1})\Delta t}{1\,000\varepsilon\lambda_{insu}P_{insu}}} - 0.84 \right] \lambda_{insu} \tag{4-19}$$

由式（4-19）发现，生命周期经济保温层厚度与库型（主要是指容积）无关，只和围护结
构材料的热物理性质、生命周期、每年运行的小时数、电价、制冷机组性能及参数、围护结构
材料价格及传热温差有关。通过分析，C_1 和 C_2 值可以由目前 60~200 m^3 微型冷库制冷机组
的价格与电功率确定：

$$Y_{1} = 5\,000\frac{W}{1\,000} + 6\,000 \tag{4-20}$$

即 C_1 和 C_2 分别为 5 000 和 6 000。

假定微型冷库的生命周期 n 可变，每年运行 6 个月，每天的运行时间为 8 h，则 n_1 为

1 440 h,农村电价 P_e 为 1.0 元/(kW·h),制冷系数 ε 为 1.5。不同的保温材料,目前市场价格不一样,可认为是一个变量,表 4-11 列出了主要保温材料的价格。考虑传热温差为 40 ℃,按表 4-11 选取保温材料,按照式(4-19)可以计算不同生命周期内的经济保温层厚度。

表 4-11   主要保温材料价格

材料名称	聚氨酯	聚苯乙烯
价格(元/m³)	2 500	1 500

图 4-2 显示了生命周期为 5~20 年时的经济保温层厚度,从中可以发现,随着生命周期的延长,经济保温层厚度增大。以聚苯乙烯为例,当生命周期为 5 年时,保温层厚度为 56 mm;当生命周期为 10 年时,厚度为 78 mm;当生命周期为 15 年时,厚度为 99 mm;当生命周期达到 20 年时,厚度则为 118 mm。这主要是由于随着生命周期的延长,运行费用在式(4-17)中所占比例增大。为降低生命周期内整体费用,应适当加大保温层厚度,这虽然增加了保温层围护结构费用,但降低了运行费用和制冷机组费用,补偿了围护结构费用的升高,从而保证了整个生命周期内费用最低。

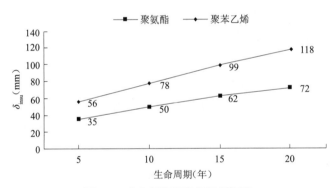

图 4-2   生命周期经济保温层厚度

3   围护结构隔汽防潮设计

3.1   围护结构的蒸汽渗透

3.1.1   蒸汽渗透及其危害

冷库室内外的空气都含有一定量的水蒸气。空气中含有水蒸气的多少,可以用水蒸气分压力来表示。当室内外空气的水蒸气含量不等,也就是围护结构两侧存在水蒸气分压力差时,水蒸气分子就会从分压力高的一侧通过围护结构向分压力低的一侧渗透扩散,这种现象叫蒸汽渗透。应当指出,在传热过程中,热量的传递是能量的转移,而在蒸汽渗透过程中,则是物质(水蒸气分子)的转移。

蒸汽渗透会使水蒸气进入隔热层或冷库内部。水蒸气进入隔热层,就在隔热材料的孔隙中凝结成水分、冻结成冰霜。材料受潮后,导热系数增大,隔热性能降低,同时还将引起有机隔热材料的腐败与变质。围护结构受潮,其抗冻性能降低,易冻酥,影响围护结构的耐久性。进入冷库内部的水蒸气还会在低温的冷却设备上结成冰霜,使冷却设备的导热系数降低。水蒸气进入库内会带进热量,从而使库温升高,造成库温的不稳定,影响贮存食品的质量。因此,冷库建筑的围护结构必须采取有效措施,防止水蒸气的渗透。

3.1.2　蒸汽渗透计算

由于湿过程比热过程复杂得多,目前对通过围护结构的传湿过程的分析是按稳定条件下单纯的水蒸气渗透过程考虑的,即在计算中,室内外空气的水蒸气分压力都取定值,不随时间而变,不考虑围护结构内部液态水分的转移,也不考虑热湿交换过程之间的相互影响。围护结构的蒸汽渗透过程如图 4-3 所示。

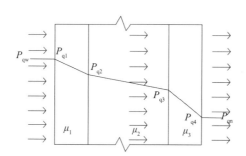

图 4-3　围护结构的蒸汽渗透过程

1. 蒸汽渗透量

在稳定条件下,通过围护结构的蒸汽渗透量,与室内外的水蒸气分压力差成正比,与渗透过程中受到的阻力成反比。单位时间内通过单位面积的蒸汽量叫作蒸汽渗透强度,按下式计算:

$$P = \frac{P_e - P_i}{H_0} \qquad (4\text{-}21)$$

式中　P——蒸汽渗透强度$[g/(m^2 \cdot h)]$;

　　　H_0——围护结构的总蒸汽渗透阻($m^2 \cdot h \cdot Pa/g$);

　　　P_e——室外空气的水蒸气分压力(Pa);

　　　P_i——室内空气的水蒸气分压力(Pa)。

2. 蒸汽渗透阻

各种材料具有的抵抗水蒸气渗透的能力称为蒸汽渗透阻。

单一材料层的蒸汽渗透阻按下式计算:

$$H = \delta / \mu \qquad (4\text{-}22)$$

式中　H——材料层的蒸汽渗透阻($m^2 \cdot h \cdot Pa/g$);

　　　δ——材料层的厚度(m);

μ——材料层的蒸汽渗透系数[g/(m·h·Pa)]。

冷库建筑围护结构一般都是由多层材料组成的,其总蒸汽渗透阻按下式计算:

$$H_0 = H_w + \sum \delta / \mu + H_n \qquad (4\text{-}23)$$

式中　H_0——围护结构的总蒸汽渗透阻(m²·h·Pa/g);

$\quad\quad$ H_w——围护结构外表面的蒸汽渗透阻(m²·h·Pa/g);

$\quad\quad$ H_n——围护结构内表面的蒸汽渗透阻(m²·h·Pa/g);

$\quad\quad$ δ——材料层的厚度(m);

$\quad\quad$ μ——材料层的蒸汽渗透系数[g/(m·h·Pa)]。

在计算中,一般取 H_w=0.13×10² m²·h·Pa/g;当库内无强力通风时,取 H_n=0.27×10² m²·h·Pa/g;当库内有强力通风时,取 H_n=0.13×10² m²·h·Pa/g。

为了防止围护结构内隔热层因水蒸气渗透而受潮,冷库围护结构内隔热层高温侧的蒸汽渗透阻应按下列经验公式验算:

$$H_0^{min} \geq 1.6(P_e - P_i) \qquad (4\text{-}24)$$

式中　H_0^{min}——围护结构内隔热层高温侧各层材料(不包括隔热层)的蒸汽渗透阻之和(m²·h·Pa/g);

$\quad\quad$ P_e——围护结构高温侧的水蒸气分压力(Pa);

$\quad\quad$ P_i——围护结构低温侧的水蒸气分压力(Pa)。

在建筑材料中,被认为能消除蒸汽渗透的材料是金属板、玻璃板等,这些材料的蒸汽渗透系数 μ=0,但由于构造上的原因及经济上的考虑,很少采用这些材料作为冷库的隔汽层,而常用的隔汽材料是沥青、油毡等。

3.2　冷库建筑隔汽防潮设计

冷库建筑围护结构的主要作用是防止外部自然条件变化对冷库内部的影响,因此它必须具有很强的隔热能力,以减少外部热量的传入;同时还必须具有很好的隔汽防潮性能,以保证围护结构内隔热材料的隔热作用。

一座冷库,如果隔热层厚度计算薄了,为了保证库内温度的稳定,可以用增加制冷设备的办法补救。但如果隔热层设计不当或施工不良,即使隔热层很厚,其隔热效果也不好。这是因为水蒸气渗透会使围护结构内部凝水,降低隔热材料的隔热性能。严重者,将使围护结构破坏,导致冷库不能使用。因此,隔汽防潮层的设置和施工质量是非常重要的,必须引起足够的重视。

引起围护结构内隔热材料受潮的原因一般有下列几种:

(1)围护结构两侧存在水蒸气分压力差,水蒸气向隔热层内部渗透;

(2)外表面受雨淋或结露,水分向隔热层内部渗透;

(3)表面吸湿,水分向隔热层内部渗透;

(4)防潮处理不当,土壤中水分受毛细管作用而渗入隔热层内部;

(5)施工和使用时的水分渗入隔热层内。

3.2.1　冷库建筑隔汽防潮设计原则

由于冷库围护结构内部实际的冷凝过程比较复杂,目前在实物观测和理论研究方面,都不能满足解决实际问题的需要,所以在设计中主要采用一定的构造措施来改善围护结构内部的湿状况。

1. 合理布置围护结构的各层材料

在同一气象条件下,使用相同的材料,由于材料层次布置不同,一种构造方案可能不会出现冷凝,而另一种方案则可能出现冷凝。如图4-4(a)所示,将导热系数大而蒸汽渗透系数小的密实材料层布置在水蒸气流入的一侧,将导热系数小、蒸汽渗透系数大的隔热材料层布置在水蒸气流出的一侧,由于第一层热阻小,温度降落慢,最大水蒸气分压力 P_{qb} 曲线相应地降落急剧,但该层透气性小,水蒸气分压力 P_q 曲线降落平缓;在第二层中,情况正好相反,P_{qb} 曲线降落平缓,而 P_q 曲线降落急剧,这样 P_{qb} 曲线和 P_q 曲线就很容易相交,也就是容易出现内部冷凝。图4-4(b)所示是把隔热层布置在水蒸气流入一侧,这样就避免了上述情况。所以,在材料层布置上,应尽量在水蒸气渗透的通道上做到"进难出易"。

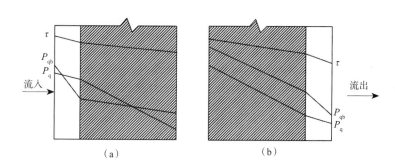

图 4-4　材料层次布置不同时的内部湿情况
(a)内部有冷凝　(b)内部无冷凝

为了避免围护结构内部凝水,一般按下述原则布置各层材料。

(1)将隔热层布置在围护结构温度低的一侧,使围护结构内部各层保持较高的温度,其最大水蒸气分压力 P_{qb} 也相应提高,使各层水蒸气分压力 P_q 不易达到最大值 P_{qb},从而减少冷凝的可能。

(2)将蒸汽渗透系数小的材料布置在围护结构温度较高的一侧,使水蒸气进入围护结构受到的阻力大,进入量小,而渗出围护结构时受到的阻力小,扩散出去快。这样就降低了围护结构内各层的水蒸气分压力 P_q,使其不易达到最大值 P_{qb},从而难以产生冷凝现象。

2. 设置隔汽层

材料层次的布置往往不能满足使用要求,为了消除或减弱围护结构内部的冷凝现象,在隔热层的高温侧(即水蒸气流入一侧)设置隔汽层。

隔汽层能减少水蒸气渗透,因此在隔热层的高温侧设隔汽层还可使进入隔热层的水蒸气及隔热材料内原有水分,通过制冷设备从围护结构内表面析出,这样就可以保证围护结构内无冷凝。因此,冷库的外墙、屋面、高低温库之间的隔墙、楼板等均应在隔热层的高温侧设隔汽层。相同温度库房的隔墙、楼板可不设隔汽层。单侧设隔汽层的缺点是当冷热面发生变化时会起反作用。因此,北方地区的高温库需慎重处理。

隔汽层设在隔热层的低温侧是十分不利的,水蒸气会从高温侧进入隔热层,而当水蒸气继续向低温侧渗透时,则遇到隔汽层挡住去路,于是水蒸气就在隔热层内积聚,日积月累,就会使隔热层受潮而失去隔热性能。因此,只在隔热层的低温侧设隔汽层是不允许的。

在隔热层的两侧均设隔汽层,这种做法虽然可以克服上述两种做法的缺点,但实际应用中仍存在一定问题。这主要是因为隔热材料不可能绝对干燥,其必定会有一定量的水分,在温度场的作用下,材料中所含的均布水分逐渐地积聚在一起,会影响材料的隔热效果。如果采用这种做法,则要求材料干燥,以减少水分的积聚。这种做法常用在冷侧经常产生大量凝结水或比较潮湿的库房,如预冷间、冻结间等,还用在大量施工中容易引起隔热材料受潮的部位,如冷库的楼板、地面等。

另外,外侧有卷材或其他密闭防水层,内侧为钢筋混凝土屋面板的平屋顶结构,如经内部冷凝受潮验算不需设隔汽层,则应确保屋面板及其接缝的密实性,达到所需的蒸汽渗透阻。

3.2.2　围护结构隔汽防潮构造

（1）砖外墙的外侧须粉刷,其底部应做墙身防潮层,同时在墙与地面接触处设散水。

（2）冷库屋面排水应采用天沟落水管式,严禁无组织自由落水和采用女儿墙落水管式。

（3）为防止水蒸气局部渗透及扩散,所有隔汽层必须确保其连续性和完整性,遇有必须穿透隔汽层的情况应采取加贴隔汽层的补强措施。

（4）外墙的隔汽层应与地坪隔热层上下的防潮层、隔汽层连成一体。

（5）冷库地下室为架空层,应防止地下水和地表水的侵入,并严禁作为水池使用。

（6）块状隔热材料严禁用含水材料粘贴。

（7）带水作业的冷间应有保护楼面、地坪的措施。

（8）冷却间、冻结间的隔墙,其隔热层两侧均匀应设防潮层。

3.3　冷库建筑围护结构的防水

冷库的围护结构除了由于水蒸气渗透凝结成水破坏结构外,还会由于雨水、地面水、地表潜水的潜入而导致结构破坏,因此必须做好围护结构的防水处理。

3.3.1　外墙的防水

除金属外墙外,一般黏土砖砌筑的墙体都受雨水的渗透。因此,冷库的外墙一般用水泥砂浆粉刷,要求密实,不透水,最大限度地防止雨水及水蒸气的渗透。此外,墙身在地面下、散水上须设防潮层,防止地下水向上渗透至防潮层,防潮层一般用 1:2 水泥砂浆加 3%~5% 的防水剂（氧化铁）抹成,以增加砂浆的密实性,提高其抗渗防水性能,迅速把水排走。

3.3.2　地面的防水

楼、地面隔热层的上面应设置防水层,防止施工操作及生产用水侵入隔热层内。与土壤接触的地坪,必须在隔热层的下面设置防水层,防止地下水及土壤中的水分通过毛细管作用向隔热层内渗透。

3.3.3　屋顶防水

由于冷库屋顶受水的影响比其他部位大,因此冷库的屋顶除有一定坡度外,尚需做防水处理。决定屋顶坡度的主要因素是屋顶材料的透水性和严密性。屋顶坡度表示方法有两种:小坡屋顶常用 H 与 l 的百分比表示;大坡屋顶通常用 H/L(即高跨比)来表示,如图 4-5 所示。

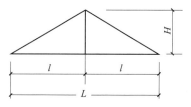

图 4-5　屋面坡度示意图

屋顶的防水层必须铺贴在刚性基层上。屋顶油毡防水层受太阳照射及结构温度应力的影响,易老化和开裂。为了保护屋顶防水层,延长使用寿命,最好在屋顶油毡防水层的上边做一架空层。架空层做法:每隔 500 mm 做 120 mm×200 mm 砖垛,砖垛上架设 490 mm×490 mm×40 mm 预制素混凝土板。也有采用预制素混凝土板直接贴在油毡上做油毡的保护层,素混凝土板的规格为 300 mm×300 mm×30 mm。

根据实践经验,冷库屋顶排水不宜采用女儿墙落水管及自由落水,因女儿墙容易使屋面积水,影响冷库隔热防潮;自由落水易弄湿墙面,引起水分的渗透。屋顶排水管最好采用天沟落水管,但必须保证天沟、落水管等排水设施畅通,不能淤塞。

3.3.4　地下室防水

地下室防水主要是指地下室墙身和地坪的防水。

侵入地下室的水源有地下水和地表潜水,应针对不同情况采取不同的防水措施。除地下室的墙身和地坪须做好防水处理外,地下室上面的外围地面要有良好的排水系统,以减少地表水向地下室渗透。

地下室墙身的防水有两种做法:一种是地下室为混凝土或毛石混凝土,墙身防潮做法是先刷冷底子油一道,再刷两道热沥青即可;另一种是地下室墙身为砖或石块砌成,墙身外表用水泥砂浆掺防水剂抹面做刚性防水,然后做油毡防水。根据土壤的潮湿情况、渗透性以及地下水位,墙身可用五层(二毡三油)做法来处理,油毡防水层外面宜砌 120 mm 或 240 mm 厚砖墙,以保护油毡。

地下室地坪的防水视地下水位高低进行处理。当地下水位很低(低于地下室地坪 1 m 以上)时,可以做混凝土刚性面层,在其上再做油毡防水层。若地下水位较高,接近地下室地坪,可在混凝土面层内配双向钢筋 $\Phi6@200$ mm,然后在其上做油毡防水层。当地下室水位高于地下室地坪时,一般不宜做地下室,因为大面积防水是很难成功的。

3.3.5　电梯井的防水

电梯井地坪一般比冷库底层地坪低 1.2 m,通常采用满堂基础。这样既解决了地坪的防水,也可满足基础结构处理的要求。

4　典型围护结构保温隔汽设计

4.1　墙体

4.1.1　墙体的作用

墙体是冷库建筑的主要组成部分。冷库墙体一般为自承重墙,即只承受墙体本身或附设在墙上的结构的重量,而不承受冷库其他荷载。

冷库的外墙除了阻挡风、雨、雪的侵蚀,防止温度变化和太阳辐射等外,还要求具有较好的隔热与防潮性能。冷库的内墙是隔断墙,起分隔房间的作用,有隔热和非隔热两种。隔热内墙要有隔汽防潮的作用。

4.1.2　墙体构造

1.墙体的构造

冷库隔热外墙由围护墙体、隔汽防潮层、隔热层和内保护层(内衬墙)组成,其构造如图4-6 所示。

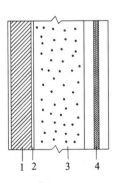

图 4-6　隔热外墙构造
1—围护墙体;2—隔汽防潮层;3—隔热层;4—内保护层

墙体的材料一般为砌块或预制钢筋混凝土板,内衬墙也有采用木板的。从使用情况看,内衬墙采用钢筋混凝土小柱插板比较好,它具有维修方便等优点。

冷库砖墙一般为一砖墙(厚 240 mm)或一砖半墙(厚 370 mm),应根据当地气温条件和墙体稳定性确定。多层冷库的外墙一般与主体结构的梁、板、柱及屋顶脱开。为了保证墙体的稳定性,通常在楼板的同一高度上设圈梁,在圈梁和楼板之间设锚系梁,如图4-7所示。

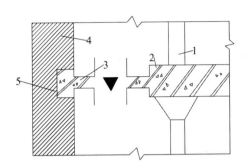

图 4-7 外墙圈梁与锚系梁
1—柱;2—楼板;3—锚系梁;4—外墙;5—外墙圈梁

单层冷库的锚系构件可采用 $2\Phi2$ 或 $2\Phi5$ 钢筋,钢筋表面须涂刷防锈漆以防生锈。墙体的稳定性一般用高厚比(墙高与墙厚的比值)来控制,砖墙的高厚比一般为 20。

2. 墙体裂缝原因及防止措施

1)墙体裂缝原因

冷库外墙在墙角处常会出现垂直裂缝。产生裂缝的原因很多,其中主要原因是温度应力。这是因为冷库投产降温后,楼板向内收缩,通过锚系梁将墙向里拉,墙面向内弯曲变形,其变形量为 0.93~8.17 mm(图4-8)。同时,外墙和圈梁受热膨胀伸长,由于两端墙角刚性较大,因此在墙角处产生较大的弯矩,而砖砌体的抗弯强度较低,所以墙角处最易产生垂直裂缝。

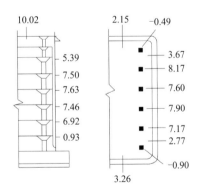

图 4-8 外墙温度应力引起的变形量

2)防止墙体裂缝的措施

为防止外墙四角处产生裂缝,可采取以下措施。

(1)在外墙的转角处(角柱位置)不设锚系梁,以减少因楼板收缩而引起的墙角裂缝。

(2)在冷库外墙转角处,沿墙高每三皮砖设 $\Phi8$ 的水平直角形钢筋,增加墙角处砌体的抗弯强度,如图4-9所示。

(3)在外墙角的每层圈梁内,靠外边缘设三根 $\Phi20$ 钢筋。

（4）将冷库外墙的四角由直角形改为圆形。

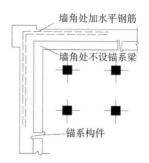

图 4-9　砖砌体转角配筋示意图

3. 墙体留洞

冷库墙体上的洞一律预留，不得临时打洞。墙体留洞应注意以下几点。

（1）在过梁及圈梁上不得留洞。

（2）承重墙上连续开洞时，必须用预制带孔的混凝土块和墙一起砌入，不得临时打洞。

（3）配电盘、消火栓等洞口与门、窗洞口的距离应不小于 490 mm，如图 4-10 所示。

（4）承重的砖柱或宽度小于 1 m 的窗间墙不得留洞或脚手眼。

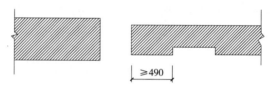

图 4-10　配电盘、消火栓等洞口与门、窗洞口的距离

4.1.3　隔热外墙

1. 松散隔热材料的外墙

我国早期冷库的隔热外墙所用松散隔热材料多为稻壳，外围护墙体多为砖墙，砖墙两侧用水泥砂浆粉刷，以增加墙的密实性。为保证隔热层不受潮，在外围护墙体的内侧设隔汽层，隔汽层多为油毡。内保护层多为预制钢筋混凝土小柱插板，它具有自重轻、拆装方便、便于维修、抗冻性强等优点。也可用砖墙、加气混凝土墙、木板等作为内保护层。

以松散隔热材料为隔热层的外墙应注意以下几点。

1）防止水蒸气渗透

用松散材料作为隔热层，因其内部空隙很多，又互相串通，水蒸气通过室内外的压差向里边渗透，水蒸气渗透能使隔热层内产生严重的水分凝结。为了防止水蒸气向隔热层内渗透，需要在隔热层的高温侧设置良好的隔汽防潮层，使其具有足够的蒸汽渗透阻，以避免隔热材料受潮。

2）防止冷桥

为减少隔热层内的冷凝，凡穿过墙身的锚接件（锚系梁）、管线等，其外面必须用软木等高效率的隔热材料包裹,并应做好局部的隔汽层加固处理。

3)隔热材料的更换

以稻壳隔热的外墙,其稻壳厚度,低温库通常为 600 mm,高温库通常为 400 mm。这个厚度既是为了确保隔热效果,也是为了更换稻壳时人能进入墙内处理稻壳。稻壳墙一旦建成可永久使用,不需更换,但在南方炎热地区或隔热层失效时,则有可能在 10~15 年内更换一次稻壳。内衬墙一般采用预制钢筋混凝土插板,可以随时拆卸,更换稻壳。内衬墙如采用砖墙,则可临时打洞,待取出稻壳后,再将洞口修复。

松散隔热材料的外墙构造如图 4-11 所示。

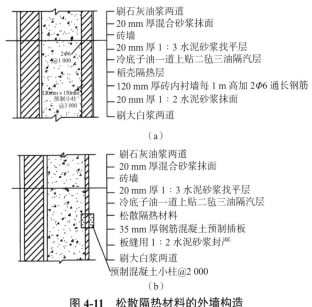

图 4-11　松散隔热材料的外墙构造
(a)砖内衬墙　(b)混凝土插板内衬墙

图 4-11(a)中的砖内衬墙,墙内设间距为 3 m 的预制钢筋混凝土小柱。小柱上端伸出钢筋,捣固在地面翻起的防水线顶面,小柱沿高度每隔 1 m 预留 2Φ6 钢筋,以便与砖内衬墙内的水平钢筋拉结。这种砖内衬墙做法,由于砖的抗冻性较差,加上有时施工质量差,使用不久,易发生墙面抹灰大面积脱落的情况,因此这种砖内衬墙的做法已逐渐被淘汰,多数冷库的设计都已采用钢筋混凝土插板墙。图 4-12 为预制钢筋混凝土小柱插板。混凝土小柱焊牢于楼板底和地面翻起的防水线顶面,管道穿过的地方可将混凝土插板改为木板,以便于施工。预制钢筋混凝土小柱插板内衬墙具有自重轻、拆装方便、便于维修和抗冻性好等优点。

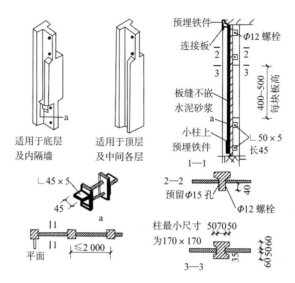

图 4-12　预制钢筋混凝土小柱插板

2. 块状隔热材料外墙

冷库外墙所用的块状隔热材料有软木、泡沫混凝土、加气混凝土、沥青膨胀珍珠岩、聚苯乙烯泡沫塑料等。

（1）沥青膨胀珍珠岩：现场搅拌的只能用作地面隔热层，预制成块状材料时，成本高，如在工厂预制，再运到工地，则费用更大，故一般不用于墙体隔热层。

（2）泡沫混凝土：因制作困难，破损大，现已不采用。

（3）加气混凝土：在工厂机械化生产，尺寸规格整齐，强度大，可达 0.49 MPa，搬运破损率远比泡沫混凝土小，容重、导热系数较泡沫混凝土大，可用作冷库地坪隔热。

（4）聚苯乙烯泡沫塑料：价格较高，收缩性较大（低温下收缩率约为 1/100），冻融后，颗粒易解体脱落。

（5）软木：性能稳定，价格稍高，是目前较好的墙体块状隔热材料，一般可用 20~30 年，不需更换。当软木厚度超过 100 mm 时，必须先立木龙骨（50 mm × 100 mm），然后把软木镶嵌在木龙骨架内。软木外侧做钢丝网水泥砂浆抹面，以防面层裂缝，同时还可防止老鼠打洞。

块状隔热材料的外墙构造如图 4-13 所示。

4.1.4　隔热内墙

1. 库温与隔汽层的关系

同温库内隔墙一般不设隔热层，当两侧库房温差>4 ℃时，需设隔热层。不同温库房的分隔，其隔墙除了满足隔热的要求外，还要设隔汽层。如相邻的库房温度比较恒定，则单面设隔汽层（隔汽层设在隔热层的高温侧），如果相邻的库房温度波动较大，则应考虑双面设隔汽层。

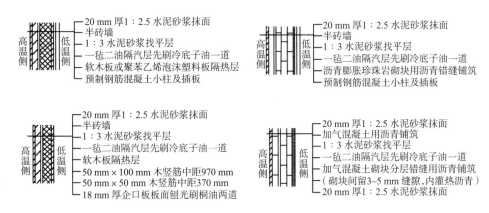

图 4-13　块状隔热材料外墙构造

2. 隔热材料的选择与更换

隔热内墙同隔热外墙一样,常用的隔热材料有松散材料与块状材料两大类。用松散材料(如稻壳)充填的隔热层易产生下沉现象,使隔热墙体上部形成冷桥。在更换稻壳时,因夹层窄,操作不便,因此采用块状隔热材料为宜。

3. 防止冷桥

砖砌内隔墙不应直接砌筑在地基土上,而应砌筑在隔热层上面的钢筋混凝土保护面层上,以免墙基因冻鼓而被抬起。在平面布置中,内隔墙往往会被承重柱子断开,这时在柱子与隔墙的交接部位,隔热材料应连成整体,不能断开,以避免形成冷桥。

4.2　地坪

地坪是建筑物底层的地面。一般冷库的地坪由面层、隔汽防潮层、隔热层、垫层和基层等组成,如图 4-14 所示。

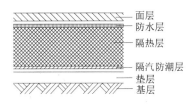

图 4-14　隔热地坪构造

基层是地坪的承重层,地坪上的荷载(包括面层、垫层的重量)通过基层传给地基。基层多为素土夯实,若土质不好,可加碎砖和石灰后再夯实。垫层的作用是使地坪上的荷载均匀地传给基层,垫层分为刚性和非刚性两种。刚性垫层一般为混凝土垫层,非刚性垫层一般为砂或碎石等。隔汽防潮层的作用是防止水分(地下水和地坪上的水)因毛细现象和气压作用而渗透到隔热层内,常为二毡三油。隔热层用于防止室内的冷量传给地坪下的土壤而引起土壤的冻胀。面层直接承受外部荷载,要求有足够的强度与刚度,同时要求不透水、不受腐蚀,表面平整,以利清洁卫生,一般多采用钢筋混凝土面层。防水层是为了防止室内用水、其他用水或地下水进入屋面,渗入墙体、地下室及地下构筑物,渗入楼面及墙面等而设的材料层。

4.2.1　低温冷藏库地坪

低温冷藏库地坪的最大特点是存在地坪冻胀的问题。土壤的冻胀可以把墙、柱的基础抬起,把地坪冻鼓,使地面开裂,甚至可以导致建筑物破坏而不能使用。另外,如果地坪的隔热防潮处理因地坪冻鼓而破坏,则造成严重跑冷,又反过来加剧这种冻胀和破坏作用。因此,低温冷藏库的地坪应防止土壤冻胀,做好地坪的隔热防潮处理。

1. 地坪的防冻

1)地坪受冻情况

冷库地坪虽然敷设了厚度与库温相适应的隔热层,但并不能完全隔绝热量的传递,只能降低热量传递的速度。当0 ℃等温线越过隔热层侵入土壤后,便会引起土壤中的水分冻结。低温冷藏库地坪下土壤的冻结情况,一般靠近外墙的冻结深度浅,越深入库房中间,冻结深度越深,其冻结范围近似倒置的抛物线形,如图 4-15 所示。同时,冻结深度和范围会随着时间和冷库平面的增大而加深和加宽。当土壤冻结深度超过基础时,它会把基础抬起,造成冷库上部结构破坏。

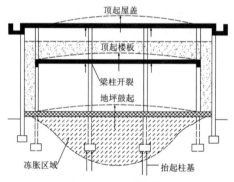

图 4-15　地坪冻胀示意图

土壤的冻结与土壤的结构和地下水位有关。岩石不会冻胀,砂质土因空隙较大,水分易渗入下面的土壤中,而下面土壤中的水分又因毛细管作用弱而很难上升,故这类土壤不会冻胀。但细质土壤(如黏土、亚黏土、淤泥等)的水分与土壤质点处于融合状态,当0 ℃等温线越过隔热层侵入土壤后,土壤中的水分便冻结。由于冻结土壤周围的水蒸气分压力比尚未冻结的土壤中的水蒸气分压力低,因而促使未冻的水分通过毛细管作用移向已冻结的土壤。于是,土壤越冻越深,越冻越快。最后冻土深度超过基础的底面,往往会把基础顶起,造成上部结构破坏。

为了避免可能出现的冻胀,设计前需认真查清库址土壤的结构和地下水的情况,作为防冻处理的依据。

平面尺寸宽度在 6 m 范围内的小型冷藏间,因周围有足够的热源补给,可不做防冻处理。

2）地坪防冻的方法

目前，低温冷藏库地坪的防冻有以下几种方法。

Ⅰ.地下室防冻

将不会引起土壤冻结的高温库布置在低温库的底层（图 4-16），这是目前大中型多层冷库普遍采用的一种方法，适用于地下水位较低的地区。地下室构造简单，只做一般防水处理即可。但在地下水位较高的地区，地下室的防水处理比较复杂，投资大，而且难以保证，不宜采用。

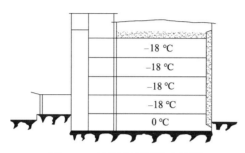

-18 ℃
-18 ℃
-18 ℃
-18 ℃
0 ℃

图 4-16　地下室高温防冻地坪

Ⅱ.架空防冻

架空层的做法：一般是在地垄墙上或墙下梁柱上架设钢筋混凝土楼板。从防止土壤冻结的角度来看，其效果很好。但它的造价高，比一般通风管或油管加热的地坪造价高 25% 左右。

地坪架空分为矮架空（高度在 0.8~1.8 m）和高架空（高度在 2.0~2.8 m）两种，高架空层可作为挑选间或普通仓库使用。架空层作为挑选间使用时，需设置冷风机，以便在炎热的季节降温和防止楼板下面的冷凝水下滴。架空层地坪一般都有排水设施，如图 4-17 所示。

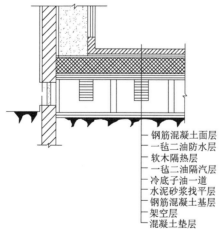

— 钢筋混凝土面层
— 一毡二油防水层
— 软木隔热层
— 一毡二油隔汽层
— 冷底子油一道
— 水泥砂浆找平层
— 钢筋混凝土基层
— 架空层
— 混凝土垫层

图 4-17　架空防冻地坪

Ⅲ.埋设自然通风管道防冻

在地坪下埋设管道（水泥管或缸瓦管）让室外的热空气通过管道对流，以达到保持土壤的正温而不冻结。这种构造形式最为经济，但使用中要防止管道堵塞而失去防冻作用。

选用的管道直径不宜小于 200 mm,其总长不得超过 30 m,管道中心距不得大于 1.2 m,管道内应有分水线和不小于 1/200 的排水坡度以便排水。通风管应与常年主导风向平行。除南方亚热带地区外,在冬季寒冷地区,冷库地下自然通风管的两端要设小门关闭,或用砖块砌墙,以防冷空气进入,待到春暖季节,再把通风管两端打开。在北方严寒地区,由于冬季气温很低,低于 0 ℃以下的时间很长,埋设自然通风管防冻的方法不宜采用。

Ⅳ.埋设机械通风管道防冻

这种方法用鼓风机把热风送进地坪下的通风管道,达到加热土壤的目的,而且冬天送热风,夏天送自然风。送热风要定时,最好能在地坪内埋设自动测温装置,以能随时了解土壤的温度,做到及时送风。机械通风管道防冻地坪构造如图 4-18 所示。

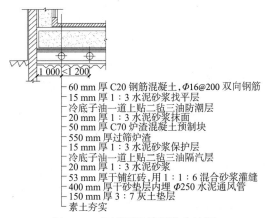

1 000   1 200

— 60 mm 厚 C20 钢筋混凝土,Φ16@200 双向钢筋
— 15 mm 厚 1:3 水泥砂浆找平层
— 冷底子油一道上贴二毡三油防潮层
— 20 mm 厚 1:3 水泥砂浆抹面
— 50 mm 厚 C70 炉渣混凝土预制块
— 550 mm 厚过筛炉渣
— 15 mm 厚 1:3 水泥砂浆保护层
— 冷底子油一道上贴二毡三油隔汽层
— 20 mm 厚 1:3 水泥砂浆
— 53 mm 厚干铺红砖,用 1:1:6 混合砂浆灌缝
— 400 mm 厚干砂垫层内埋 Φ250 水泥通风管
— 150 mm 厚 3:7 灰土垫层
— 素土夯实

图 4-18   机械通风管道防冻地坪

Ⅵ.乙二醇地坪加热

传统冷库多采用架空的方式来防止地面冻鼓,但这一方法初期投资大,施工周期长,同时架空层内常年潮湿,难以清洁,存在食品安全问题。乙二醇地坪加热系统是在冷库地坪保温层下埋设管道,利用循环泵使由压缩机废热加热的乙二醇或丙二醇在地下管路内循环流动,以吸收地坪传出的冷量,起到防冻的作用,如图 4-19 所示。该方法节省投资,同时加热完全采用制冷系统压缩机的废热,低碳环保。在北美,大多数的冷库采用这种方式,在国内的大型冷库中,特别是装配式冷库中,乙二醇地坪加热防冻技术的应用近些年也越来越普遍。

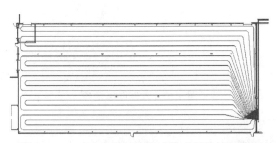

图 4-19   乙二醇地坪加热防冻鼓系统排管布置图

2. 地坪的隔汽与防潮

冷库的地坪,既要承受堆货的静荷载,又要承受车辆轮子的动荷载,故要有足够的耐压强度和一定的耐磨能力,同时还要具备较好的防冻隔热措施。只有这样,才能保证库房正常使用。地坪的隔热层必须靠防潮层来保证,使其内部不受潮结露、保持干燥。地坪的防潮,一是要防止室内地面水分的渗入;二是要防止地表水、地下水的渗入和室外水蒸气的渗透。地坪的隔热层除了具有较好的隔热性能外,还必须有足够的耐压强度以承受冷藏荷载,保证投产后地坪不破坏、不下沉、不开裂。为了避免地坪上的水分向隔热层内渗透和保证隔热层的耐久性,通常在隔热层上做一层 60~80 mm 厚的钢筋混凝土面层,以保护隔热层和防潮层,亦可防止地坪开裂。为防止地坪磨损,可在钢筋混凝土面层内加入铁屑,铁屑加入量为 4 kg/m²。

冷库地坪在施工中极易起壳裂缝,这是常见而又难以处理的问题,故在施工和设计中必须采取有效的措施加以防止,如清理基层、面层分格、混凝土振捣密实、加强养护等。

4.2.2　冷库屋盖的隔热构造

小型冷库一般采用斜屋盖,它的隔热层设在天棚之上。大中型冷库采用平屋盖,其隔热构造可分为两类:一类是将屋面的防水构造与隔热层、隔汽防潮层粘合起来做在一起,如普通的保温屋盖构造,称为整体式隔热屋盖;另一类是将二者分开,上面是普通的防水屋面,下面做一阁楼层,在阁楼层楼板面上铺设隔热材料(如稻壳),称为阁楼式隔热屋盖。阁楼式隔热屋盖能在封顶断水后进行隔热层施工,确保隔热材料不被雨淋,其优点十分明显,故普遍使用。

1. 整体式隔热屋盖

根据隔热层的铺设位置,这种屋盖构造可分为上铺法屋盖构造与下贴法屋盖构造两种,如图 4-20 所示。

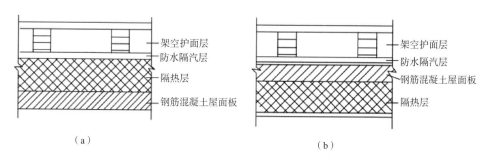

（a）　　　　　　　　　　　　　　　　　　（b）

图 4-20　整体式隔热屋盖构造

（a）上铺法屋盖构造　（b）下贴法屋盖构造

1）上铺法屋盖构造

这种构造就是在钢筋混凝土屋面板上直接铺筑隔热材料。其优点是施工简单方便,对隔热材料的品种要求不严,软木、泡沫塑料、混凝土等皆可。其缺点是防水隔汽层实际上是护面层,极易损坏老化;隔热层受潮不易检查,一旦发现受潮,翻修工程量大;屋顶与墙身交接处产生的冷桥不易处理,易产生屋盖结构局部冻融损坏现象;施工时,要有防雨设施。这种构造目前已不采用。

2）下贴法屋盖构造

这种构造就是在钢筋混凝土屋面板底面粘贴隔热层。其优点是屋面油毡层和钢筋混凝土屋面板共同组成防水隔汽层，所以它的蒸汽渗透阻大，对保护隔热材料的干燥有利；屋盖的隔热层与外墙的隔热层易连成整体，避免冷桥；隔热材料损坏容易检查，翻修隔热材料时，不影响屋盖上部构造。其缺点是施工困难，对隔热材料的品种要求较高，宜用质轻且隔热性能好的材料（如软木、泡沫塑料等），因而造价也相应增加。

这种屋面做法仅适用于小型冷库。

2. 阁楼式隔热屋盖

阁楼式隔热屋盖是目前冷库普遍采用的一种形式。它的优点是可以采用价格便宜的隔热材料，如稻壳等；阁楼内有较大空间，便于铺设、更换或翻晒隔热材料层；便于检查屋顶渗漏，可以随时查出漏雨之处，哪里漏随时修哪里；便于检查、填充或翻修外墙部分的隔热材料层；在施工过程中不需要防雨设施并可提前"断水"（指屋面雨水），在无水的环境中进行库房隔热、隔汽工程的施工，为冷库隔热层的隔热效果提供了可靠的保证。经过多年的实践，阁楼式隔热屋盖现已被广泛采用。

阁楼根据对外的密闭程度可分为三种：封闭式阁楼、半封闭式（混合式）阁楼和敞开式（通风式）阁楼。

1）封闭式阁楼

封闭式阁楼是用隔汽层把阁楼封闭起来，仅设密闭采光窗（也可不设窗）和密闭门，使阁楼不能通风，以杜绝外界水蒸气的渗入，如图4-21所示。由于施工及使用的实际情况，加之阁楼的面积比较大，要做到整个阁楼空间的完全密闭是不可能的。因此，这种阁楼中的隔热材料往往受潮严重。同时，阁楼层内不通风，温度高，装换隔热材料时，工作条件差。

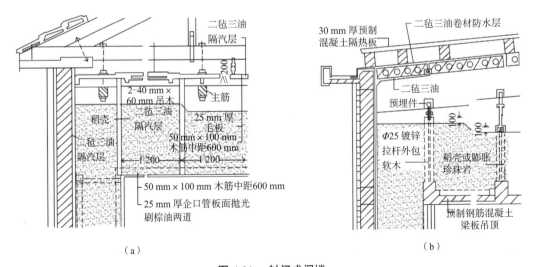

（a）　　　　（b）

图4-21　封闭式阁楼

（a）封闭阁楼（木结构吊顶）（b）封闭阁楼（钢筋混凝土结构吊顶）

2）半封闭式阁楼

半封闭式阁楼是在阁楼外墙开设玻璃窗,使阁楼层上部的空间可以通风对流,在隔热层的上表面整个铺设隔汽防潮层密闭,如图4-22所示。

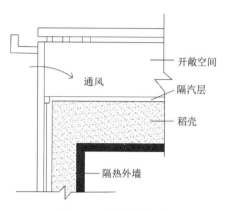

开敞空间
隔汽层
稻壳
通风
隔热外墙

图4-22 半封闭式阁楼

这种阁楼由于上部空间开敞,能对流通风,在夏季可降低阁楼内的温度,从而减小阁楼层与库房的温差,减少耗冷量。同时,水蒸气也难以向隔热层内部渗透。这种阁楼如果设计施工得当,效果是好的。但当阁楼上是松散隔热材料时,在其上部铺设隔汽层很困难。一般做法是用塑料薄膜在外墙顶部设置一道隔汽带,另外再在稻壳层700 mm厚处设塑料薄膜隔汽层,面上再铺200 mm厚稻壳作为塑料薄膜的保护层。但大面积密铺塑料薄膜很不容易。另一种做法是在稻壳上面铺木板贴油毡,把稻壳封闭起来,稻壳可经久不潮,但木材用量多,不宜普及。

3）敞开式阁楼

敞开式阁楼仅在墙身与阁楼交接处设置隔汽带(密闭带),使水蒸气不能进入墙身隔热层内,其余地方均可开敞通风,如图4-23所示。

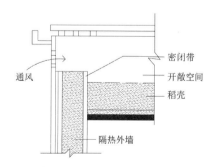

密闭带
开敞空间
稻壳
通风
隔热外墙

图4-23 开敞式阁楼

这种形式是从半封闭式阁楼发展而来的,吸收了其优点,克服了其缺点。如果阁楼是整体式钢筋混凝土楼板面,它的蒸汽渗透阻很大,水蒸气不能进入库内,这时板面上的稻壳受潮是很轻微的。即使时间长了,由于水分凝结而受潮,也可将受潮的稻壳从底部翻到上面,使其在自然通风作用下自然干燥。实践证明,这是个简易可行且经济节约的办法。使用时,阁楼层的通风窗要充分考虑防止风雨,绝不能让雨水飘进阁楼隔热层中。调查证明,只要把阁楼稻壳层加厚到 1.2 m,即使日久稻壳下层结了冰霜,由于冰霜到一定厚度就不再增厚,也无须翻换稻壳。因此,目前有少数新建冷库的阁楼不再铺设隔汽层,只把稻壳加厚到 1.2 m,这就大大简化了施工。这种加厚稻壳不设隔汽层的阁楼做法有待实践的进一步检验。

4.3　屋顶

4.3.1　屋盖的作用和形式

1. 屋盖的作用

屋盖(屋顶)和外墙组成了冷库的外围护结构,起防止雨、雪、风侵袭和保温隔热的作用。屋顶除承受本身自重外,还承受施工和检修、风、雪等荷载。

2. 对屋盖的要求

为了保证冷库的安全生产,屋盖应当满足下列要求。

(1)结构坚固耐久,自重轻。

(2)耐久、防水,能长期抵抗自然侵蚀。

(3)结构简单,施工维修方便。

(4)就地取材,造价经济。

(5)有良好的隔热性能。

(6)排水良好,不渗漏。

(7)造型美观。

3. 屋盖形式

冷库常用的屋顶形式有平屋顶和坡屋顶两种,大中型冷库多采用钢筋混凝土平屋顶,小型冷库可采用坡屋顶。坡屋顶一般采用机制黏土瓦、石棉瓦等,这些材料防水性能差,所以要求屋面坡度大,一般为 15°~45°。

平屋顶一般用钢筋混凝土做成,根据防水材料,可分为刚性防水屋面和柔性防水屋面。刚性防水屋面用细石混凝土、防水砂浆等刚性防水材料作为屋面的防水层;柔性防水屋面用沥青、油毡、高分子防水卷材等柔性防水材料作为屋面的防水层。

刚性防水屋面比柔性防水屋面施工简单,但它对地基的不均匀沉降、房屋构件的变形、温度变化等非常敏感,易产生裂缝而渗水。柔性防水屋面则对地基沉降、温度变化的适应性较好,防水性能也较好,但施工、维修都比较麻烦。冷库建筑中,一般采用柔性防水屋面。

4.3.2　屋面架空层

夏季屋面受太阳照射,温度高,屋盖受热膨胀,檐口易产生裂缝,同时还会使阁楼内温度升高,增加库房的耗冷量。为了减少屋面热传导的影响,可采取架空通风屋面的措施。架空层做法:在屋面上做一些砖墩,上放混凝土预制板。层间高度视屋面的宽度和坡度而定,当屋面宽度小于 7 m 时,以 120~180 mm 高为宜,当屋面宽度大于 7 m 时,高度宜稍大,可采用 240 mm。

不论是哪一种构造形式,屋盖的顶面都应设置架空层。这种架空层能使屋面油毡少受日晒雨淋和冰雪侵蚀,防止油毡老化,延长使用寿命,同时也降低了阁楼层内的温度。这对减少库房的耗冷量,减少屋面板因温度伸缩,都是有利的。

4.3.3　冷库屋盖檐口处理

承受屋顶结构的外墙,由于大面积钢筋混凝土屋盖的胀缩,引起外墙顶部裂缝,防止的措施是使外墙与屋盖脱开。

冷库屋盖与外墙脱开后,为了保证墙身的稳定,须在墙内设钢筋混凝土立柱与上下圈梁连在一起,构成钢筋混凝土框架结构。钢筋混凝土立柱间距:有檐沟者按冷库柱距的 1/2 设置,无檐沟者同库内柱距。为了保证立柱间填充墙的稳定,应沿立柱竖向每 500 mm 设 2Φ6 拉结钢筋,拉结钢筋伸出立柱两侧各不小于 500 mm 并与填充墙拉结。冷库顶层外墙与屋盖构造如图 4-24 所示。

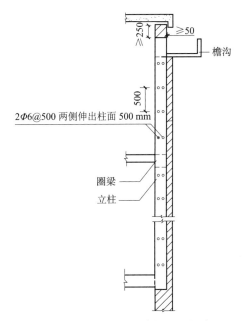

图 4-24　冷库顶层外墙与屋盖构造

Chapter 5

第 5 章
冷库制冷方案设计

制冷系统是冷库最重要的设备,由蒸发器、压缩机、冷凝器、调节阀、风扇、管道和控制仪表等构成。制冷剂在密封系统中循环,制冷系统根据需要控制制冷剂供应量的大小和进入蒸发器的数量,以便冷库内具备适宜的低温条件。制冷系统应根据冷库容量和所需制冷量选择,即蒸发器、压缩机和冷凝器等与冷库所需排出的热量相匹配,以满足降温需要。

对于冷库来说,制冷系统是核心组成部分,设计一套合理的制冷系统方案,除满足商业或个人要求之外,还能够满足经济性和可持续发展的要求,消耗较少的能源,获得较多的回报,避免资源浪费和环境污染。

1 制冷系统方案设计

1. 制冷系统方案设计的主要内容

制冷系统的方案设计直接关系到基本建设投资的多少、建设时间的长短、投产后制冷效率的高低、制冷管理的繁简以及生产成本的高低等一系列重要问题。因此,设计人员要在充分考虑建库地区的环境、冷藏对象、冷库规模和性质、技术条件、配合关系、物质基础等各方面因素之后,做出比较正确的设计方案。

2. 制冷系统方案设计的原则

(1)满足食品冷加工工艺要求。

(2)制冷工质首选绿色环保制冷剂。

(3)系统运行要安全可靠,操作管理方便。

(4)系统应优先采用新设备、新工艺及新技术。

(5)要考虑制冷系统后期运行节能。

(6)冷热联供能源综合利用。

3. 制冷系统方案设计的内容

(1)选合适的制冷剂,不同的制冷剂有不同的适用范围,需要根据实际温度和压力等条件选择合适的制冷剂。

(2)选择压缩机类型及形式,压缩机是制冷系统的心脏,根据不同的制冷量,选择合适的压缩机类型和形式。

(3)选择冷凝器形式,根据负荷大小,计算所需换热面积,选择合适的冷凝器。

(4)选择蒸发器形式,根据换热系数、制冷负荷等计算换热面积,选择合适的蒸发设备。

(5)选择节流装置,根据冷凝、蒸发压力及制冷量选择合适的节流装置。

(6)选择辅助设备,根据负荷以及换热面积等,选择合适的辅助设备。

一般来说,当温度要求低于-30 ℃时,只采用一种制冷剂难以达到效果,可以采用复叠循环或者两级、三级复叠循环。

1.1　制冷工质的选择

制冷剂的选择应符合下列规定。

（1）对于生产性冷库和物流冷库,其中具有分拣或配货功能的穿堂或封闭站台不应采用氨直接蒸发制冷,这些地方人员比较集中,而氨气对人体有害,应尽量避免。

（2）商用冷库不应采用氨制冷,氨气一旦发生泄漏,会对人员造成伤害,发生不可逆的损失。

（3）大、中型冷库和大、中型制冷系统不应采用卤代烃及其混合物在冷间内直接蒸发制冷。

一些制冷剂的主要热力性质见表 5-1。

表 5-1　一些制冷剂的主要热力性质

制冷剂	R744	R717	R134a	R152a	R290	R502
分子量 M（kg/kmol）	44.0	17.0	102.0	66.05	44.1	111.6
标准沸点（℃）	−78.5	−33.3	−26.2	−25	−42.1	−45.4
临界温度（℃）	31.0	132.5	101.1	113.5	96.8	90.1
p_k（MPa）	7.21	1.169	0.770	0.708	1.085	1.319
p_0（MPa）	2.29	0.236	0.164	0.151 7	0.292	0.348
$\eta = p_k/p_0$	3.15	4.95	4.69	4.67	3.72	3.78
q_0（kJ/kg）	132	1.094	148	246	285	104.4
v_1（m³/kg）	0.016 6	0.507	0.121	0.204 8	0.153	0.050
q_v（kJ/m³）	7 940	2 157	1 228	1 201	1 860	2 090
w（kJ/kg）	48.6	230	33.2	46.5	60.5	24.0
$w_0 = w/v_1$（kJ/m³）	2 920	454	275.5	227.0	394	480
ε	2.72	4.76	4.46	5.29	4.71	4.35

对流层和平流层的各种气体,如氯氟烃、氢氯氟烃、氢氟烃及二氧化碳等污染气体（温室气体）、水蒸气和其他众多化学物,会吸收、反射和折射来自地球的红外辐射,并阻止这些红外辐射逸出低端大气层,从而造成温室效应。

以二氧化碳为计算基准,其全球变暖潜能（GWP,Global Warming Potential）值为 1,其他化学物与其比较。一些制冷剂的 ODP 值和 GWP 值见表 5-2。

表 5-2　一些制冷剂的 ODP 值与 GWP 值

制冷剂	ODP 值	GWP 值
R11	1.0	1.0
R12	0.9~1.0	2.8~3.4
R13	1.0	—

续表

制冷剂	ODP 值	GWP 值
R113	0.8~0.9	1.3~1.4
R114	0.6~0.8	3.7~4.1
R115	0.3~0.5	7.4~7.6
R22	0.04~0.06	0.32~0.37
R123	0.013~0.022	0.017~0.020
R124	0.016~0.024	0.092~0.10
R125	0	0.51~0.65
R134a	0	0.24~0.29
R141b	0.07~0.11	0.084~0.097
R142b	0.05~0.06	0.34~0.39
R143a	0	0.72~0.76
Rl52a	0	0.026~0.033

除此之外,一些制冷剂的毒性等级见表 5-3。

表 5-3　制冷剂的毒性等级

毒性等级	制冷剂气体在空气中的容积浓度(%)	停留时间(min)	危害程度	制冷剂举例
1	0.5~1	5	致死或重创	SO_2
2	0.5~1	30	致死或重创	NH_3
3	2~2.5	60	致死或重创	R20
4	2~2.5	120	致死或重创	R40,R21,R113
5	20	120	有一定危害	CO_2,R11,R22,R502,R290,R600
6	20	120	不产生危害	R12,R13,R13B1,R114,R503

1.2　压缩机选择

制冷压缩机是制冷装置的核心部件,在制冷系统中吸入蒸发器出口的低温低压气体制冷工质,经压缩机压缩至高温高压状态,在较高温度下向外界放出热量,完成制冷工质和热量的输送任务。制冷压缩机的选择会影响制冷装置的运行特性、经济指标和安全可靠性。

制冷压缩机的选择应遵循以下原则。

(1)所选制冷压缩机(以下简称"压缩机")的制冷量应与制冷装置的机械负荷相等或接近,相近蒸发温度的冷间尽可能把必需的制冷量集中在一个机组中,按不同的蒸发温度分别选配压缩机,尽可能使每台(组)压缩机分别提供一种蒸发温度,以确保制冷系统运行可靠、经济合理。除特殊的要求外,一般不设专门的备用机,压缩机的工作条件应在制造厂家限定的工作条件范围内。

（2）为便于压缩机的维护和零部件的更换,同一制冷系统中如需多台压缩机,应选同一系列,且台数要适宜,以满足高、低峰负荷变化的需要。当机械负荷较大时,应选用大型压缩机,减少台数,简化系统,降低成本,从而减少占地面积,节省建设投资。

（3）为使压缩机安全、可靠和经济地运行,当氨制冷系统中冷凝压力与蒸发压力的比值>8、氟利昂制冷系统中冷凝压力与蒸发压力的比值>10 时,应采用双级压缩;当氨制冷系统的压力比<8、R134a 制冷系统的压力比<10 时,采用单级压缩。当要求制冷温度低于-60 ℃时,可采用复叠式制冷装置。

（4）压缩机在不同的工况下运行,消耗的功率也不同,压缩机配用电动机的功率应按照运行的工况校核。对在变工况下工作的压缩机,应按最大轴功率工况选配电动机。

（5）根据工质、工作温度、制冷量或制热量、工况变化范围等选择适宜的压缩机。工质允许时,中小型制冷热泵装置中尽量选用封闭式压缩机,即电机和压缩机共轴且封闭在一个壳体内,这样可以很好地解决工质的泄漏问题。

（6）封闭式压缩机分为全封闭式压缩机和半封闭式压缩机。前者壳体焊接成为一体,不能拆开;后者壳体用螺栓紧固,可拆开检修维护。防止堵转工况,如润滑油缺油、油温过低、油中有杂质、油中有过量工质、压缩机超温及进入杂物导致运转部件超常摩擦或卡住、进出口压力不合理、启动时间间隔不合理、电源电压偏低等均可能导致压缩机堵转(堵转电流可为正常运行电流的 4~7 倍)。

（7）装置中工质充注量要适宜,工质过多或过少,均会对压缩机造成损害。防止压缩机进气压力过低,如蒸发器循环介质不流动或流动不畅、膨胀阀堵塞、电磁阀未打开等造成压缩机吸气压力过低甚至低于大气压,短时间内可能造成压缩机损坏。

（8）防止液击。液态介质被吸入压缩机缸内时,高速运动的压缩部件与液滴撞击会形成很大的冲力,对运动部件和运动机构造成损伤等,形成液击的原因有:润滑油中溶入大量工质,蒸发器传热不良,停机时大量液态工质进入蒸发器,工质流向转换时未对液态工质做合理分配,压缩机或装置中未设置合理的气液分离结构或部件等。

1.3　蒸发器选择

在制冷系统的蒸发器中,低温的制冷剂液体吸收被冷却介质的热量后蒸发(沸腾)为蒸汽,蒸发器是制冷系统中直接制取冷量和输出冷量的热交换器。

1.冷却方式的选择

直接冷却方式:指被冷却介质的热量直接由在冷却设备内蒸发的制冷剂吸收,从而使被冷却介质的温度降低。直接冷却系统的冷却效果比较好,食品冷加工和冷藏几乎都采用这种方式。直接冷却系统对冷却设备、管道的密封性要求较高,特别是采用氨制冷剂的制冷系统,一旦泄漏将会对食品造成严重的污染。

间接冷却方式:指制冷装置中的制冷剂不直接进入用冷环境的冷却设备,而是进入盐水蒸发器或其他载冷剂蒸发器中先冷却载冷剂,再用泵将低温载冷剂供入冷却设备,吸收被冷却介质的热量,以达到制冷的目的。

间接冷却方式易于集中安装制冷系统设备,便于冷量的均分与控制、密封检漏和运行管理,而且可大大减少制冷剂的充注量。其缺点是整个系统显得比较复杂,由于存在二级温差,所以需要更低的蒸发温度,制取同样的冷量会使耗功增大。

制冷系统中的载冷剂选择应符合下列规定。

(1)商用冷库不应采用氨水溶液。

(2)氨水溶液载冷剂的质量浓度不应超过 10%。

(3)对于大型制冷系统,载冷剂使用温度低于-5 ℃时应采用二氧化碳;对于中型制冷系统,载冷剂使用温度低于-5 ℃时宜采用二氧化碳。

(4)盐水载冷剂的凝固温度应低于设计蒸发温度,并且温差不应小于 5 ℃。

常见载冷剂包括以下几种。

(1)盐水。盐水的凝固温度随浓度变化,氯化钙盐水的最低凝固温度为-55 ℃,氯化钠盐水的最低凝固温度为-21.2 ℃。氯化钙和氯化钠溶液对设备腐蚀性很大,最常见的现象是形成点腐蚀、碳钢设备的电化学腐蚀、破坏氧化膜、形成络合物,时间久了会严重腐蚀设备、管道、蒸发器。

(2)乙二醇。乙二醇性质稳定,与水混溶,其溶液的凝固点随浓度变化,通常用其水溶液作为载冷剂。虽然乙二醇溶液的凝固点低,可达-50 ℃以下,但低温下溶液的黏度上升非常迅速,因此一般工业应用温度为-20 ℃以上,且其水溶液有腐蚀性。

(3)改性多元醇。经过改性的多元醇,添加了防腐蚀剂、增溶剂、水稳剂、防霉剂等,彻底解决了一些腐蚀问题和低温黏度大的问题,温度可达-50 ℃,可满足冷藏库、冷冻库的温度要求。其具有五大优势。

①低温流动性强,降低系统能耗。

②阻止管壁结垢,保持系统清洁。

③减少凝结杂质,延长液体寿命。

④抑制液体挥发,减少使用消耗。

⑤抑制细菌霉变,防止生物污染。

(4)二氧化碳。CO_2 是环境友好的自然制冷工质,其 ODP=0、GWP=1,无毒,不可燃,具有稳定的化学性质;单位容积制冷量大,是氨、R22 的 46 倍;黏度小,在 0 ℃时,分别约是氨的 60%,R22 的 50%;蒸发速率快,在-23 ℃时,分别约是氨的 11.7 倍,R22 的 8.3 倍;换热效率高,即使在低温时也没明显衰减;相对于卤代烃制冷剂,CO_2 容易获得,且价格低廉。CO_2 是低温高压制冷剂,临界点温度和压力分别为 31.1 ℃和 73.6 bar(1 bar=10^5 Pa);三相点的温度和压力分别为-56.6 ℃和 5.2 bar。CO_2 载冷剂可以应用于制冷温度范围为-50~0 ℃的场合。由 CO_2 压焓图可知,在-50 ℃下 CO_2 系统也不会在负压下运行。

制冷剂或载冷剂在循环时所经历的路径叫作回路,某种蒸发温度的制冷剂或载冷剂所对应的回路就叫作这种蒸发温度回路,简称蒸发回路,如-15 ℃蒸发回路、-33 ℃蒸发回路等。根据不同的用冷要求,选配各自需要的机器设备,形成自己的蒸发回路。

当用冷要求较多时,都按各自要求确定合适的蒸发回路将使制冷系统过于复杂。此时,为简化系统,可将两个或几个不同蒸发回路用一台(组)机器升压,形成一个蒸发回路,这种做法叫蒸发回路的合并。为保证蒸发回路合并后各蒸发器的制冷剂还能在各自蒸发温度下工作,必须在蒸发压力较高的蒸发器出口回气管上设置气体降压阀,将高蒸发压力的气体降至最低蒸发压力,最后以最低蒸发温度来命名合并后的回路,如-10 ℃与-15 ℃蒸发回路合并后叫作-15 ℃蒸发回路。划分蒸发回路、合并蒸发回路,可简化系统,节省一次投资,但会增加压缩机的运转费用。因此,在设计方案时应进行综合技术经济分析,确定合适的蒸发回路数。

冷库制冷装置设计中常见的蒸发回路如下。

(1)制冰、贮冰:一般用同一蒸发回路。

(2)冻结物贮藏:当冻结能力、冻藏量较大时,为了不影响冻藏食品的干耗及质量,分别设置蒸发回路;当冻结量较小或不常工作时,可合并为一个蒸发回路,但应注意防止冻结间工作时对冻藏间内蒸发压力产生影响。

(3)冷却物冷藏:宜用一个蒸发回路。

(4)冷却:可和制冰、贮冰合用蒸发回路,水果、蔬菜、鲜蛋冷却量小时,也可与冷却物冷藏合用蒸发回路。

采用蒸发回路合并方案时应注意不同组合之间的影响。如水果、蔬菜、鲜蛋贮藏和制冰,虽然两者蒸发温度较接近,但因前者要求库温与蒸发温度的温差小、相对湿度高,而后者负荷波动大,且蒸发温度低,合并后将加大冷藏食品的干耗,故不宜合并。对于很小的其他负荷,可合并在某个蒸发回路中。

2. 蒸发器形式选择

(1)冷却间、冻结间和冷却物冻藏间应采用冷风机。冷风机一般由蛇管组和风机组成。根据其用途,这类蒸发器的外形结构和安装位置有多种形式。在冷库中,按安装位置,这类蒸发器可分为落地式和吊顶式两种。落地式冷风机直接放在库内地坪上,一般靠墙布置,出风的形式有顶吹式和侧吹式两种。吊顶式冷风机吊装在库房顶板或楼板之下,不占用库房地面面积,能更合理地利用库房的空间;但应防止冲霜时水飞溅到地坪,造成地坪隔热层的破坏。在氟利昂制冷系统中主要使用的是吊顶式冷风机,蒸发器的出风形式为侧吹式,出风口由风机的数目决定,有单出风口、双出风口等。根据储藏食品的条件,吊顶式冷风机一般用于 0 ℃以上的高温保鲜库,可以储存水果、蔬菜、鲜禽蛋等新鲜食品;用于-18 ℃左右的冷库,可以储存肉类及水产品等;用于-25 ℃左右的低温冷库或速冻库,可冻藏鲜肉和鱼类。

(2)冻结物冷藏间可选用顶排管和冷风机。一般当食品有良好的包装时,宜选用冷风机;无良好包装时,可采用顶排管。冷却排管按其在库房中的安装位置,可分为墙排管及顶排管两类,前者靠墙安装,后者则吊装在库房顶棚下。蛇管式墙排管可由单根或两根蛇形管制成单排或双排的排管。蛇管式顶排管可以由单排蛇形管或并列的几排蛇形管组成。冷却排管结构简单,加工方便,对食品储存干耗小,但其传热系数低(光滑冷却排管的传热系数为 6~12 W/(m²·K),翅片冷却排管的传热系数为 3.5~6 W/(m²·K)),单位制冷量的耗金属量大,融霜操作繁复,不利于自动化操作等,同时系统充注量大,系统整体存在安全隐患和风险。

(3)根据不同食品的冻结工艺要求选用合适的冻结设备,如隧道冻结装置、平板冻结装置、螺旋冻结装置、液态化冻结装置及搁架式排管冻结装置等。

(4)包装间的冷却设备,室温高于-5 ℃时宜选用冷风机,室温低于-5 ℃时宜选用排管。

（5）冰库选用光滑顶排管。

3.供液系统

1）直接膨胀供液系统

利用制冷系统中高压部分的压力大于蒸发压力,使制冷剂液体通过膨胀阀节流后直接进入蒸发器供液制冷,这样的系统称为直接膨胀供液系统。该系统的特点如下。

（1）用热力膨胀阀代替手动膨胀阀,系统制冷能力可随负荷变化而自动调节。

（2）膨胀阀节流后的闪气形成两相流体,流动阻力比单相流体大,所以膨胀阀的出口接头一般均大于进口接头。

（3）带分布器的热力膨胀阀一般都采用外平衡式;当各通路的负荷和阻力不相同时,不能用一个热力膨胀阀通过分布器供液。

图 5-1 是直接膨胀式蒸发器示意图,展示了直接膨胀式蒸发器的结构和流体流动方向。

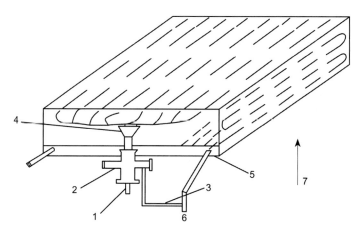

图 5-1　直接膨胀式蒸发器示意图

1—制冷剂液体进口;2—膨胀阀; 3—外平衡管;4—液体分布器;5—回气总管;6—制冷剂回气出口;7—被冷却空气流向

2）重力供液系统

以氨制冷剂系统为例,在高于蒸发器的位置装设氨液分离器,从总分配站来的氨液经节流阀首先进入氨液分离器,节流过程中产生的闪气被分离,然后低压氨液借助氨液分离器的液面与蒸发器之间的位差作为动力,即以重力的作用向蒸发器供液,蒸发制冷,这样的系统称为重力供液系统。

该系统的特点如下。

（1）高压制冷剂液体节流后进入氨液分离器,在氨液分离器中被分离出来的闪气由压缩机吸走,进入供液调节站的是单相的低温低压液体,单相液体供给蒸发器,可以改善蒸发器的热交换效果。

（2）经过氨液分离器后供液是单相的低温低压液体。在重力作用下向蒸发器供液,应该是下进上出,可以采用多组蒸发盘管并联连接,也可用于多通路的蒸发盘管。

（3）重力供液所需要的液位差取决于调节站、供液管、截止阀门、蒸发器及氨液分离器前面的回气管等几部分的流动阻力。

（4）由于系统依靠重力来供液制冷,故相对于氨泵供液系统,氨制冷剂在管道内的流速较缓慢。

重力供液系统的原理如图 5-2 所示。

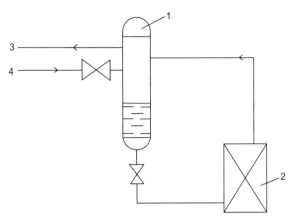

图 5-2　重力供液系统的原理

1—氨液分离器；2—冷分配设备；3—回气；4—供液

3）液泵供液系统

借助液体输送设备——液泵的机械力,完成向蒸发器输送低压低温制冷剂液体任务的制冷系统,叫作液泵供液系统。

由于对低压循环桶选型时,其容积大多按"三段容积法"计算,即考虑了融霜排液时,其容积应能容纳低压系统返回的液体,所以对液泵供液系统,一般可以不设排液桶,即在蒸发器融霜时让低压循环桶兼作排液桶。

液泵供液系统的主要优点：

（1）蒸发器的热交换效率高；

（2）保证制冷压缩机安全运转和提高制冷效率；

（3）蒸发器通路管长增加,管壁结霜均匀；

（4）操作简单,便于集中控制。

液泵供液系统的主要缺点：

（1）液泵的设置使制冷系统的动力消耗增加 1%~1.5%,同时要增加泵的维护、检修工作；

（2）库房热负荷不稳定或压缩机启动、上载过快等,会引起低压循环桶液面的波动,容易导致液泵气蚀,甚至造成泵的损坏；

（3）由于液泵供液系统回气管中带有大量液体,这种两相流体的流动阻力比单相流体要大得多,因此回气管的管径要增大。

液泵供液系统比直接膨胀供液系统或重力供液系统要优越得多,这种供液系统在国内外已得到日益广泛的应用。氨泵供液系统的原理如图 5-3 所示。

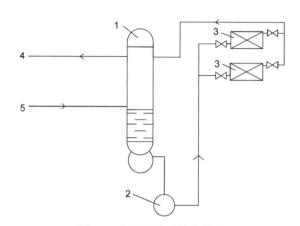

图 5-3　氨泵供液系统的原理
1—低压循环桶；2—氨泵；3—蒸发器；4—回气；5—供液

4）气泵供液系统

以高压制冷剂蒸气或高压制冷剂液体的闪发气体所具有的压力作为向蒸发器强制输送液体的动力，起到和机械泵相同的作用，这种供液系统称为气泵供液系统。其主要构成有气液分离器、加压罐以及一些控制元件。

气泵供液系统的特点：不需要机械泵这类消耗动力的设备，同样可以达到向蒸发器超倍供液的目的；投资省、制冷剂泄漏少、运行平稳安全等，且不必为液泵气蚀故障而采取一系列措施；需要较多的自控元件，一旦某一自控元件出现故障，将影响整个系统的正常运行。

4. 供液方式的选择

（1）直接膨胀供液：在小型氟利昂制冷装置或组装式小冷库中得到应用，适用于小型氨制冷装置、负荷稳定的系统及氟制冷装置，目前大型氨制冷系统中较少采用，但是随着小充注量技术的发展，在大型氨制冷系统中也将得到应用。

（2）重力供液：500 t 以下的小型冷库的氨制冷装置还在采用这种方式，适用于中、小型氨冷库制冷装置。在盐水制冰制冷系统中，由于氨液分离器可设在制冰池附近，不必另行加建阁楼放置氨液分离器；同时盐水蒸发器内热负荷大，换热剧烈，靠自然对流就可得到较好的换热效果。因此，盐水制冰仍以重力供液方式为主。

（3）液泵供液：500 t 及 500 t 以上的各种冷库，目前基本上采用这种供液方式。

（4）气泵供液：有其独到的特点，在国内外已有成功应用的实例，但鉴于其对自控元件有较高的要求及其他原因，国内目前应用不多。

5. 除霜系统

蒸发器结霜后，将导致热阻增加，传热系数下降，对冷风机而言，空气流通截面面积减小，流通阻力加大，使功耗上升，所以应及时除霜。现行的除霜方案有以下几种。

（1）中止循环除霜：当蒸发器表面霜层较厚时，停止向蒸发器供液，在小型装置中可停止压缩机运转，让蒸发器温度自然升高。这种除霜方法仅适用于间断使用的小型制冷装置。

（2）人工扫霜：简单易行，对库温影响小，但劳动强度大，除霜不彻底，有局限性。这种方法不适合大型冷库，且不能够清除密实的冰霜。

（3）水冲霜：将冲霜水通过喷淋装置向蒸发器表面喷淋使霜层融化，然后一并由排水管排出。该方法效率较高,操作程序简单,库温波动小。从能量角度分析,每平方米蒸发面积耗冷量可达 250~400 kJ。但水冲霜容易使库内起雾,造成冷间顶棚滴水,使使用寿命降低。

(4)热气融霜:利用压缩机排出的过热蒸汽冷凝时放出的热量来融化蒸发器表面的霜层。其特点是适用性强,在能量利用方面合理,对氨制冷系统而言,除霜的同时还能把蒸发器中的积油冲出;但融霜时间较长,对库温有一定的影响,制冷系统分调节站复杂等,为该除霜方法的不足之处。

(5)电热融霜:利用电热元件发热来融霜。该方法简单,操作方便,易于实现自动化,但耗电多,且电加热器长时间工作很容易引起火灾。其配用电加热器的功率应根据蒸发管组表面的可能结霜厚度和融霜的间隔时间确定。

(6)热气和水联合融霜:主要用于冷风机蒸发管组,先将热气送入冷风机管组内,与蒸发管紧密接触的一层冰霜融化,再向蒸发管组外表面淋水,可很快将霜层完全融掉,停水之后还可利用热气"烘干"蒸发器表面,以免水膜再次结冰。

实际确定除霜方案时,有时采用一种除霜方案,有时将不同方案结合起来使用。如对于冷库搁架排管、墙、顶光滑排管,可采用人工结合热气融霜法,平时人工扫霜,定期进行热气融霜,以彻底清除人工扫霜不易除净的霜并排出管内积油;冷风机采用水冲或热气融霜法;对于结霜较多需频繁进行除霜的,可结合采用热气融霜与水冲霜。

在大、中型制冷装置中,热气融霜是应用最为普遍的一种,在节能、融霜速度、清除蒸发器内的润滑油等方面,都是其他方式所不能相比的。这种方法仅适用于直接冷却系统,间接冷却系统则需要采用蒸汽加热融霜或温水加热融霜。

1.4   冷凝器选择

1. 水冷式冷凝器

水冷式冷凝器的冷却水可一次使用,也可循环使用,并配有冷却塔。

(1)立式壳管式冷凝器:用于室外,利用冷凝器的循环水池作为基础;安装位置较高,有利于氨液顺利流回高压贮液器;冷却水所需压头低,水泵耗能少;传热管是直管,清洗水垢比较方便,水质要求不高;冷却水温升小(2~4 ℃),因而冷却水循环量大;适用于水源充足、水质差的地区的大中型氨制冷系统。

(2)卧式壳管式冷凝器:一般用于制冷量在 15 kW 以上的制冷装置,冷凝器既可以与压缩机一起构成水冷式压缩冷凝机组,用于大型冷库、超市制冷系统等,也可以与压缩机、蒸发器、节流装置等一起组成冷水机组,用于集中中央空调等的制冷系统。

2. 空气冷却式冷凝器

空气冷却式冷凝器是以空气作为冷却介质,按其通风方式,分为强制通风式和自然对流式两种类型。自然对流空气冷却式冷凝器的传热效果低于强制通风空气冷却式冷凝器,但由于不使用风机,节省风机电耗,没有风机运转时引起的噪声,适用于小型制冷装置。空气冷却式冷凝器安装、维修简便,目前在商用制冷装置中应用最为广泛,特别适用于缺水、干燥地区或运输式制冷系统,其应用范围甚至可扩大到制冷量在 350 kW 以上的制冷装置。

3. 蒸发式冷凝器

蒸发式冷凝器适用于缺水的地区,尤其是当气候较干燥时,其应用更为有效。蒸发式冷凝器一般可安装在厂房的屋顶上,以节省建筑面积。但是蒸发式冷凝器的水蒸发后,残留的矿物质容易附着在蛇形管表面,水垢层增长较快,传热性能降低,清洗工作麻烦,传热管容易腐蚀和结垢,且不易清洗,造成维护保养费用高,因此宜使用软水或经过软化处理的水。蒸发式冷凝器可用于大型的商用制冷装置。

1.5　节流设备选择

节流装置位于冷凝器(或储液器)和蒸发器之间,从冷凝器来的高压制冷剂液体经节流阀后进入蒸发器中。节流装置起节流降压、调节制冷剂流量的作用。节流装置的选型主要以阀门的容量为依据,选型时需考虑阀前后压力差及其他因素,以制冷能力选定其型号。手动节流阀示意如图 5-4 所示。

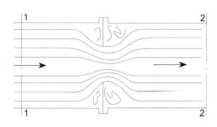

图 5-4　手动节流阀示意

1. 手动膨胀阀

选型时根据阀前后压力差、阀门所处制冷回路的制冷量(稍大于实际制冷量,下同)确定阀门的通径,选择与之相对应的节流阀型号。手动膨胀阀示意如图 5-5 所示。

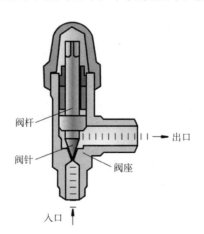

阀杆　　　　　　　　　　　出口

阀针　　　　　　　　阀座

入口

图 5-5　手动膨胀阀示意

2. 热力膨胀阀

热力膨胀阀根据蒸发器出口的制冷剂蒸气的过热度,成比例地调节阀的开度,改变制冷剂进入蒸发器的流量,以达到改变制冷量的目的。热力膨胀阀主要用于氟利昂制冷循环的直接膨胀供液系统,根据蒸发器出口气体制冷剂的过热度自动控制蒸发器的供液量,其结构有内平衡式和外平衡式两种。热力膨胀阀的选择包括形式选择和容量(制冷量)选择。

热力膨胀阀的形式选择:内平衡式热力膨胀阀通过阀体内部的通道,将膨胀阀出口(蒸发器进口)的制冷剂的压力传递给感应元件,适用于管内流动阻力较小的小型蛇管蒸发器;外平衡式热力膨胀阀则通过外平衡管,将蒸发器出口的制冷剂压力传递给感应元件,用于蒸发器管路较长、管内制冷剂流动阻力较大及带有分液器的场合。

热力膨胀阀的容量(制冷量)选择:热力膨胀阀的容量是指在某一压力差作用下,处于一定开度的膨胀阀通过的制冷剂流量,在一定蒸发温度下完全蒸发时所产生的制冷量。因此,影响热力膨胀阀容量的因素有膨胀阀前后的压力差、蒸发温度和制冷剂的过冷温度。热力膨胀阀应与制冷系统的运行工况和蒸发器的制冷能力相一致。为选择合适的热力膨胀阀,要知道蒸发温度、系统运行的制冷量、热力膨胀阀两端的压力差,依据蒸发温度和制冷量确定通过膨胀阀的制冷剂流量,根据膨胀阀两端的压力差确定膨胀阀阀孔的大小。热力膨胀阀示意如图 5-6 所示。

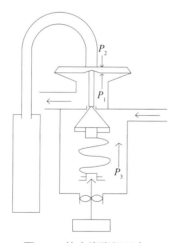

图 5-6　热力膨胀阀示意

3. 电子膨胀阀

电子膨胀阀是 20 世纪 80 年代以后推出的一种较为先进的节流元件,其按计算机预设的程序进行流量调节,因电子式调节而得名。其适应制冷机电一体化的发展要求,具有传统热力膨胀阀无法比拟的优点。电子膨胀阀技术目前以日本最为突出,尤其是在变频式空调器应用中获得的优良特性令人瞩目。目前,电子膨胀阀按驱动形式分为电磁式和电动式两类,电动式又分直动型和减速型。电磁式膨胀阀的优点是结构简单、动作响应快;但工作时,需要一直为其提供控制电压。电子膨胀阀示意如图 5-7 所示。

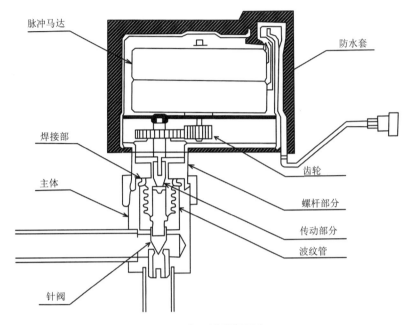

脉冲马达

防水套

焊接部

齿轮

主体

螺杆部分

传动部分

波纹管

针阀

图 5-7　电子膨胀阀示意

1.6　方案经济性分析与优化

制冷方案是设计单位依据设计任务书而提出的初步设想,冷库的使用效果与所选用的制冷方案有着密切的联系。如果制冷方案不当,会给冷库建设造成不应有的经济损失和操作管理的不便。制冷方案关系到机器设备的先进性及经常运转费用的高低等,因此在确定制冷方案时,应从使用可靠、安全、经济等诸多方面出发,同时考虑几个不同方案,进行分析比较,权衡利弊,选择最佳的设计方案。

冷库制冷方案的内容包括:制冷系统压缩级数及压缩机类型的确定,制冷剂种类及冷凝器类型的确定,自动化方案的确定,制冷系统供液方式的确定,冷间冷却方式的确定,冷间冷却设备和融霜方式的确定。

制冷方案确定的依据:冷库的使用性质;建设规模和投资限额;生产工艺要求;当地水文气象条件;制冷装置所处环境。

2　冷库负荷计算

冷间的制冷负荷是为维持冷间低温单位时间需取出的热量。由于外界环境温度、食品储藏量、食品加工季节和操作等的差异,制冷负荷是不相同的。因此,正确计算制冷负荷是制冷装置设计的工作之一。

冷库制冷负荷包括冷间冷却设备负荷和制冷系统机械负荷两部分。根据冷间冷却设备负荷选配冷却设备,如冷风机、冷却排管等;根据制冷系统机械负荷选配制冷压缩机。

冷间冷却设备负荷按下式计算:

$$\Phi_s = \Phi_1 + p\Phi_2 + \Phi_3 + \Phi_4 + \Phi_5 \tag{5-1}$$

式中　Φ_s——冷间冷却设备负荷（W）；

　　　Φ_1——围护结构热流量（W）；

　　　Φ_2——货物热流量（W）；

　　　Φ_3——通风换气热流量（W）；

　　　Φ_4——电动机运转热流量（W）；

　　　Φ_5——操作热流量（W）；

　　　p——货物热流量系数。

制冷系统机械负荷分别根据不同蒸发温度按下式计算：

$$\Phi_j = \left(n_1\sum\Phi_1 + n_2\sum\Phi_2 + n_3\sum\Phi_3 + n_4\sum\Phi_4 + n_5\sum\Phi_5 \right)R \tag{5-2}$$

式中　Φ_j——制冷系统机械负荷（W）；

　　　n_1——围护结构热流量的季节修正系数，宜取 1；

　　　n_2——货物热流量折减系数；

　　　n_3——同期通风换气系数，宜取 0.5~1.0（当同时最大换气量与全库每日总换气量的比值大时取大值）；

　　　n_4——冷间用的电动机同期运转系数；

　　　n_5——冷间同期操作系数；

　　　R——制冷装置和管道等的冷损耗补偿系数，直接冷却系统宜取 1.07，间接冷却系统宜取 1.12。

2.1　围护结构热流量

由于冷间内外温差和太阳辐射热的作用，围护结构热流量按下式计算：

$$\Phi_1 = K_w A_w a (\theta_w - \theta_n) \tag{5-3}$$

式中　Φ_1——围护结构热流量（W）；

　　　K_w——围护结构传热系数[W/（m²·℃）]；

　　　A_w——围护结构传热面积（m²）；

　　　a——围护结构两侧温差修正系数；

　　　θ_w——围护结构外侧的计算温度（℃）；

　　　θ_n——围护结构内侧的计算温度（℃）。

2.2　货物热流量

由于货物与冷间空气之间存在温差，食品在冷却或冻结过程中放出的热量，或者在冷加工过程中放出的热量称为货物热，按下式计算：

$$\Phi_2 = \Phi_{2a} + \Phi_{2b} + \Phi_{2c} + \Phi_{2d}$$
$$= \frac{1}{3.6} \times \left[\frac{m(h_1 - h_2)}{t} + mB_b\frac{c_b(\theta_1 - \theta_2)}{t} \right] + \frac{m(\Phi' + \Phi'')}{2} + (m_z - m)\Phi'' \tag{5-4}$$

式中　Φ_2——货物热流量（W）；

　　　Φ_{2a}——食品热流量（W）；

　　　Φ_{2b}——包装材料和运载工具热流量（W）；

　　　Φ_{2c}——货物冷却时的呼吸热流量（W）；

　　　Φ_{2d}——货物冷藏时的呼吸热流量（W）；

　　　m——冷间的每日进货质量（kg）；

　　　h_1——货物进入冷间初始温度时的比焓（kJ/kg）；

　　　h_2——货物在冷间内终止降温时的比焓（kJ/kg）；

　　　t——货物冷加工时间，对冷藏间取 24 h，对冷却间、冻结间取设计冷加工时间（h）；

　　　B_b——货物包装材料或运载工具质量系数；

　　　c_b——包装材料或运载工具的比热容[kJ/(kg·℃)]；

　　　θ_1——包装材料或运载工具进入冷间时的温度（℃）；

　　　θ_2——包装材料或运载工具在冷间内终止降温时的温度，宜为该冷间的设计温度（℃）；

　　　Φ'——货物冷却初始温度时单位质量的呼吸热流量（W/kg）；

　　　Φ''——货物冷却终止温度时单位质量的呼吸热流量（W/kg）；

　　　m_z——冷却物冷藏间的冷藏质量（kg）；

　　　$\dfrac{1}{3.6}$——1 kJ/h 换算成 $\dfrac{1}{3.6}$ W 的数值。

注：仅鲜水果、鲜蔬菜冷藏间计算 Φ_{2c}、Φ_{2d}；如冻结过程需加水，应把水的热流量加入式（5-4）。

2.3　通风换气热流量

冷间需要通风换气，外界空气进入冷间而带进的热量，称为通风换气热流量，按下式计算：

$$\Phi_3 = \Phi_{3a} + \Phi_{3b} = \frac{1}{3.6} \times \left[\frac{(h_w - h_n)nV_n\rho_n}{24} + 30n_r\rho_n(h_w - h_n) \right] \qquad (5\text{-}5)$$

式中　Φ_3——通风换气热流量（W）；

　　　Φ_{3a}——冷间换气热流量（W）；

　　　Φ_{3b}——操作人员需要的新鲜空气热流量（W）；

　　　h_w——冷间外空气的比焓（kJ/kg）；

　　　h_n——冷间内空气的比焓（kJ/kg）；

　　　n——每日换气次数，可取 2~3 次；

　　　V_n——冷间内净体积（m³）；

　　　ρ_n——冷间内空气密度（kg/m³）；

24——1 d 换算成 24 h;

30——每个操作人员每小时需要的新鲜空气量(m³/h);

n_r——操作人员数量。

2.4　电动机运转热流量

冷间内各种动力设备上的电动机散热量,称为电动机运转热流量,按下式计算:

$$\Phi_4 = 1\,000 \sum p_d \xi b \qquad (5\text{-}6)$$

式中　Φ_4——电动机运转热流量(W);

p_d——电动机额定功率(W);

ξ——热转化系数,电动机在冷间内时应取 1,电动机在冷间外时应取 0.75;

b——电动机运转时间系数,对空气冷却器配用的电动机取 1,对冷间内其他设备配用的电动机可按实际情况取值,如按每昼夜操作 8 h 计,则 $b = \dfrac{8}{24}$。

2.5　操作热流量

由冷间的照明、操作人员散热及开门引起的热量,称为操作热流量,按下式计算:

$$\Phi_5 = \Phi_{5a} + \Phi_{5b} + \Phi_{5c} = \Phi_d A_d + \frac{1}{3.6} \times \frac{n'_k n_k V_n (h_w - h_n) M \rho_n}{24} + \frac{3}{24} n_r \Phi_r \qquad (5\text{-}7)$$

式中　Φ_5——操作热流量(W);

Φ_{5a}——照明热流量(W);

Φ_{5b}——每扇门的开门热流量(W);

Φ_{5c}——操作人员热流量(W);

Φ_d——每平方米地板面积照明热流量(W/m²),冷却间、冻结间、冷藏间、冰库和冷间内穿堂可取 2.3 W/m²,操作人员长时间停留的加工间、包装间等可取 4.7 W/m²;

A_d——冷间地面面积(m²);

n'_k——门樘数;

n_k——每日开门换气次数,可按《冷库设计标准》(GB 50072—2021)取值,对需经常开门的冷间,每日开门换气次数可按实际情况采用;

V_n——冷间内净体积(m³);

h_w——冷间外空气的比焓(kJ/kg);

h_n——冷间内空气的比焓(kJ/kg);

M——空气幕效率修正系数,可取 0.5,如不设空气幕,应取 1;

ρ_n——冷间内空气密度(kg/m³);

$\dfrac{3}{24}$——每日操作时间系数,按每日操作 3 h 计;

n_r——操作人员数量;

Φ_r——每个操作人员产生的热流量（W），冷间设计温度高于或等于-5 ℃时，宜取279 W，冷间设计温度低于-5 ℃时，宜取 395 W。

注：冷却间、冻结间不计 Φ_5 这项热流量。

3   制冷系统设备选型

3.1   蒸发器选型

3.1.1   冷却设备计算

冷却面积按下式计算：

$$A = \frac{\Phi_s}{K\Delta t} \tag{5-8}$$

式中 A——外表面传热面积（ m^2 ）；

Φ_s——冷间冷却设备负荷（W）；

K——传热系数[W/($m^2 \cdot$ ℃)]；

Δt——库房温度与蒸发温度之差（℃），查表。

3.1.2   冷却排管选型

冷却排管一般由设计单位提供图纸，由施工单位现场加工或在工厂预制加工，包括顶排管和墙排管两种形式。

冷却光滑排管传热系数按下式计算：

$$K = K'C_1C_2C_3 \tag{5-9}$$

式中 K——光滑排管设计条件下的传热系数[W/($m^2 \cdot$ ℃)]；

K'——光滑排管标准条件下的传热系数[W/($m^2 \cdot$ ℃)]，查表；

C_1, C_2, C_3——排管的构造换算系数（管子间距与管子外径之比）、管径换算系数和供液方式换算系数。

3.1.3   冷风机的选型

由于水果、蔬菜库等有包装的冷冻食品的冷库要求库温均匀，因此《冷库设计标准》（GB 50072—2021）规定，冷却物冷藏间应该采用空气冷却器。根据冷库采用空气冷却器的经验数据，对于高温库，有冷风机传热面积：冷藏间净面积=1：1，所以求得各冷藏间所需的冷风机传热面积后，由冷风机的传热面积，查《冷库制冷设计手册》可以得到冷风机的型号及性能。目前，国内生产的干式空气冷却器（冷风机）中，KLL 型用于冷却物冷藏间，KLD型用于冻结物冷藏间，选择时应该注意。

各房间的冷风机风量按下式计算：

$$Q_v = \beta\Phi_q \tag{5-10}$$

式中　Q_v——冷风机的风量（m^3/h）；

　　　Φ_q——库房冷却设备负荷（W）；

　　　β——配风系数，冻结间取 0.9~1.1 $m^3/(W\cdot h)$，冷却间、冷藏间取 0.5~0.6 $m^3/(W\cdot h)$。

各种氨蒸发器和氟利昂蒸发器的传热系数和使用条件见表 5-4 和表 5-5。

表 5-4　各种氨蒸发器的传热系数和使用条件

蒸发器种类	载冷剂	传热系数 $K[W/(m^2\cdot K)]$	热流密度（W/m^2）	使用条件
直管式	水	500~700	2 500~3 500	传热温差为 4~6 ℃，载冷剂流速为 0.3~0.7 m/s
	盐水	400~600	2 200~3 000	
螺旋管式	水	500~700	2 500~3 500	
	盐水	400~600	2 200~3 000	
卧式壳管式	水	500~700	3 000~4 000	传热温差为 5~7 ℃，载冷剂流速为 1~1.5 m/s，光钢管
满液式	盐水	450~600	2 500~3 000	
板式	水	2 000~2 300	—	使用焊接板式或经特殊处理的钎焊板式
	盐水	1 800~2 100	—	
螺旋板式	水	650~800	4 000~5 000	传热温差为 5~7 ℃，载冷剂流速为 1~1.5 m/s
	盐水	500~700	3 500~4 500	

表 5-5　各种氟利昂蒸发器的传热系数和使用条件

蒸发器种类			载冷剂	传热系数 K $[W/(m^2\cdot K)]$	热流密度（W/m^2）	使用条件
壳管式	满液式	光管	水	290~870	—	传热温差为 4~6 ℃，水速为 1.0~1.5 m/s
			盐水	180~520	—	
		低翅管	水	810~1 400（以外表面计）	—	水速为 1.0~2.4 m/s
			盐水	170~520（以外表面计）	—	
	干式	光管	水	450~900	—	水速为 0.5~1.5 m/s
			盐水	200~450	—	
		内翅片管	水	700~1 400	5 000~7 000	
			盐水	350~700	—	
冷风机（冷库用）			空气	18~23	—	迎面风速约为 2.5 m/s，翅片节距为 4~10 mm
冷却排管			空气	12~15	450~500	蒸发温度为 -30~-14 ℃

3.2　冷凝器选型

（1）单级（双级）压缩制冷循环冷负荷计算：

$$\Phi_k = \frac{q_{mg}(h_3 - h_4)}{3.6} \tag{5-11}$$

式中　Φ_k——冷凝器负荷（W）；

　　　q_{mg}——（高压级压缩机）制冷剂质量流量（kg/h）；

　　　h_3，h_4——制冷剂进、出冷凝器比焓（kJ/kg）。

既有单级又有双级压缩的制冷循环,冷凝负荷为单、双级压缩回路冷凝负荷之和。

（2）冷凝器面积计算：

$$A = \frac{\Phi_k}{K\Delta t_m} = \frac{\Phi_k}{q_F} \tag{5-12}$$

式中　A——冷凝器面积（m²）；

　　　Φ_k——冷凝器负荷（W）；

　　　K——冷凝器的传热系数[W/（m²·℃）],查表5-6；

　　　q_F——冷凝器单位面积热负荷（W/m²）,查表5-6；

　　　Δt_m——对数平均温差（℃）。

$$\Delta t_m = \frac{t_{s2} - t_{s1}}{2.3\lg \dfrac{t_k - t_{s1}}{t_k - t_{s2}}} \tag{5-13}$$

式中　t_{s1}，t_{s2}，t_k——冷却水的进水温度、出水温度和冷凝温度。

表 5-6　热负荷计算

形式	传热系数 K [（W/（m²·℃）]	单位面积热负荷 q_F（W/m²）	应用条件
立式冷凝器	700~900	3 500~4 000	冷却水温升 2~3 ℃;传热温差为 4~6 ℃;单位面积冷却水量为 1~1.7 m³/（m²·h）;传热采用光钢管
卧式冷凝器	800~1 100	4 000~5 000	进口湿球温度为 24 ℃;补充水量为循环水量的 10%~12%;单位面积冷却水量为 0.8~1.0 m³/（m²·h）;传热采用光钢管
淋水式冷凝器	600~750	3 000~3 500	传热温差为 2~3 ℃;补充水量为循环水量的 5%~10%;单位面积冷却水量为 0.12~0.16 m³/（m²·h）;传热采用光钢管;单位面积通风量为 300~340 m³/（m²·h）
蒸发式冷凝器	600~800	1 800~2 500	传热温差为 2~3 ℃;补充水量为循环水量的 5%~10%;单位面积冷却水量为 0.12~0.16 m³/（m²·h）;传热采用光钢管;单位面积通风量为 300~340 m³/（m²·h）

（3）冷却水量计算：

$$q_v = \frac{3.6\varPhi_k}{1\,000c\Delta t} = Aq_s \tag{5-14}$$

式中　$\varPhi_k$——冷凝器负荷（W）；

　　　q_s——冷凝器单位面积用水量[m³/（m²·h）]；

　　　c——水的比热容，c=4.187 kJ/（kg·℃）；

　　　Δt——冷却水进、出温差（℃），查表 5-7；

　　　A——冷凝器面积（m²）。

表 5-7　各式冷凝器用水量

序号	形式	q_s[m³/（m²·h）]	Δt(℃)
1	立式冷凝器	1~1.7（费水）	2~3
2	卧式冷凝器	0.5~0.9	4~6
3	淋水式冷凝器	0.8~1.0	—
4	蒸发式冷凝器	0.15~0.20（节水、节能）	—

3.3　压缩机选型

3.3.1　基本参数确定

1. 蒸发温度 t_0

蒸发温度是指制冷剂在蒸发器中汽化的温度，主要取决于被冷却对象的温度要求、制冷剂与被冷却对象之间的传热温差，而传热温差与所采用的蒸发器形式及冷却方式有关。

2. 冷凝温度 t_k

冷凝温度是指制冷剂在冷凝器中液化的温度，取决于制冷剂系统所处地的气象、水文条件，制冷剂与环境冷却介质之间的传热温差以及冷凝器形式。

3. 吸气温度 t_1

吸气温度是指进入制冷压缩机的温度，取决于回气的过热度。

4. 排气温度 t_2

排气温度取决于制冷剂的蒸发压力、冷凝压力、吸入气体的干度、压缩机的性能和压缩机运行工况的变化，排气温度与压缩比（吸入压力与排出压力之比）成正比，与吸气温度过热度成正比。

5. 过冷温度 t_4

制冷剂液体在冷凝压力下冷却到低于冷凝温度的温度，称为过冷温度。

制冷剂液体在节流阀前经过过冷后，其单位质量制冷量有所增加。一般情况下，应比冷凝温度低 3~5 ℃，即过冷温度为 3~5 ℃。

6. 中间压力 P_m 和中间温度 t_m

双级压缩制冷循环的中间压力 P_m 和中间温度 t_m，对循环的制冷系数和压缩机的制冷量、消耗功率及结构有直接影响,因此合理选择 P_m 和 t_m 是双级压缩制冷循环的一个重要问题。

3.3.2 单级制冷压缩机选型计算

1. 以压缩机理论输气量选型

由机械负荷 Φ_j 计算压缩机理论输气量 V_p:

$$V_p = \frac{3.6\Phi_j}{q_{v2}\lambda} \tag{5-15}$$

式中　q_{v2}——制冷剂单位容积制冷量(kJ/m³),根据蒸发温度及冷凝温度可查表得到;

　　　λ——压缩机输气系数(相当于折损量),活塞式查表,螺杆式由厂家提供,一般为 0.75~0.9。

2. 以压缩机标准工况制冷量选型

根据理论输气量 V_p 从产品样本中选取压缩机型号和台数(一般两台同型号)。

将由冷负荷计算得到的机械负荷 Φ_j 折算成标准工况下的制冷量:

$$\Phi_b' = \frac{\Phi_j}{A} \tag{5-16}$$

式中　A——制冷量换算系数,可查表。

3. 根据压缩机性能曲线选型

压缩机的选择计算案例如下。

1)冷凝温度的确定

冷凝温度比冷却水出口温度高 4~6 ℃,天津市夏季室外湿球温度为 26.9 ℃,冷却水进、出水温度分别为 32 ℃、37 ℃。

$$t_k = t_{s2} + (4~6) \tag{5-17}$$

式中　t_k——冷凝温度(℃);

　　　t_{s2}——冷却水出水温度(℃)。

$t_k = 37 + 5 = 42$ ℃,所以冷凝温度为 42 ℃。

2)蒸发温度的确定

蒸发温度比冷间温度低 10 ℃左右,冷却物冷藏间的蒸发温度为 -10 ℃。

3)吸气温度的确定

为了保证压缩机正常工作,防止湿冲程,在蒸发器出口有 5 ℃的过热,又有吸气管路的压降温升 5 ℃,忽略吸气管路的传热温升。

$$t_1 = -10 + 5 + 5 = 0 \text{ ℃} \tag{5-18}$$

4)过冷温度的确定

过冷温度比冷凝温度低 5~7 ℃。

$$t_4 = 42 - 5 = 37 \text{ ℃} \tag{5-19}$$

蒸发器中压力降为 1 kPa,冷凝器中压力降为 1 kPa,吸气阀压力降为 1 kPa,排气阀压力降为 1 kPa。

由 CoolPack 软件计算得出的结果如图 5-8 所示。

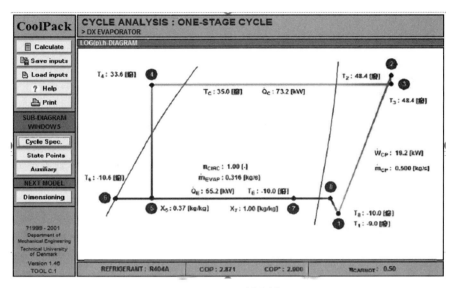

图 5-8　R404A 制冷循环

由冷库负荷计算中的机械负荷可以得到,高温库的机械负荷为 30.7 kW。根据制冷工况和制冷量,选择单级活塞式压缩机,品牌为比泽尔。比泽尔压缩机配有完备的选配附件,主要有 CIC 喷液装置及船用特殊油槽、油压开关、曲轴箱加热器、附加缸顶风扇、能量调节及卸载启动装置、水冷缸盖。利用比泽尔公司提供的选型软件选择 4JE-15-40P,如图 5-9 所示,制冷量为 33.0 kW,输入功率为 12.13 kW,冷凝器负荷为 45.2 kW。

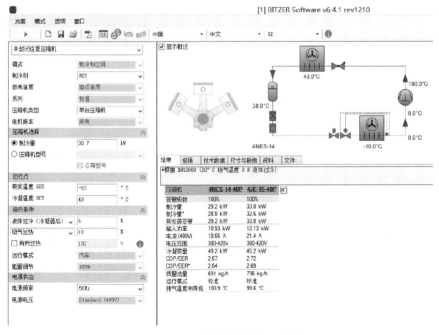

图 5-9　利用选型软件选择压缩机

3.4　节流设备选型

热力膨胀阀应与制冷系统的运行工况和蒸发器的制冷能力相适应。通常可以通过计算后,在生产厂家的产品样本中选取。为了从样本中选择合适的热力膨胀阀,需要知道蒸发温度、系统运行的制冷量、热力膨胀阀两端的压力差。依据蒸发温度和制冷量确定通过膨胀阀的制冷剂流量,根据膨胀阀两端的压力差确定膨胀阀阀孔的大小。

若生产厂家的热力膨胀阀性能资料不全面,在选择时通常以制冷量或膨胀阀的孔径为选择依据。此时,制冷量可以根据给定的制冷机运行情况(蒸发温度和冷凝温度等)及循环形式(单级压缩、双级压缩、有无回热等)来确定。

制冷剂流量:

$$q_{\mathrm{m}} = \frac{Q_0}{h_0 - h_1} \tag{5-20}$$

$$A = \frac{q_{\mathrm{m}}}{16.1\Phi(\rho\Delta p)^{\frac{1}{2}}} \tag{5-21}$$

$$\Delta p = p_1 - p_2 \tag{5-22}$$

式中　h_0——蒸发器出口制冷剂的比焓(kJ/kg);

h_1——蒸发器入口制冷剂的比焓(kJ/kg);

Q_0——膨胀阀制冷量(kW);

ρ——热力膨胀阀入口处制冷剂密度(kg/m³);

A——热力膨胀阀的通道面积(m²);

p_1——热力膨胀阀的入口压力(MPa);

p_2——热力膨胀阀的出口压力(MPa);

Φ——流量系数,一般情况下,R22 取 0.7,R717 取 0.5~0.6。

$$\Phi = 0.020\ 05\ \sqrt{\rho} + 0.634v \tag{5-23}$$

式中　v——热力膨胀阀出口处制冷剂气、液混合物的比体积(m³/kg)。

$$p_1 = p_{\mathrm{k}} - \Delta p_{\mathrm{s}} \tag{5-24}$$

$$p_2 = p_0 + \Delta p_{\mathrm{d}} \tag{5-25}$$

$$\Delta p_{\mathrm{s}} = \Delta p_{\mathrm{s1}} + \Delta p_{\mathrm{s2}} + \Delta p_{\mathrm{s3}} \tag{5-26}$$

式中　Δp_{s}——供液管的阻力(MPa);

Δp_{s1}——供液管的沿程阻力(MPa);

Δp_{s2}——供液管的局部阻力(MPa),包括干燥过滤器、弯头和截止阀等处的局部阻力,Δp_{s1} 与 Δp_{s2} 根据额定制冷量时供液管中制冷剂液体的流速、供液管的长度和内径,以及沿程阻力系数和局部阻力系数计算;

Δp_{s3}——供液管中竖直管段的液柱的压差(MPa),根据垂直管段的长度及制冷剂液体的密度计算,当制冷剂液体从高位流向低位时为负值;

p_0——蒸发压力(MPa);

p_{k}——冷凝压力(MPa);

Δp_d——分液器和分液管的压力降（MPa）。

3.5　辅助设备选型

1. 油分离器

油分离器的作用：分离制冷剂中携带的润滑油。

油分离器的类型：洗涤式、离心式、过滤式、填料式。

（1）洗涤式油分离器（图 5-10）用于排气减速、改变流动方向、在液氨中冷却洗涤。其效率不高，现已很少使用。

（2）离心式油分离器如图 5-11 所示。

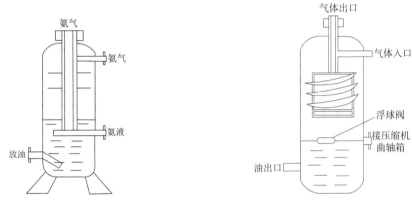

图 5-10　洗涤式油分离器　　　图 5-11　离心式油分离器

（3）过滤式及填料式油分离器通常用于小型氟利昂制冷系统中。填料式油分离器如图 5-12 所示。

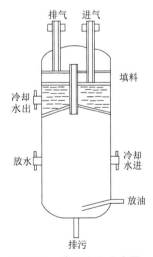

图 5-12　填料式油分离器

油分离器的选择计算：

$$d_y = \sqrt{\frac{4\lambda V}{3\,600\pi W_y}} = 0.018\,8 \times \sqrt{\frac{\lambda V}{W_y}} \qquad (5-27)$$

式中 d_y——油分离器直径;

   λ——压缩机输气系数;

   V——压缩机理论容积输气量;

   W_y——油分离器中气体流速。

由《冷库设计标准》(GB 50072—2021)查得所选型号。

2. 高压贮液器

(1)高压贮液器的作用:容纳由冷凝器冷凝后的高压制冷剂液体;根据工况,调整系统正常供液,提高制冷机运行的经济性;具有液封作用,使高、低压系统不窜气。

(2)高压贮液器的选择计算:

$$V_z = \frac{\phi}{\beta} \cdot v \sum q_m \qquad (5\text{-}28)$$

式中 ϕ——贮液器的体积系数,应按下列规定采用,当冷库公称体积小于或等于 2 000 m^3 时取 1.2,当冷库公称体积为 2 001~10 000 m^3 时取 1,当冷库公称体积为 10 001~20 000 m^3 时取 0.8,当冷库公称体积大于 20 000 m^3 时取 0.5,如冷库有部分蒸发器因生产淡季或检修而需抽空,体积系数可酌情增大;

   β——贮液器的氨液充满度,应取 70%;

   v——冷凝温度下氨饱和液体的比体积(m^3/kg)。

由《冷库设计标准》(GB 50072—2021)查得 ϕ、β、v 及每小时氨液的总循环量 $\sum q_m$ 取值,算出 $H \times \gamma - (L \times R + Z) = 1.3\text{NPSH}$(详见式(6-1)),根据《冷冻空调设备大全》选用高压贮液器。

高压贮液器示意如图 5-13 所示。

3. 集油器

(1)集油器的作用:收集制冷系统油分离器或其他设备内的润滑油,并在低压状况下将油放出。用集油器排放系统中分离的润滑油,可以减少氨的损失,并且能够确保操作人员的安全。集油器示意如图 5-14 所示。

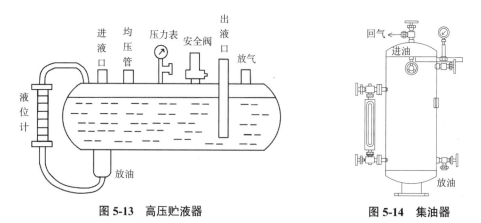

图 5-13 高压贮液器   图 5-14 集油器

(2)集油器的选择:根据《实用制冷工程设计手册》和制冷量选择集油器。

4. 空气分离器(不凝性气体分离器)

(1)空气分离器的作用:制冷系统在运行时,冷凝器和高压贮液器中会积存一些空气和其他不凝性气体。这些混合气体不但影响冷凝器的传热效率,而且还增加了压缩机的能耗。空气分离器就是通过冷却的方式,使混合气体中的氨气凝结成氨液,将空气与不凝性气体分离开。

(2)空气分离器的选择:根据《实用制冷工程设计手册》和制冷量选择空气分离器。

5. 紧急泄氨器

(1)紧急泄氨器的作用:为了防止制冷设备在遇到意外事故(如火灾)和不可抗拒的灾害(如地震、战争)时引起爆炸,把制冷系统中贮存大量氨液的容器(如贮氨器等)用管路与紧急泄氨器连接,当情况紧急时,通过紧急泄氨器将氨液放出。

(2)紧急泄氨器的选择:根据《实用制冷工程设计手册》选择紧急泄氨器。

6. 氨泵

(1)氨泵的作用:将来自低压循环贮液桶的低温低压制冷剂送入蒸发器。

(2)氨泵的选择:由于氨泵强制制冷剂循环可以提高传热效率,减少冷却时间,简化操作,便于集中控制,因此目前冷库多采用氨泵强制制冷剂循环。按照《冷库设计标准》(GB 50072—2021)的规定,氨泵流量负荷波动较大的冷却设备应该采用蒸发量的 5~6 倍或者 7~8 倍。目前,氨泵型号较少,国内生产的有齿轮氨泵、叶轮氨泵和屏蔽氨泵三种,暂时按照流量选择。在施工图设计中,再按照扬程校核。氨泵应该选择一台备用,特别是屏蔽氨泵。

7. 低压循环贮液器

(1)低压循环贮液器的作用:主要用于强制供液系统,用泵循环低压制冷剂,同时起到气液分离的作用。

(2)低压循环贮液器的选择计算:方案设计时,低压循环贮液器的容积可以按照《冷库制冷技术》(商业部冷库加工企业管理局编)的经验公式进行选择计算。

$$V = (0.2V_1 + 0.6V_2 + V_3) / 0.7 \tag{5-29}$$

式中　V——低压循环贮液器的体积(m^3);

V_1——充灌制冷剂量最大的一间冷间的蒸发器排管容积(m^3);

V_2——回气管容积(m^3);

V_3——制冷剂在循环中的体积(m^3)。

(3)低压循环贮液器内贮液的容许量:

$$d_d = \sqrt{\frac{4\lambda V}{3\,600\pi W_d \xi_d n_d}} = 0.018\,8 \times \sqrt{\frac{\lambda V}{W_d \xi_d n_d}} \tag{5-30}$$

式中　d_d——低压循环贮液器的直径(m);

λ——压缩机输气系数,双级压缩时为低压级压缩机的输气系数;

V——压缩机的理论容积输气量(m^3/h),双级压缩时为低压级压缩机的理论输气量;

W_d——低压循环贮液器内气体流速(m/s),立式低压循环贮液器一般取 0.5 m/s,卧式低压循环贮液器取 0.8 m/s;

ξ_d——低压循环贮液器的截面面积系数,立式低压循环贮液器取 1,卧式低压循环贮液器取 0.3;

n_d——低压循环贮液器的气体进气口的个数。

根据《制冷装置设计》122 页 3.3.1 选用低压循环贮液器,代入数据,其体积(选择上进下出式供液系统)为

$$V_d = \frac{1}{0.5} \times \left(\theta_q V_q + 0.6 V_h \right) \qquad (5\text{-}31)$$

式中　θ_q——蒸发器设计充灌制冷剂量容积的百分比;
　　　V_q——蒸发器的总容积(m³);
　　　V_h——回气管容积(m³)。

8. 冷却塔

(1)冷却塔的作用:用水作为循环冷却剂,从系统中吸收热量排放至大气中,以降低水温,散去工业上或制冷空调中产生的废热。

(2)冷却塔的选择计算:根据冷凝器中的热负荷和冷却水供回水温度,算出冷却水的循环水量 M。

体积流量:

$$V = \frac{M}{\rho} \qquad (5\text{-}32)$$

获得所选冷却塔理论总水量,通过以上计算查资料选用冷却塔。

9. 冷却水泵

(1)冷却水泵的作用:强制冷却水循环流动。

(2)冷却水泵的选择:根据冷却水流量,选择冷却水泵。

10. 事故通风机

(1)事故通风机的作用:增强通风,防止有害气体或爆炸危险物质造成事故。

(2)事故通风机的选择:按照《冷库设计标准》(GB 50072—2021)的规定,事故通风机的流量应该按照 8 次换气取流量。

11. 冲霜水泵

(1)冲霜水泵的作用:强制冲霜水循环流动,冲去结霜。

(2)冲霜水泵的选择:根据冲霜水量选择冲霜水泵。

(3)系统特点:活塞式制冷压缩机,立式冷凝器,氨泵供液循环系统,负荷可以调节,冷却速度快,运行调节灵活,投资少,管理经验成熟。

12. 中间冷却器

(1)中间冷却器的作用:冷却一级压缩机的排气,减小过热损失;冷却进入主膨胀机构前的液体温度,减小节流损失;由于中间冷却器温度降低,可起静置容器和油分离的作用。

(2)中间冷却器的选择计算。

①中间冷却器直径的确定:

$$d_z = \sqrt{\frac{4\lambda V}{3\,600\pi W_z}} = 0.018\,8 \times \sqrt{\frac{\lambda V}{W_z}} \qquad (5\text{-}33)$$

式中　λ——氨压缩机高压级的输气系数;
　　　V——氨压缩机高压级的理论输气量;
　　　W_z——中间冷却器内的气体速度,不应大于 0.5 m/s。

②中间冷却器蛇形管冷却面积计算:

$$A_z = \frac{\Phi_z}{k_z \theta_z} \qquad (5\text{-}34)$$

中间冷却器的热负荷:

$$\Phi_z = M_R \cdot (h_5 - h_8) \qquad (5\text{-}35)$$

$$\Delta \theta_z = \frac{\theta_c - \theta_1}{2.3 \lg \dfrac{\theta_1 - \theta_z}{\theta_c - \theta_z}} \qquad (5\text{-}36)$$

式中　Φ_z——中间冷却器蛇形管的热负荷(W);

k_z——中间冷却器蛇形管的传热系数[W/(m²·℃)];

$\Delta \theta_z$——中间冷却器对数平均传热温差(℃);

h_5, h_8——冷凝温度、过冷温度对应的制冷剂的
比焓(kJ/kg);

M_R——低压级压缩机制冷剂质量流量(kg/s);

θ_1——冷凝温度;

θ_z——中间冷却温度;

θ_c——中间冷却器蛇形管的出液温度,应比中
间冷却器温度高 3~5 ℃。

③中间冷却器的选择:根据计算选用中间冷
却器。

中间冷却器示意如图 5-15 所示。

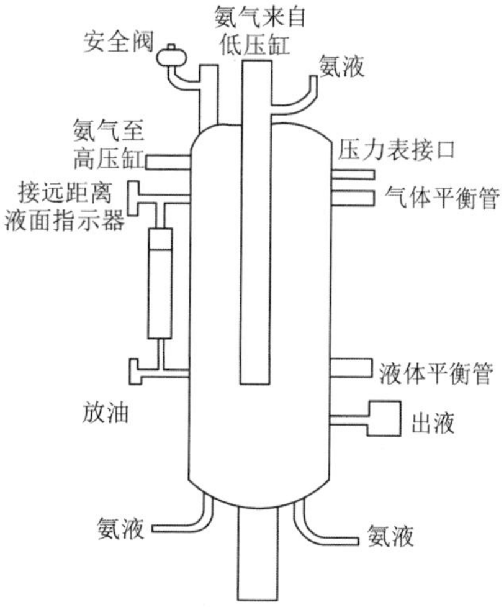

图 5-15　中间冷却器

4　制冷管道设计

4.1　管道材料

1. 对管子、阀件及连接件的一般要求

1)管子

氨制冷系统的管子应采用无缝钢管;在氟利昂冷库中,小管道可采用紫铜管,大管道采
用无缝钢管。

2)阀件

(1)氨系统应采用氨专用阀门和配件。

(2)氟系统的阀门为铜质阀门,并带有阀帽。

3)连接件

(1)氨系统管道一律采用焊接。

(2)弯头一律采用煨弯。

(3)连接法兰用 A3 镇静钢制作,应带凸凹口。

（4）小口径阀门用丝扣连接时，连接管车削螺纹后的剩余壁厚应≥2.5~3.0 mm，且应采用纯甘油与黄粉（氧化铝）调和的填料。

（5）两根管子做 T 形连接时，应做顺流向的弯头。若两根管子的管径相同，应在结合部加一段较大的管子。

（6）支管与集管相连，支管管头应开弧形叉口与集管平接。

4）严密性试验

（1）气密性试验：高压侧 1.8 MPa（表压）；中、低压侧 1.2 MPa（表压）；应采用干燥空气或氮气进行。

（2）抽真空试验：当系统内剩余压力小于 5.333 kPa（40 mmHg）时，保持 24 h，系统内压力无变化为合格。

（3）充氨试验：试验压力为 0.2 MPa（表压），系统无泄漏。

5）制冷系统管道材料的确定

（1）氨制冷系统一律采用无缝钢管输送流体。

（2）氟制冷系统，对于小直径管道（直径在 20 mm 以下），一般采用紫铜管；对于较大直径管道，一般均采用无缝钢管。当紫铜管采用烧红退火时，管内易产生氧化皮。为清除氧化皮，可用铁丝绑上棉纱反复拉洗，直至拉洗干净为止。

（3）水系统的管道一般为镀锌焊接钢管，也可采用焊接钢管、螺旋电焊接钢管或铸铁管。

（4）载冷剂制冷系统应根据载冷剂的物理化学性质，确定应该采用何种管道材料。

直接式制冷系统和二氧化碳间接式制冷系统管道应采用无缝、非脆性金属管道，钢管应符合现行国家标准《输送流体用无缝钢管》（GB/T 8163—2018）或《低温管道用无缝钢管》（GB/T 18984—2016）的有关规定，不锈钢管应符合现行国家标准《流体输送用不锈钢无缝钢管》（GB/T 14976—2012）的有关规定，铜管应符合现行国家标准《空调与制冷设备用铜及铜合金无缝管》（GB/T 17791—2017）的有关规定。直接式制冷系统和二氧化碳间接式制冷系统管道材料宜按照经济适用原则选择，并且应符合现行国家标准《工业金属管道设计规范》（GB 50316—2000）、《压力管道规范 工业管道 第 2 部分：材料》（GB/T 20801.2—2020）的有关规定和下列规定。

（1）除符合现行国家标准《压力管道规范 工业管道》（GB/T 20801—2020）规定的低温低应力工况的管道要求外，制冷系统管道材料的使用温度范围应满足制冷系统管道设计温度的要求。

（2）低压侧与热气融霜相关的管道、所在环境温度低于管道材料最低使用温度的高压侧管道、二氧化碳制冷系统管道不应按低温低应力工况选用材料。

（3）氨制冷系统管道不应采用铜、铝及其合金管道，管道内不应镀锌。

（4）不能保冷的低温管道宜采用不锈钢。

直接式制冷系统和二氧化碳间接式制冷系统管道应采用制冷专用阀门和过滤器，公称直径大于或等于 15 mm 的管段应采用工厂生产的成品管件，其中弯头的弯曲半径不宜小于管外径的 3.5 倍，管件材料宜与其所在管段相同，并且应符合下列规定。

（1）卤代烃及其混合物、氨和二氧化碳制冷系统的阀门、过滤器不应采用铸铁。

（2）氨制冷系统的阀门、过滤器内部不应含有铜和锌的零配件。

（3）卤代烃及其混合物制冷系统的阀门、过滤器内部不应含有铅和锡的零配件。

（4）除由于安全原因需要紧急开关外,卤代烃及其混合物制冷系统的手动阀门的阀杆外侧应配备密封帽。

（5）卤代烃及其混合物制冷系统内需要频繁操作的阀门应采用自动型阀门。

直接式制冷系统和二氧化碳间接式制冷系统管道的压力设计、应力分析应符合现行国家标准《工业金属管道设计规范》（GB 50316—2000）、《压力管道规范　工业管道　第 3 部分:设计和计算》（GB/T 20801.3—2020）的有关规定以及下列规定。

（1）在抗震设防烈度为 6 度及 6 度以上地区,氨制冷系统管道的计算荷载应包括地震荷载。

（2）管道采用碳钢或低合金钢管时,二氧化碳管道腐蚀裕量不应小于 2 mm,氨管道腐蚀裕量不应小于 1.5 mm,卤代烃及其混合物管道腐蚀裕量不应小于 1 mm。

（3）卤代烃及其混合物管道采用铜及铜合金管时,腐蚀裕量不应小于 0.5 mm。

（4）对于两相流体管段,管道内介质质量按全部充满液态制冷剂计算。

4.2　管道设计

4.2.1　制冷系统管道设计的要求

制冷系统设计的成功与否,在相当大的程度上取决于制冷剂管道系统的设计是否合理,以及对该系统中的制冷设备的认识水平。

制冷剂管道系统设计应当遵守以下原则。

（1）必须使制冷系统的所有管道做到工艺系统流程合理,操作、维修、管理方便,运行安全可靠,确保生产顺利进行。

（2）设备与设备、管道与设备、管道与管道之间,必须保持合理的位置关系。

（3）必须保证供给蒸发器适量的制冷剂,使对各个蒸发器能均匀供液,并且能够顺利地在制冷系统内循环。

（4）管道的尺寸要合理,尽可能短而直,弯曲的曲率半径尽量大些,不允许产生过大的压力降,以防止系统的效率和制冷能力有不必要的降低。

（5）根据制冷系统的不同特点和不同管段,必须设计有一定的坡度和坡向。

（6）输送液体的管段,除特殊要求外,不允许设计成倒"U"字形。输送气体的管段,除特殊要求外,不允许设计成"U"字形。

（7）必须防止润滑油积聚在制冷系统的其他无关部分。

（8）制冷系统开始运行后,如遇部分停机或全部停机,必须防止液体倒流回制冷压缩机。

（9）必须按照制冷系统所用制冷剂的特点,选用管材、阀门、仪表和密封材料等。

二氧化碳制冷系统管道的设计压力应符合下列规定。

（1）与热气融霜无关的管道的设计压力不应小于系统运行的最高工作压力,并且最低设计压力不应小于 3.9 MPa。

（2）与热气融霜有关的管道的设计压力不应小于最高融霜温度对应的饱和压力,并且最低设计压力不应小于 5.1 MPa。

氨、卤代烃及其混合物制冷系统管道的设计温度应符合下列规定。

（1）高压侧管道按压缩机最高排气温度加 10 ℃确定，并且不宜低于 150 ℃。

（2）低压侧管道按设计蒸发温度减 3~5 ℃确定。

（3）热气融霜管道按高压侧管道和低压侧管道运行工况中材质、许用应力的最不利条件对应的温度确定。

二氧化碳制冷系统管道的设计温度应符合下列规定。

（1）复叠式制冷系统的低温级低压侧管道按设计蒸发温度减 3~5 ℃确定。

（2）低温级冷凝温度低于 0 ℃的复叠式制冷系统的低温级高压侧管道按高温级制冷系统的设计蒸发温度减 3~5 ℃确定。

（3）低温级冷凝温度高于 0 ℃的复叠式制冷系统的低温级高压侧管道按低温级最高排气温度加 10 ℃确定，并且不宜低于 80 ℃。

（4）间接式制冷系统的载冷剂管道按制冷系统设计蒸发温度减 3~5 ℃确定。

（5）热气融霜管道按低温级的高压侧管道和低压侧管道工况中材质、许用应力的最不利条件对应的温度确定。

4.2.2　管径的选择计算

制冷管道的计算包括确定主要制冷剂管道的长度、管壁的厚度和管道的直径。根据设计图样中各设备的安装位置和安装条件确定管道长度；根据工作压力选定标准定型管，从而确定管道壁厚；根据氨制冷剂的流量（或负荷）、摩擦阻力（压力降）和流体流速，确定管道直径。

利用连续性流量方程式和管道中流体的允许流速计算管道内径：

$$q_{v3} = 3\ 600Av \tag{5-37}$$

$$A = \frac{\pi}{4}d_n^2 \tag{5-38}$$

$$d_n = \sqrt{\frac{4q_{v3}}{3\ 600\pi v}} \tag{5-39}$$

式中　q_{v3}——管道中流体的最大流量（ m³/h ）；

　　　v——氨制冷管道允许流速（ m/s ）；

　　　A——管道截面面积（ m² ）；

　　　d_n——管道内径（ m ）。

氨制冷管道允许流速见表 5-8。

表 5-8　氨制冷管道允许流速

管道类别	工作温度（ ℃ ）	允许流速（ m/s ）
高压自流输液管	25~40	0.5
高压氨液管	25~40	0.5~1.5
氨泵液管	-45~-10	0.5~1.5
氨吸入管	-45~-10	10~16
氨排气管	15~90	12~25

Chapter 6

第 6 章

冷库机房与库房设计

制冷机房是冷库的心脏,是冷库制冷设备运行的场所,它所包括的压缩机和辅助设备对冷库的正常运行起着很大的作用。因此,合理地选择和设计机房是冷库设计一个非常重要的组成部分。冷库机房设计的合理与否,直接关系到制冷系统运行的经济性、操作管理人员的运行管理方便性和安全可靠性。冷间是冷库中人工制冷降温房间的统称,包括冷藏间、冰库、冷却间、冻结间、控温穿堂和控温封闭站台等。本章主要介绍冷库机房和冷间的设计要求、设计流程与设计方法。

1 制冷机房设计

制冷机房指安装制冷压缩机机组和制冷辅助设备的房间,它是整个系统冷量的来源。

1.1 制冷机房设计基本要求

制冷机房内制冷设备的布置必须符合制冷原理,流向流畅,管道连接应当短而直,以确保生产操作安全和安装检修方便,并且还要注意管道设备布置的美观。机房布置还应尽可能紧凑,充分利用空间,以节约建筑面积。

1.1.1 土建方面

机房面积一般由机器、设备的布置及操作所需确定。机房的建筑形式、结构、柱网、跨度、高度、门窗大小及其分布位置,最好由工艺设计人员与土建有关设计人员共同商定。机房的高度要考虑压缩机检修时装设起吊设备和抽出活塞的空间要求,并兼顾通风采光的需求。一般冷库机房的净高不宜高于 6 m。为了保证操作人员的安全和操作方便,机房内主要通道不宜过长,最好不超过 12 m。如需超过 12 m,要有两个以上互不相邻且直接通向室外的出入口。出入口门洞的大小,可视安装、检修机器设备的需要确定,其中一个门洞净宽应能进出最大的设备。机房所有的门、窗均应设计成朝外开启,并采用手开门,禁用侧拉门。其中,氨机房的门不允许直接通向生产性车间。机房必须有良好的自然采光,其窗孔投光面积通常不小于地板面积的 1/7~1/6,在炎热季节应采取遮阳措施,避免阳光经常直射。

机房可与冷库主体建筑连接或分开建造,选择方案时既要考虑管道系统的简化,也要考虑机房的通风采光。如与冷库主体建筑连接,要根据建筑物的沉降,在设计中采取防止扭裂管道的措施。

1.1.2 暖通方面

由于压缩机在运行过程中会产生较多的热量,所以在机房布置时应当组织好穿堂风,以便于机房内的通风降温,保证生产正常运行,改善机房内环境条件。另外,机房的朝向应避免向西,以减少日晒。

制冷机房的供暖设计应符合下列要求:制冷机房内严禁采用明火和电热散热器供暖;设置集中供暖的制冷机房,室内设计温度宜为 12~15 ℃。

制冷机房的通风设计应符合下列要求:制冷机房日常运行时应保持通风良好,通风量应通过计算确定,通风换气次数不应小于 4 次/h。当自然通风无法满足要求时,应设置日常排风装置;采用卤代烃及其混合物、二氧化碳为制冷剂,二氧化碳为载冷剂的制冷机房应设置事故排风装置,排风换气次数不应小于 12 次/h,排风机数量不应少于 2 台;氨制冷机房应设置事故排风装置,排风量应按 183 m³/(m²·h)进行计算确定,且最小排风量不应小于 34 000 m³/h。氨制冷机房的事故排风机应选用防爆型,排风机数量不应少于 2 台;用于排除密度大于空气的制冷剂气体时,机房内的事故排风口下缘与室内地坪的距离不宜大于 0.3 m;用于排除密度小于空气的制冷剂气体时,排风口应位于侧墙高处或屋顶。

1.1.3　电气方面

冷库应按二级负荷供电。在负荷较小或地区供电条件困难时,可采用一级回路专用线供电。对公称体积在 2 500 m³ 以下的冷库,可按三级负荷供电。氨制冷机房应设控制室,控制室可位于机房一侧。制冷压缩机组、制冷剂泵、冷凝器水泵及风机等制冷设备控制箱(柜),机房排风机控制箱(柜),机房照明配电箱和制冷剂气体浓度报警装置等不应布置在制冷机房内,宜集中布置在控制室中。

1.1.4　制冷管道布置

(1)冷凝器吸风面与墙壁保持 400 mm 以上距离,出风口与障碍物保持 3 m 以上距离,以使风机能最大效率地工作。

(2)排气管和回气管应有一定坡度,冷凝器位置高于压缩机时,排气管应坡向冷凝器并在压缩机排气口处加装液环,防止停机后气体冷却液化回流到高压排气口处,再启机时造成液压缩。

(3)冷风机回气管出口处应加装 U 形弯。回气管路应坡向压缩机方向,确保顺利回油。

(4)膨胀阀应安装在尽量靠近冷风机的位置,电磁阀应水平安装,阀体垂直并注意出液方向。

1.2　机器间的布置

1.2.1　一般要求

安装压缩机的房间俗称机器间,其具体布置要求如下。

(1)制冷压缩机的仪表盘应面向主要操作通道,所有压力表、温度表及其他仪表,均应设于能清楚观测到的地方。一般制冷压缩机的吸、排气阀门应靠近主要操作通道,其手轮应位于便于操作和观察的主要通道。在布置大、中型制冷压缩机时,应考虑设置检修用起吊设备。

(2)总调节站及仪表屏通常布置在机器间内。

(3)机器间内应有冲刷地面的给排水设施。

（4）机器间的噪声应按《工业企业噪声卫生标准》执行，其噪声不应超过 85 dB。为了监听各机器运行时传动部件的声响正常与否，机器间内不得设置水泵、搅拌器等易产生噪声的设备。

（5）机器间内主要通道的宽度应视其面积的大小而定，一般为 1.5~2.5 m。非主要通道的宽度不小于 0.8 m，以保证操作人员通行方便。

（6）压缩机突出部分到其他设备或分配站之间的距离不小于 1.5 m，两台压缩机突出部位之间的距离不小于 1 m，以保证各设备的运行互不干扰，并留出检修压缩机时抽出曲轴的距离。

（7）机器间内须留有适当的临时检修面积。

在正常运行中会产生火花的压缩机启动控制装置、氨泵及冷风机等动力的启动控制设备不应布置在压缩机房内，这些装置的自控柜、自控仪表操作台等可设在机器间一侧相邻的自控操作室内。该室应隔声防震以确保仪表精度，用于观测机器间动态的大幅玻璃窗，为防止氨气侵蚀仪表，应设置为不能开启的。氨压缩机房宜安装氨气浓度自动检测装置，当氨气浓度接近爆炸下限的 10% 时，应能发出报警信号。在机组控制台上设置事故紧急停机按钮，并且应当保证在发生事故时，机房内的一切电源在机房内外都能切断。

1.2.2 压缩机的布置

制冷压缩机的布置要根据压缩机的尺寸、台数、机器间的布置形式及机器间的平面尺寸确定。常见的压缩机布置形式有下列几种。

（1）单列式：压缩机在机器间内呈一直线排列，其他设备则靠墙布置。这种布置方法适用于机器设备较少的小型冷库，其优点是操作管理方便，管道走向整齐。

（2）双列式：压缩机在机器间内排成双列，可以对面布置，也可以同向布置。双列压缩机之间形成主要通道，吸、排气管集中布置在通道上方，其他设备则靠墙布置。机器台数较多的大中型冷库大都采用这种布置形式，以充分利用机器间的面积。

（3）对列式：它的布置形式与单列式相仿，但压缩机是按左型和右型成对地排列，在成对的两台压缩机之间留有较宽的操作通道。

1.3 设备间的布置

1.3.1 一般要求

设备间是安装制冷辅助设备的房间，在布置时要考虑以下要点。

（1）设备间内主要通道宽度不应小于 1.5 m，非主要通道宽度不应小于 0.8 m，以方便操作人员的工作。

（2）在设备间布置容器时，均应考虑窗户的开启方便和自然采光的条件。

（3）设备之间的间距不应小于下列数值：需要经常操作的不小于 0.8 m；不经常操作的或不通行的不小于 0.3 m；各容器壁与墙、柱的边缘距离不小于 0.2 m，设备隔热层的外壁与墙面、柱边的距离应不小于 0.3 m。另外需要说明的是，水泵和油处理设备不宜布置在机器间或设备间内。

1.3.2　辅助设备的布置

1. 氨液分离器

机房氨液分离器布置在设备间内,其高度应使分离出来的氨液能自流到下方的低压贮液器或排液桶。氨液分离器与低压贮液器之间应设气体均压管,以便于分离出来的氨液下流。库房氨液分离器应设在靠近蒸发器的地方。对于单层冷库,一般设在设备间阁楼上;对于多层冷库,则分层设置,将本层库房的氨液分离器设在上面一层,顶层库房的氨液分离器设在加建的阁楼上。库房氨液分离器液面标高与蒸发器最高部位液面的高差为 1.5 m 左右。氨液分离器的作用半径以不大于 30 m 为宜。

2. 油分离器

油分离器要根据它们的使用场所及结构形式进行合理布置。洗涤式油分离器需要从冷凝器的出液管引进氨液,其位置应尽量靠近冷凝器,且冷凝器出液管与油分离器进液管的相对高差为 250~300 mm,如图 6-1 所示。其他类型的油分离器的标高可以不受限制。在布置油分离器时要尽量布置得离压缩机远一些,以便使排气在进入油分离器前得到额外的冷却,减小氨气的比容,提高分离效果。专供库房冷却设备融霜用的油分离器宜设在机器间或设备间内。

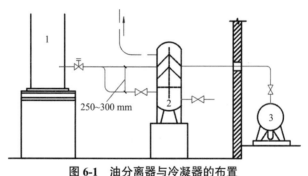

图 6-1　油分离器与冷凝器的布置
1—立式冷凝器;2—洗涤式油分离器;3—贮液器

3. 冷凝器

布置冷凝器时,其安装高度必须使制冷剂液体能借助重力顺畅地流入贮液器。根据其结构形式,冷凝器有不同的布置方式。

立式冷凝器应安装在室外离机房出入口较近的地方。如果利用底部冷却水池作为基础,则水池壁与机房等建筑物墙体的距离应大于 3 m,以防溅水损坏建筑物。立式冷凝器的上空应留有清洗和更换管子的空间,其冷却水池呈敞开式或设人孔。为了便于操作和清除水垢,立式冷凝器一般设有钢结构的操作平台。

卧式冷凝器通常布置在设备间,布置时应当考虑在它的一端留有清洗和更换管子的空间,在冷凝器两端上空应有端盖起吊的装置。为保证出液顺畅,其出液管的截止阀至少应低于出液口 300 mm。图 6-2 所示为卧式冷凝器的水平布置尺寸要求及卧式冷凝器与贮液器的垂直布置示例,供设计时参考。

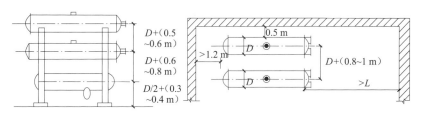

图 6-2　卧式冷凝器水平布置

淋水式冷凝器多布置在室外较宽阔的地方或机房的屋顶上,应使其排管垂直于该地区夏季主导风向。在风速较大的地区,也可平行于主导风向布置,以免风把淋水吹离冷凝管道,冷凝器四周应有挡水板。

蒸发式冷凝器多布置在机房的屋顶上,要求周围通风良好。由于制冷剂通过蒸发式冷凝器时压力损失较大,所以管道连接时必须采取措施,以保证冷凝液及时下流。图 6-3 所示为两台蒸发式冷凝器的并联连接方案,布置时应注意以下事项。

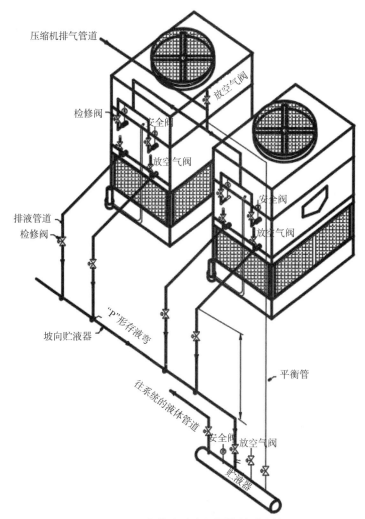

图 6-3　两台蒸发式冷凝器的并联连接

（1）出液管应有足够长的垂直立管,如图 6-3 中的氨制冷系统的垂直立管高度一般不宜小于 1.5 m,卤碳化合物系统的垂直立管高度一般不宜小于 3.7 m。

（2）在立管下端应设存液弯,建立一定的液封,用以抵消冷凝管组之间出口压力的差别。如果不设存液弯,当一台冷凝器停止工作时,制冷剂液体会流入正在工作的冷凝管组,使工作冷凝器的有效换热面积减少,运行不正常。

当蒸发式冷凝器与壳管式、立式冷凝器并联时,务必要考虑制冷剂通过不同形式冷凝器时压力降的不同,否则制冷剂将进入压力降最大的冷凝器中。设计中应尽量避免出现这种布置方式。

4. 贮液(氨)器

贮液(氨)器一般布置在设备间内,若布置在室外,应有遮阳设施。当有两个或两个以上贮液器时,应在其底部设液体均压管相连,并在均压管上设截止阀,同时在其顶部也需设气体均压管相连。如两桶直径不等,则应将小桶的基础抬高,使两个桶的顶部标高相同。贮液器应靠近冷凝器,其安装高度应与冷凝器配合,以保证液体自由进入。同时也要考虑不使油包碰地以及不影响放油操作。贮液器上必须设置压力表、安全阀,并应在显著位置装设液面指示器。

5. 排液桶

排液桶一般布置在设备间靠近库房的一侧。如果设备间分为两层,排液桶则设在底层。排液桶的进液口不得靠近桶上降压用的抽气管,以免液体进入降压管,造成压缩机的湿行程。排液桶要包隔热层,并设加压管。

6. 低压循环贮液桶和氨泵

低压循环贮液桶是氨泵供液系统专用设备,应按不同蒸发温度分别设置,且多设在设备间。低压循环贮液桶多利用金属或钢筋混凝土操作平台固定,平台上面还可布置分调节站,下面则可布置氨泵、排液桶、集油器等设备。为了保证氨泵的正常工作,要求氨泵吸入口保持一定的液柱静压,即所谓“净正吸入压头”(缩写为 NPSH)。

$$H \times \gamma - (L \times R + Z) = 1.3\text{NPSH} \qquad (6\text{-}1)$$

式中　H——低压循环贮液桶设计液面至氨泵中心的高度差(m);

　　　γ——蒸发压力下饱和氨液容重(kg/m^3);

　　　L——吸入管段的长度(m);

　　　R——每米管长的摩擦压力降(kg·m^{-2}/m);

　　　Z——局部阻力损失总和(kg/m^2);

　　　1.3——安全系数。

氨泵一般紧靠低压循环贮液桶布置在设备间内,位置在低压循环贮液桶下方,基础稍高于地坪。安装场所要求通风明亮,排水顺畅,有足够的操作管理和维护保养空间。多台氨泵布置时,两泵之间应留有约 0.5 m 的间距,以便操作和检修。为保护压缩机和氨泵,应设氨泵自控回路。氨泵四周应有排水明沟,使得氨泵在停止运行后,泵体霜层的融化水便于排走。低压循环贮液桶宜设计固定的检修操作平台,平台高度应在地面 2 m 以上。低压循环贮液桶、氨泵固定点均应有防冷桥的措施。

7. 集油器

集油器可设在室内,也可设在室外,靠近油多、放油频繁的设备。高、低压合用一台集油器时,应靠近低压设备设置。集油器的基础标高在 300~400 mm,以便于放油操作。集油器设在室内时,可将放油管引至室外。集油器四周应设排水明沟。

8. 空气分离器

空气分离器应靠近冷凝器和贮液器布置。卧式空气分离器通常设于设备间的墙上,安装高度应考虑人站在地面可方便操作。立式空气分离器必须包隔热层,它可支撑在贮液器或排液桶上,以节省占地面积。目前,制冷系统多采用全自动空气分离器设备。

9. 总调节站

总调节站设在机器间或设备间内便于观察、操作的地方。总调节站前是主要通道,应当留有足够的操作空间。靠墙布置的总调节站,其横主管中心线与墙面的间距应便于安装和检修。总调节站的阀门布置要合理,支管间距为 180~220 mm。为便于操作,经常操作的阀门中心离地坪高度以 1.2~1.5 m 为宜。

10. 中间冷却器

中间冷却器应布置在高压级和低压级压缩机(或单机双级压缩机)的近处,以缩短连接管路。中间冷却器一般靠墙布置,但应注意不要影响窗户的开启和采光。中间冷却器的工作温度较低,应外包隔热层。为避免冷桥,可在其底脚下面设经过防腐处理的垫木。中间冷却器必须装设液面控制器,液面高度以淹没整个蛇形管为准。一般按制造厂规定的液面高度安装浮球阀,也可以采用液位计配合电磁主阀来控制液面。中间冷却器上还必须设有安全阀和压力表。中间冷却器基础露出地面的高度不宜小于 30 mm。

1.4 制冷剂管道

氨管一律采用无缝钢管,禁止使用铜或合金管等易腐蚀零件。氟利昂管路则常采用铜管,系统容量较大时采用无缝钢管或不锈钢管。为了减少管道和制冷剂充灌量以及系统的压力降,配管应尽可能短而直。

管道的布置应不妨碍对压缩机及其他设备的正常观察和管理,不妨碍设备的检修、交通通道以及门窗的开关。管道与墙和顶棚以及管道与管道之间应有适当的间距,以便安装保温层。管道穿墙、地板和顶棚处应设有套管,套管直径应能安装足够厚度的保温层。此外,各种设备之间的管路连接应符合下列要求。

1.4.1 压缩机的排气管

为了使润滑油和可能冷凝下来的液态制冷剂不流回制冷压缩机,排气管应有不小于 0.01 的坡度,且坡向油分离器和冷凝器,如图 6-4 所示。

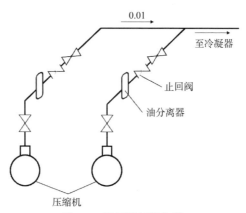

图 6-4　氨压缩机排气管

并联的氨压缩机排气管或在油分离器的出口处,应装有止回阀,防止一台压缩机工作时,在未工作的压缩机出口处有较多的氨气不断冷凝成液态,启动时造成液体冲缸事故。

对于不设油分离器的氟利昂压缩机,当冷凝器高于压缩机 2.5 m 以上时,在压缩机的排气管上应设一个分油环管,如图 6-5 所示,以防止压缩机突然停止运转时,较多的润滑油经排气管返回压缩机,致使再启动时造成油液冲缸事故。

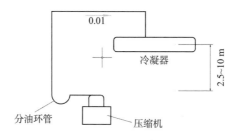

图 6-5　氟利昂压缩机排气管

如果两台氟利昂压缩机并联,为了保证润滑油的均衡,两者曲轴箱之间的上部应装有均压管,下部应装有均油管,如图 6-6 所示。

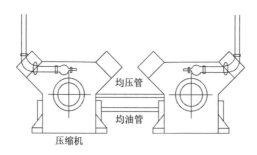

图 6-6　两台氟利昂压缩机并联

1.4.2　压缩机的吸气管

氨压缩机的吸气管应有不小于 0.005 的坡度,且坡向蒸发器,以防止液滴进入气缸。对于氟利昂制冷系统,考虑润滑油应能从蒸发器不断流回压缩机,氟利昂制冷压缩机的吸气管应有不小于 0.01 的坡度,且坡向压缩机。

当蒸发器高于制冷压缩机时,为了防止停机时液态制冷剂从蒸发器流入压缩机,蒸发器的出气管应首先向上弯出至蒸发器的最高点,再向下通至压缩机,如图 6-7 所示。

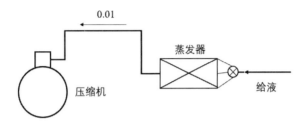

图 6-7　蒸发器高于压缩机的吸气管

并联氟利昂制冷压缩机,如果只有一台运转,压缩机又没有高效油分离器,在未工作的压缩机的吸气口处可能积存相当多的润滑油,启动时会造成油液冲击事故。为了防止发生上述现象,并联氟利昂压缩机的吸气管应按图 6-8 所示安装。

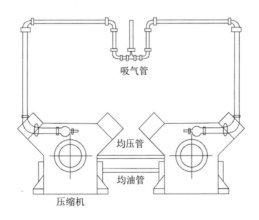

图 6-8　并联氟利昂压缩机吸气管

1.4.3　从冷凝器至贮液器的液管

冷凝器应高于贮液器。两者之间无均压管(平衡管)时,两者的高度差应不少于 300 mm。

1.4.4　从贮液器至蒸发器的给液管

对于氨制冷系统的给液管,为了防止积油而影响供液,在给液管路的低点和分配器的低点应设有放油阀,如图 6-9 所示。

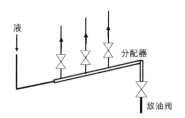

图 6-9　氨给液管的放油阀

当冷凝器高于蒸发器时,为了防止停机后液体进入蒸发器,给液管至少应抬高 2 m 以后再通至蒸发器,如图 6-10 所示。但是,膨胀阀前设有电磁阀时,可不必如此连接。

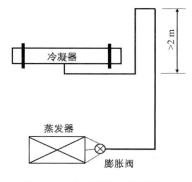

图 6-10　冷凝器高于蒸发器

当蒸发器上下分层布置时,由于向上给液,管内压力降低,并伴随有部分液体汽化,形成闪发蒸汽,为了防止闪发形成的蒸汽集中进入最上层的蒸发器,给液管应按图 6-11 所示配置。

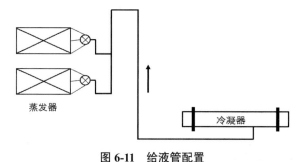

图 6-11　给液管配置

2　冷间的设计

冷间是制冷装置把冷量传给货物的场所。冷库的冷间包括冷藏间、冻藏间、预冷间、冻结间、制冰间等。冷间设计的重点是冷却设备的配置和气流组织问题,本节将分别阐述每种冷间的设计流程、设计要点。

2.1 设计要求

冷藏间宜按所贮货物的品种设置送风和排风装置,新风量应按货物冷藏工艺要求确定,当工艺无具体要求时,通风换气次数每日不宜少于 1 次;新风的计算参数应按夏季通风室外计算温度和室外计算相对湿度选取;面积大于 150 m² 或虽小于 150 m² 但不经常开门及设于地下室(或半地下室)的冷却物冷藏间,宜采用机械通风装置。进入冷间的新风应先经冷却处理;当冷间外新风的温度低于冷间内空气的温度时,送入冷间的新风应先经预热处理;新风的进风口应设置便于操作的保温启闭装置;冷间内废气应直接排至库外,排风口下缘距冷间内地坪的距离不宜大于 0.5 m,并应设置便于操作的保温启闭装置;新风送风口和废气排出口不宜设在冷间的同一侧墙面上;通风管道穿越冷间防火隔墙时,应设置 70 ℃防火阀或常闭的电动保温风阀,电动风阀应与通风机联动。

冷间通风换气的排气管道应坡向冷间外,而进气管道在冷间内的管段应坡向空气冷却器。

2.2 冷却物冷藏间

2.2.1 冷却物冷藏间的定义

冷却物冷藏间主要用于贮存鲜蛋、水果和蔬菜等,不同产品有不同要求,贮藏时间也有不同。食品是活体状态,低库温只能降低储品的分解强度,不会停止呼吸作用,缺氧则会导致死亡和变质,库温过低,又会造成冻害。库房一般通过装箱、装筐等堆放,堆放密度大。

2.2.2 冷却物冷藏间的设计要求

冷却物冷藏间贮存的食品品种繁多,要求库内的温湿度条件各不相同,例如:鲜蛋要求在-2~0 ℃,相对湿度为 80%~85%的条件下贮存;苹果、橘子和梨要求在 0 ℃,相对湿度为85%~90%的条件下贮存;香蕉则要求在 10~12 ℃,相对湿度为 85%左右的条件下贮存;一般蔬菜要求在 0~2 ℃,相对湿度为 85%~90%的条件下贮存。因此,冷却物冷藏间的温湿度条件,应根据大众食品的贮存条件来确定。如果使用单位对冷却物冷藏间的温湿度条件没有提出明确的要求,冷却物冷藏间温湿度条件可按 0 ℃和相对湿度 90%设计。

2.2.3 库房内硬件的布置

库房一般采用冷风机作为冷却设备,有时利用墙排管而不是顶排管,以防滴水。同时,为了达到通风换气的要求,还需要设置排风管或通风道。冷藏库主要用于新鲜水果、蔬菜、蛋等鲜活食品的冷藏。其设计要点如下。

(1)库内空气分布力求均匀,各个货位上的温度、相对湿度、空气成分和气流速度基本一致,冷却设备应具有灵活调节库房内温度、湿度的能力,保证库房内不同位置上的货堆各部分风速、温度和湿度均匀,温度不大于 0.5 ℃,相对湿度在 80%~90%。

（2）库内空气循环要通畅,由于鲜活食品在贮藏期间仍继续进行呼吸作用,同时放出呼吸热量,为不使局部冷藏环境条件恶化,要求库内空气呈循环流动状态。

（3）设通风换气设施,提供果蔬呼吸所需的新鲜空气,排出食品生化过程产生的有害气体。

采用冷风机作为冷却设备的原因是可借助冷风机实现空气循环。

均匀送风道由水平送风主管和喷风口组成,有圆锥形和条缝形风口两种常见形式。无论采用哪种,为使送风均匀,必须做到通过每个风口的风量相等、风速相同、送风方向垂直于送风道的轴线。因此,要求送风道多截面的静压相等,且静压大、动压小。计算时,均匀送风道内空气流速首段采用 8~12 m/s,末段采用 1~2 m/s,这样用逐段降低流速的方法来降低动压,以弥补沿程摩擦阻力消耗的静压,使得整个风道的静压一致。在设计时,可把风道看成一个各个断面上静压分布基本相等的"静压箱",使所有出风口截面面积之和小于风道进口截面面积。目前,行业中为了便于安装及后期维护,多采用织物风道作为库房内冷风机的送风方式。下面介绍带圆锥形喷风口的均匀送风道的设计。

（1）风道形式:风道采用矩形截面,高度相等,宽度减缩,圆锥形喷风口分布于风道两侧。

（2）风道尺寸:风道高度可采用 450~500 mm;风道宽度由风量、流速求出。

（3）喷风口风速:每个喷风口的风速采用 12~19 m/s,风量为 400 m³/h。

（4）喷风口形式:对无梁楼板,喷风口的轴心与楼板水平面成 17° 角;对有梁楼板,喷风口呈水平布置,如图 6-12 所示。

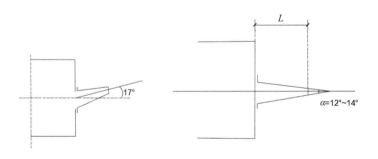

图 6-12　圆锥形喷风口布置

（5）空气阻力损失:经过喷风口的空气阻力损失为

$$\Delta p = \frac{\omega^2 \rho}{2\zeta} \tag{6-2}$$

式中　Δp——喷风口空气阻力损失(Pa);

　　　　ω——喷风口空气流速(m/s);

　　　　ρ——空气密度(kg/m³);

　　　　ζ——喷风口有效系数,一般取 0.95。

（6）水平射程:水平射程按下式计算。

$$Y = \frac{d_s}{A}\left(0.266\frac{\omega}{\omega_p} - 0.145\right) \quad\quad (6\text{-}3)$$

式中　Y——喷风口至射流终端的水平距离（ m ）；

　　　d_s——喷风口直径（ m ）；

　　　A——紊流系数，圆柱形为 0.076；

　　　ω_p——回流平均风速（ m/s ）。

2.2.4　冷却设备的布置

冷却物冷藏间的冷却设备包括冷风机和送风道。冷藏间应设专用冷风机，不宜多个冷间合用。冷风机宜布置在靠近门的一侧，以便操作管理与维修。

均匀送风道的布置如图 6-13 所示。可以看出，冷风机布置在冷间一端，距墙留有适当的距离（ 300~400 mm ）。均匀送风道应布置在中央走道的上方，风道离顶不小于 50 mm。其优点是：风道两侧射程相等，便于简化喷风口设计；走道上不会堆放货物，所以即使风道表面有冷凝滴水现象，也不会滴到货物上；可利用中央走道做回风道，提高库房利用率。当库房宽度小于 12 m 时，风道设在冷间一侧。喷风口应均匀地布置在风道的两侧（一侧），间距为 1 m 左右，但应注意避开柱帽。这样，从均匀送风道喷风口出来的多股平行贴附射流在离喷风口约 1.8 m 处汇合，形成一股厚度渐次增大的扁形射流，贴着楼板，沿货堆上部空间吹至墙面，然后折向货堆，换热后从主通道回流至冷风机。射流在流动中不断引射库内空气，与之混合并迅速进行换热，同时其流速不断下降，在库房中形成流速较小的回流区，这对食品的贮藏是适宜的。图 6-14 所示为多喷风口矩形均匀送风道冷却物冷藏间内的温、湿度随射流衰变的过程。为使气流顺畅，货堆与地坪之间应顺空气流向垫垫木。货堆距墙、顶均要有 300~400 mm 的间距，货堆也应错缝堆码。

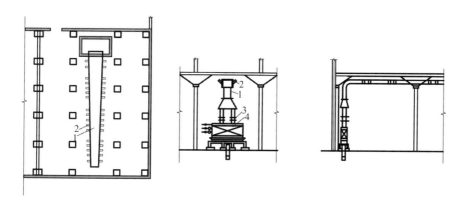

图 6-13　均匀送风道布置

1—风道；2—喷嘴；3—轴流式通风机；4—冷风机

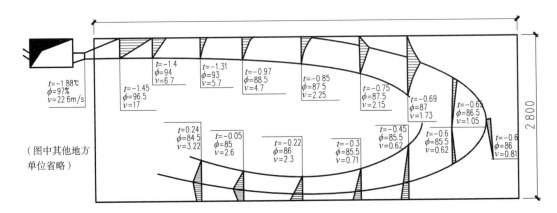

图 6-14　库内温、湿度随射流衰变过程

2.3　冻结物冷藏间

2.3.1　冻结物冷藏间的定义

冻结物冷藏间又称低温冷藏间、冻藏间,主要用于冻结食品,时间较长,温度较低,主要有 -12 ℃、-15 ℃、-18 ℃、-23 ℃等,一般采用顶盘管或墙排管,而不采用冷风机。长期贮存冻结食品,要求贮藏温度不高于 -18 ℃,因为在这种稳定的低温条件下,微生物被抑制不能繁殖,就能保证冻结食品不变质。

我国目前冻结物冷藏间的设计温度为 -20~-15 ℃。国外已逐渐趋向低温化,达 -30~-25 ℃。水产冷库为了更好地控制水产品在冻藏期间的氧化褐变,国际水产委员会推荐冻藏温度应在 -24 ℃以下。

2.3.2　冻结物冷藏间的设计要求

冻藏间是用于较长时间储存冻结食品的库房。对于冻结食品来说,冷藏温度越低,冻品质量保持越好,储藏期也就越长,但同时需要考虑经济性。其设计要求如下。

（1）库温因储藏食品的种类、储藏期和用户要求不同而异,一般不高于 -18 ℃,对于水产品,为了更好地控制冻品在冻藏期间的氧化褐变,推荐冻藏温度在 -24 ℃以下。

（2）相对湿度最好维持在 95% 以上,以减少食品在储藏过程中的干耗。表 6-1 所示为部分肉类储藏适宜的温、湿度。

表 6-1　部分肉类储藏适宜的温、湿度

类别	温度（℃）	相对湿度（%）	期限（月）
牛肉	-23~-18	90~95	9~12
猪肉	-23~-18	90~95	4~6
羊肉	-23~-18	90~95	8~10
小牛肉	-23~-18	90~95	8~10

续表

类别	温度(℃)	相对湿度(%)	期限(月)
兔	-23~-18	90~95	6~8
禽类	-23~-18	90~95	3~8

（3）冻结物冷藏间的冷却设备宜选用冷风机,但当食品无良好的包装时,也可采用顶排管、墙排管。冻结物冷藏间内,只允许微弱的自然空气对流循环,强烈的空气循环会增加贮存期间冻结食品的干耗。

（4）要求维持冻藏间温度稳定,温度的波动不超过 ±1 ℃。因为温度的波动会使食品与空气中水蒸气的分压力差也波动,增加食品的干耗,而且食品内的冰晶体在储藏过程中发生冻融循环,将导致冰晶体长大,造成细胞的机械损伤而引起解冻后液汁流失,以及加剧蛋白质变性等影响食品的最终质量。表 6-2 所示为不同肉类的干耗量。

表 6-2　不同肉类的干耗量

时间	牛肉(%)	小牛肉(%)	羊肉(%)	猪肉(%)
12 h	2.0	2.0	2.0	1.0
24 h	2.5	2.5	2.5	2.0
36 h	3.0	3.0	3.0	2.5
48 h	3.5	3.5	3.5	3.0
8 d	4.0	4.0	4.5	4.0
14 d	4.5	4.6	5.0	5.0

2.3.3　库房内硬件的布置

目前,冻藏间的设计形式有空气自然对流循环式和风冷式两种,下面介绍其设计要点。

1. 空气自然对流循环式

这种冻藏间采用排管作为冷却设备,其优点是排管制作简便,冻品在贮藏期间的干耗少,耗电少;但排管金属耗量大,制作期长,在单层高位库内安装有困难,且库温不易均匀。

1)排管形式的选择

排管的构造、性能要求详见《制冷机器与设备》。在确定排管形式时,除了要考虑其传热性能外,还要考虑便于安装制作和除霜操作。对于直接膨胀供液系统或重力供液系统,采用集管式排管比较合理,因为这种排管每组通路数较多,管内流动阻力小。盘管式排管通路少,管内流速大,适用于液泵供液系统。翅片排管的传热系数较大,安装紧凑,但库温不均匀,往往出现较大的区域温差(6~8 ℃),且不便于人工扫霜操作,现已较少使用。

2)排管的布置要求

（1）根据热流进入库房的方位和热量的多少来布置排管。开门的侵入热流冲向正对库门的上方,此处应布置顶排管;单层库及多层库的顶层,宜将排管铺开布置,以便吸收屋顶传入的热量;多层库的其他各层库房,为了能将融霜水集中于走道上,宜将排管布置于走道上方。

（2）墙排管应布置在外墙的一侧,外墙布置不下时也可布置于内墙上。墙排管位置要高些,最好在 2/3 高度以上,这样既可避免倒垛对排管的冲击及运输机械的碰撞而发生事故,又可强化库内空气的自然对流。

（3）排管的安装尺寸:光滑顶管与平顶或梁底的净距离一般不大于 250 mm,光滑墙管与墙面的净距离不应小于 150 mm。

3）排管的连接

一个冷间设置多组排管时,应考虑供液的均匀性。

（1）多组顶（或墙）排管采用并联连接时,应采用同程连接方式,即先进后出,以免出现液体走短路使部分排管供液不足的现象。排管的同程连接示意如图 6-15 所示。

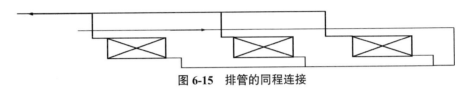

图 6-15　排管的同程连接

（2）多组蛇形墙排管连接时,液泵供液可采用串联连接,俗称"一条龙"供液,如图 6-16 所示,也可采用同程连接。重力供液系统只能采用同程连接。采用串联连接时,应注意通路长度。

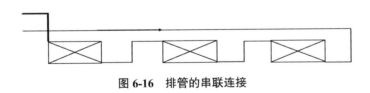

图 6-16　排管的串联连接

（3）同一冷间设有顶排管和墙排管时,为了保证均匀供液,顶、墙排管应分别供液;当库房较小（库房面积为 200~450 m²）时,可分别供液、合用回气管;对于小型冷库,也可用一根管供液、一根管回气,但必须注意满足供液均匀的要求。

2. 风冷式

风冷式冻结物冷藏间采用冷风机作为冷却设备,其优点是:节省钢材和投资,比采用排管可节省 60%左右;安装方便,可加快施工进度;不用人工扫霜,简化了操作管理;易于实现自动化等。风冷式冻结物冷藏间适于贮藏包装冻品。

冻结物冷藏间内的气流组织:要求库内各处空气流速要均匀,货间平均风速不宜大于 0.25 m/s。库房的墙面、顶要平整。在冷风机出口可设置均匀送风道或送风管,冷风机送出的冷空气沿冷藏间平顶贴附流到对墙,引射混合后形成一个很大的回流旋涡,货物应处于循环冷空气的回流区,如图 6-17 所示。

为了减少无包装冻品的干耗,可以采用镀冰衣、盖冰帘等措施。对于无包装冻品的冻结物冷藏间,应将制冷剂蒸发温度与冷风机进出空气平均温度的温差控制在 6~8 ℃以内,冷风机进出风温差控制在 2~4 ℃以内,以尽量减少冻品在冷藏过程中的干耗。

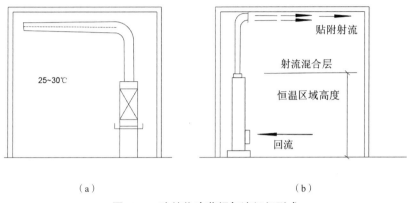

图 6-17 冻结物冷藏间气流组织形式
（a）采用均匀送风道 （b）采用送风管

从目前情况看,我国的冻结物冷藏间主要为空气自然对流循环式,而美国公用冷库普遍采用冷风机,这种现象与两国冻藏食品的包装情况不无关系。

2.4 预冷间

2.4.1 预冷间的定义

预冷是将采收的新鲜产品在运输、贮藏或加工之前迅速除去田间热的一个过程。例如果蔬在收获时温度高,其生理作用旺盛,鲜度很快就会下降,因此应尽快降低其温度。在加工前将果蔬的温度降低,称为预冷（或冷却）,预冷间不是冷藏间,而是用于加工储运前的预处理。其特点是食品热负荷较大,既要迅速降温,又不能降得过低,以免使食品产生冻害。

预冷是食品加工前期的预处理,食品在预冷间或冷却间加工完毕后,需要进到冷却间进行低温冷却处理,而后转到冷藏间,其间要防止袋内结露,较大限度地保证食品鲜度及品质指标,同时可有效地减轻后期制冷设备的能耗。

2.4.2 预冷间的设计要求

对于肉类,预冷间的作用是迅速排除肉体表面的水分及内部的热量,降低肉体深层温度和酶的活性,延长肉的保鲜时间,有利于肉体保持水分,确保肉的安全卫生。

（1）肉类大多数采用空气冷却方式,空气吸收肉体热量再传至蒸发器。冷却设备采用冷风机,使空气在室内强制循环,以加速冷却过程。

（2）屠宰后,肉体温度一般为 35~37 ℃,为了抑制微生物活动,必须将其冷却,一般冷却间温度采用 -2~0 ℃,预冷间内肉间空气流速为 1~2 m/s,空气循环次数为 50~60 次/h,肉在冷却间内能在 20 h 左右冷却至 0~4 ℃。

国外流行采用两段法对肉类进行快速冷却,前后两个阶段分别采用不同的温度和风速。第一阶段温度为 -12~-10 ℃,冷却 3~4 h,使肉体表面形成一层冰壳,既减少了干耗,又加快了冷却过程(冰的导热系数是水的 4 倍)。第二阶段库温维持在-1 ℃左右,经过 10~15 h,使肉体表面温度逐渐升高而内部温度逐渐降低,使温度平衡,直到中心温度达到 4 ℃为止。采用该方法冷却的肉,色、香、味、嫩度俱佳,既缩短了冷却时间,又可减少 40%~50% 的干耗。表 6-3 所示为肉类快速冷却的工艺条件。

表 6-3　肉类快速冷却的工艺条件

肉类	冷却阶段	空气温度 (℃)	空气流速 (m/s)	肉胴体中心温度(℃)		冷却时间(h)
				开始	终止	
牛肉	第一阶段	-12~10	1~2	38	15~18	6~7
	第二阶段	-1.5~-1	0.1~0.2	15~18	4	10~12
猪肉	第一阶段	-15~13	1~2	38	18~22	4~5
	第二阶段	-1.5~-1	0.1~0.2	18~22	4	10~15

对货物堆放的一般要求:肉胴体之间要有 3~5 cm 的间距,不能贴紧,以便使肉体受到良好的吹风,散热快,空气流速保持适当、均匀;最大限度地利用冷却间的有效容积;在肉的最厚部位,大腿处附近要适当提高空气流速;尽可能使每一片肉在同一时间内达到同一温度;保证肉在冷却过程中的质量。冷却终了,在大腿肌肉深处的温度如达到 0~4 ℃,即达到冷却质量要求。

对于果蔬和蛋类,预冷间的一般要求如下。

(1)冷却设备具有灵活调节库内温度、湿度的能力。

(2)保证库内不同位置上的货堆各部分的风速、温度和湿度均匀。一般最大温差不大于 0.5 ℃,湿度差≤4%。

(3)条件允许可以调节空气成分。

(4)果蔬的冷却条件视果蔬品种不同而异,一般要求在 24 h 内将果蔬温度从室外温度降至 4 ℃左右,设计室温一般为 0 ℃,空气相对湿度保持在 90% 左右,空气流速采用 0.5~1.5 m/s。冷却间一般采用交叉堆垛方法,以保证冷空气流通,加速果蔬的冷却。

2.4.3　库房内硬件的布置

肉类预冷间多采用落地式冷风机、无风道短风管、大口径圆形喷口集中送风,利用空气射流,强制空气循环。

图 6-18 所示为纵向吹风冷却间布置平、剖面图。冷风机设在库房的一端,四周距墙、柱不小于 400 mm,风在长方向循环,射程不宜大于 20 m,常设计成长 12~18 m、宽 6 m、高 4.5~5 m。室内设 65 mm × 12 mm 扁钢制的吊轨,轨道不宜超过 5 条,有关尺寸要求见表 6-4。水盘架空在地坪上,不可直接置于地面上,以利排水和检修。

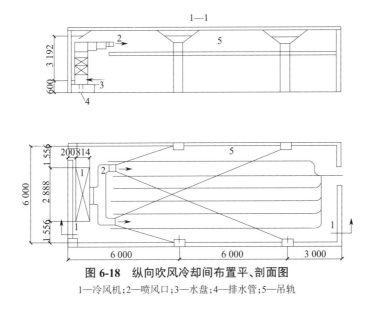

图 6-18 纵向吹风冷却间布置平、剖面图
1—冷风机；2—喷风口；3—水盘；4—排水管；5—吊轨

表 6-4 吊轨轨距和轨面高度

食品类别	轨距（mm）	轨面高度（mm）
猪 1/2 胴体（叉挡吊挂）	人工推动：750~850 机械传动：900~1 000	2 300~2 500
牛 1/2 胴体 牛 1/4 胴体	人工推动：不小于 850	不宜低于 3 300 不宜低于 2 400
羊胴体（单层叉挡吊挂，每叉挡挂 3 只）	人工推动：不小于 800	不宜低于 2 200
鱼虾（用冻鱼车装盘）	人工推动：1 000~1 100	2 100~2 300

　　设计喷风口时，可参照以下经验数据：喷风口直径为 200~300 mm，渐缩角不大于 30°。喷风口长径比取决于冷间的长度，冷间长度≤12 m 时，长径比 $L:D=3:2$；长为 12~15 m 时，$L:D=4:3$；长为 15~20 m 时，$L:D=1:1$。喷风口处气流速度采用 20~25 m/s，喷嘴射程为风口直径的 60~100 倍，射程以不超过 20 m 为宜，喷口阻力系数为 0.39~0.97。当有两个或两个以上喷风口时，应设风量调节装置。

　　上述送风方式，射流在喷射过程中速度递减很快，但因简单易行而被广泛采用。

2.5 冻结间

2.5.1 冻结间的定义

　　冻结间是对食品进行冻结加工的冷间。冻结间应该具有的功能：使食品在其中迅速降温至冰点以下，将食品所含水分部分或全部转换成冰。为满足功能要求，冻结间内的设置温度要足够低，并配有合适的风速使空气循环流动，以加快冻结速度，缩短冻结时间。同时，冻结间内的温度场、风速场应尽可能均匀，使不同货位的食品在相近的时间内完成冻结过程，以提高冻品质量。此外,冻结间内的设备应力求简单,使用方便,利于维修,有时应考虑用于多品种的冻结。合理布置冷却设备,提高冷间的利用率,在可能的情况下应采用机械化的装卸搬运手段,以缩短操作时间,减轻劳动强度。冻结间温度一般控制在-23 ℃,肉类冻结质量除与本身在冻结前的新鲜度有关外,还与冻结时间的长短有很大关系。

2.5.2　冻结间的设计要求

冻结间的设计要求:冻结间装置应力求简单,使用方便,一般有吊轨式、搁架式等;低温下要求冻结速度快。吊轨式冻结间一般采用冷风机,风速为 1~3 m/s,冷却后的肉类经过 10 h,肉内部温度降至-15 ℃(多要求-18 ℃);一次冻结的肉类,需 16~20 h。采用箱装、盘装冷冻食品的冻结间,冷却设备采用搁架式排管(可设置鼓风机,加速冻结),空气流速为 1~3 m/s,相对湿度控制在 90%以上。同一批食品整个表面上温度分布力求均匀。合理的气流组织设计能在保证食品质量的同时,缩短冻结时间。

根据冻结间所设冷却设备的形式,冻结间可分为空气自然对流冻结间、半接触式冻结间和强制空气循环冻结间。

(1)空气自然对流冻结间:在冻结间的顶部和墙侧安装光滑顶排管和墙排管,也有的在吊轨之间安装排管。这种方法冻结时间长达 48~72 h,在冷藏库内现已很少采用。

(2)强制空气循环冻结间:在冻结间的一端或一侧安装冷风机,也有的在顶部安装冷风机,目前在冷藏库中广泛采用。

(3)半接触式冻结间:在冻结间内安装搁架式排管和顶排管,肉类装在铁盘内,直接放在搁架式排管上冻结。这种方法由于搬运劳动强度大,一般在冻结能力小于 4 t/d 的冷藏库内应用。

2.5.3　冻结间内硬件的布置

冷间内冷却设备的布置应尽量减少对冷间容积利用系数的影响;氨制冷设备不应布置在库房内的制冷设备间内,其他制冷设备在库房内布置时,不应布置在库房内除制冷设备间以外的其他房间内;制冷设备的布置应符合工艺流程、安全规程,并且满足设备操作、部件检修和拆卸对空间的要求,同时亦应充分利用机房空间,节省建筑面积。除冷却设备外,其他制冷设备不应布置在冷间内;阀站在库房内布置时,不应布置在库房内除制冷设备间和阀站间以外的其他房间内,并且手动阀站与相关的压缩机或辅助设备的布置不应在空间上分离。

1. 空气自然对流冻结间

空气自然对流冻结间以搁架排管作为冷却设备兼货架,它适用于每昼夜冻结量小于 5 t 的冷库。分割肉、猪副产品、家禽及水产品一般装在盘内直接放于搁架排管上冻结。为了减少排管的磨损,可以在管架上铺 0.6 mm 厚镀锌钢板。搁架排管用 D38 或 D57 无缝钢管制作,也可采用 40 mm×3 mm 矩形无缝钢管。排管管子的水平间距为 100~120 mm,每层的垂直间距视冻结食品的高度而定,一般为 220~400 mm,最低一层排管离地坪以不小于 400 mm 为宜。管架的层数应考虑装卸操作方便,载货最上层的排管高度不宜大于 1 800~2 000 mm,在载货管架之上可以布置冷却排管。管架的宽度根据冻盘数量和操作方式而定,当单面操作时,其宽度常为 800~1 000 mm;当为两面操作时,则以 1 200~1 500 mm

为宜。这种冻结间的操作走道应能单向通行手推车,其净宽不小于1 000 mm;对于冻结量大于5 t/次的冻结间,应考虑手推车空车、重车行走的路线,以提高装卸效率(图6-19)。搁架排管冻结间平面布置如图6-20所示。

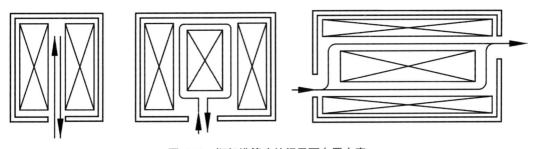

图6-19 搁架排管冻结间平面布置方案

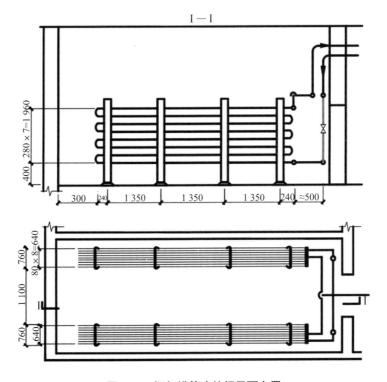

图6-20 搁架排管冻结间平面布置

搁架排管冻结间内若增设通风机吹风,其风量可按每冷冻1 t食品配风10 000 m³/h计算,此时搁架排管的换热效率增大,冻结速度加快。吹风式搁架排管根据气流组织状况分为顺流式、混流式和直角式。

混流吹风式搁架排管冻结间如图6-21所示,轴流式风机设置在两组搁架排管之间过道的上方,使风向上(下)吹送,食品处于冷风回流区。该方式风速小,冷风分布不均匀,气流成混流状态。

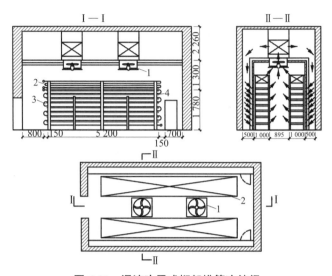

图 6-21　混流吹风式搁架排管冻结间

1—轴流式风机；2—顶排管；3—搁架排管；4—吹风口

顺流吹风式搁架排管冻结间搁架排管端头处装一台或两台轴流式风机，中部水平方向有挡风板，将搁架排管隔开，分成上下两路顺流吹风道，通风机与排管用风道连接，搁架排管两侧端部槽钢支架设有导风板数片，搁架顶部用塑料顶罩罩住，如图 6-22 所示。

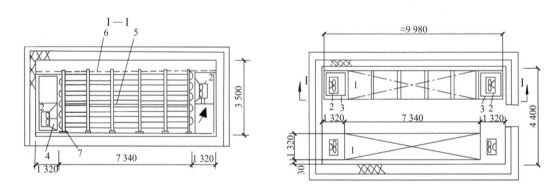

图 6-22　顺流吹风式搁架排管冻结间

1—搁架排管；2—轴流式风机；3—风机挡风板支架；4—送风口；5—挡风隔板；6—塑料顶罩；7—导风板

直角吹风式搁架排管冻结间风机装在中央走道上方，风朝墙侧吹，遇墙后沿挡风板下吹，侧面导风板开孔，气流垂直吹过排管，回风沿对面墙回到风机。这类排管气流组织合理，冷风分布均匀，冻结速度快，时间一致，用于需要较大冻结能力的场合。

搁架排管采用人工扫霜，并定期进行热氨融霜以排除管内积油。搁架排管冻结间的优点是冻结可靠，设备容易制作，它的结构和操作比较简单，又不必经常维修，用电较省，管架的货物装载量大，且不受食品的形状和尺寸限制，对大型或形状不规则的食品，可直接放在薄钢板上冻结（如金枪鱼）。它的缺点是管架的液柱作用较大，不能连续进行生产，进出货搬运劳动强度大、工作条件差，尤其是无吹风的搁架排管冻结间内空气与冻结食品之间换热不良,故冻结速度慢,冻品的质量也较差。

2. 强制空气循环冻结间

强制空气循环冻结间按照气流方向、吹风部位和冷风机形式可分为以下几种。

1)纵向吹风冻结间

纵向吹风冻结间多设于冻结量较小的分配性冷库内。在冻结间的一端设置落地式冷风机,在吊轨上面铺设吊顶,吊顶与平顶之间形成供空气流通的风道(通风间层),空气顺着冻结间长度方向循环吹送。吊顶在冻结间的端头留送风间隙,空气沿吊顶吹到房间的另一端(图 6-23(a)),然后下吹,回流过程与食品换热。采用这种形式,空气流通距离长,食品冻结不均匀,故要求冻结间不能太长,一般为 12~18 m。由于后腿是肉胴体最厚的部位,冻结过程中所需的时间最长,为了使同一批肉胴体的冻结速度尽可能均匀,应使冷风机吹出的低温气流垂直吹向白条肉的后腿。为此,可正对白条肉后腿的上方开送风条缝。一般是在吊顶上沿着平行于吊轨的方向开缝,冷风即从条缝中吹出(图 6-23(b))。送风条缝的宽度一般为 30~50 mm,靠近冷风机则要大些,为 60~70 mm。冷风机距墙面或柱边不小于 400 mm,库内风速为 1~2 m/s。吊顶与平顶之间的间距不小于 800 mm,吊顶上还应留有 1 m × 0.8 m 的人孔,以便维修风机和电动机。

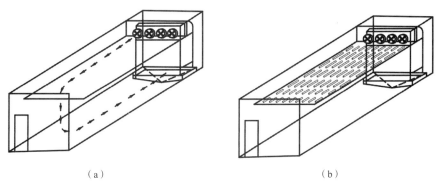

（a）　　　　　　　　　　　　　　（b）

图 6-23　纵向吹风冻结间出风形式
（a）送风间隙　（b）送风条缝

这种冻结间的宽度一般为 6 m,库房面积与冷却面积之比约为 1 : 10,冻结能力为 15~20 t/24 h,室温为-23 ℃,一次冻结的时间为 20 h。该冻结间的优点是能沿吊挂的肉体方向吹风,气流阻力小,冷风机台数少,耗电少,系统简单,投资少。它的缺点是空气流通距离长,风速和温度不均匀,不宜用于冻结盘装食品。

2)横向吹风冻结间

横向吹风冻结间在冻结间的一侧设置冷风机,使冷风在冻结间横断面内循环吹送。这种冻结间大多用于冻结量较大的生产性冷库。

横向吹风冻结间的宽度为 3~7 m,长度不限,可以布置多台冷风机。冻结间吊轨上面铺设顶,吊顶上沿吊轨方向开有长缝或长孔(图 6-24)。冷风机距墙面或柱边约 400 mm,两台冷风机之间应考虑留有安装供液管和回气管的余地。房间宽 6~7 m 的适于冻猪、羊、牛白条肉,宽 6 m 的设 5 条吊轨,宽 7 m 的设 6 条吊轨。冷风可由条缝往下吹,对准白条肉后腿,布风比较均匀。当冻结量较大时,应尽量采用机械传送式吊轨,并设置卸肉和回钩装置。水产品冻结间每间设 2 条吊轨,房间宽度较前者小。冻结间温度为-30~-23 ℃,冻结时间为 10~20 h。

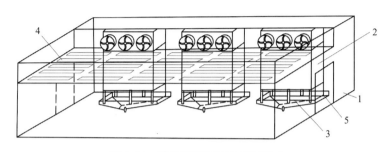

图 6-24　横向吹风冻结间出风形式
1—冻结间;2—冷风机;3—水盘;4—挡风板;5—门

这种冻结间的优点是空气的流通距离较短,库温均匀,冻结速度较快;缺点是吊顶需要耗费不少建材,增加投资;而轴流式风机吹出的冷风在通风间层中突然扩大,经过长缝下吹时又突然缩小,局部阻力很大,到白条肉后腿部时风速往往不到 1 m/s,且冻结间内存在一些死区;由于设冷风机台数较多,耗电量较大,一次投资也大。

横向吹风冻结间大多不做吊顶,冻结间的宽度一般采用 6 m,冷风机沿冻结间的长度方向布置,设 5 条吊轨,如图 6-25 所示。布置吊轨时,应从冷风机对面靠墙侧开始,不留走道,而在风机与最近一根吊轨之间留出 1.2~1.5 m 的距离,尽量使吊轨及肉胴体不处于冷空气的回流区内。冷风机吹出的冷风从冻结间上部吹至对面墙而下,再由下部经过各排肉胴体回至冷风机。冻结间内也可设临时货架或吊笼,以冻结分层搁置的盘装食品,故适用性较强。另外,不设吊顶既节省了建材和施工安装费用,也降低了造价。冻结时间约为 20 h。

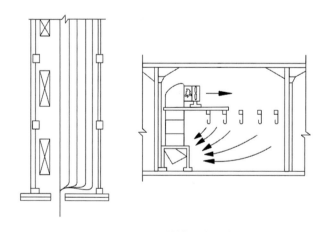

图 6-25　不设吊顶的横向吹风冻结间

3)吊顶式冷风机冻结间

吊顶式冷风机冻结间用吊顶式冷风机作为冷却设备,一般将它吊在冻结间平顶下,可以充分利用建筑空间,不占建筑面积。它的特点是风压小,气液分布均匀,是一种较好的吹风方式。安装时,吊顶式冷风机距平顶应有 500 mm 以上的间隙,吸风侧距墙应大于 500 mm,出风侧大于 720 mm,以改善循环冷风的气流组织。这种冻结间宽度一般为 3 m 或 6 m,长度不受限制,可以构成隧道式的冻结装置。由于吊顶式冷风机设置在冻结间的顶部,故应妥善处理融霜水的排放问题,注意防止融霜水外溢和四溅。吊顶式冷风机冻结间布置如图 6-26 所示。

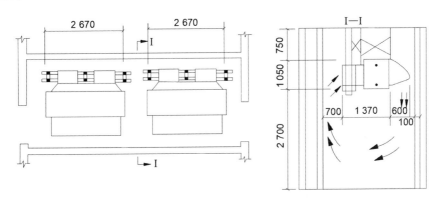

图 6-26　吊顶式冷风机冻结间布置

吊顶式冷风机根据送风形式可分为压入式和吸入式。对压入式,空气经过风机穿过蒸发器吹出,类似一种渐扩管,其局部阻力要比吸入式大 5 倍左右,故出口处的风压损失很大。

这种冻结间室温为 -30~-23 ℃,适于冻结水产品、家禽等块状食品,也可用于冻白条肉,冻结时间为 10~20 h。它的优点是冷风机不占建筑面积,库温均匀;其缺点是使用冷风机的台数较多,维修不如落地式冷风机方便,水冲霜时溅水问题还未能很好解决。

4)上吹风式冻结间

水产冷库的冻结间主要是冻鱼、虾和贝类等水产品,一般采用鱼盘和轨道吊笼冻结装置,按风机和吊笼的位置可分为上吹风式和下吹风式两种。冻结间的冷却设备可采用整体式或组合式冷风机,循环冷风的气流组织多为横向气流。为了提高水产品的冻结质量和效率,应力求各冻结部位空气流速均匀。实验表明,冻结装置的气流流型应与冻品的外形相适应。冻结猪、牛白条肉时,冻品采取吊挂而近似扁平形,冷空气若平行于胴体表面垂直流动,则不仅与冻品有最大的换热面积,且流动阻力较小,所以较为合适。对于盘装的冻品来说,冷空气与冻品的最大接触面是鱼盘的上下平面,因此平行于鱼盘水平流动的气流是比较理想的,一般要求通过冻结区有效断面的水平流速为 1~3 m/s。图 6-27 所示为上吹风式冻结间的示意图,在冻结间放置两列吊笼,采用组合式冷风机,把蒸发器的回风口高度提高到与吊笼高度一致。这种冻结间的温度为 -30~-23 ℃ 或更低,冻结时间为 8~10 h。

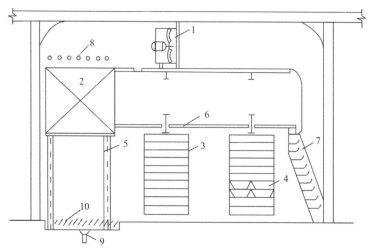

图 6-27　上吹风式冻结间示意

1—风机;2—蒸发器;3—吊笼;4—鱼盘;5—支架;6—吊顶;7—导向板;8—冲霜水管;9—排水管;10—反溅板

5)下吹风式冻结间

在水产冷库冻结间中采用下吹风式也是比较多的。一间冻结间放置两列吊笼,吊笼外形尺寸为 880 mm×720 mm×1 780 mm,共分 10 格,每格放鱼盘两只。吊笼悬挂在轨道上,采用双扁钢轨道和双滑轮悬挂吊相配合形式。其优点是推行轻便安全,在转弯、过道岔时可任意转向。为了减少两列吊笼在冻结过程中的不均匀性,可设机械调向装置进行换位。由于下吹风式风机直接向吊笼吹风,故风机风压可稍低,但风量要大。布置时,要使风机的中心高度与吊笼中心高度相近,使吊笼上下布风均匀。为使风机吹出的气流能有一个扩散过程,并减少涡流损失,应使吊笼与风机的距离大些,一般不小于 1 m,可取 1.2~1.3 m。为防止融霜水溅到风机上造成风机叶片冻住、电动机进水等事故,可在风机和蒸发器之间设一个进风斜管。下吹风式冻结间的温度为-23 ℃及以下,设计冻结时间为 10~18 h。图 6-28 所示为下吹风式冻结间。

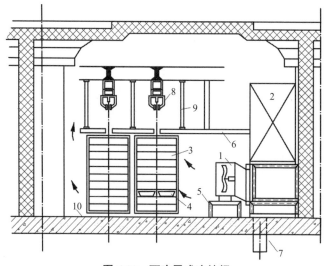

图 6-28　下吹风式冻结间

1—风机;2—蒸发器;3—吊笼;4—鱼盘;5—支架;6—吊顶;7—冲霜水管;8—滑轮;9—双扁钢导轨;10—挡风木条

2.6　制冰间

2.6.1　制冰间的定义

制冰间,顾名思义,是用来制取冰块的,目前常用的制冰方式是盐水制冰,下面主要介绍盐水制冰的工艺。

2.6.2　制冰间的设计要求

盐水制冰间属于间接冷却系统。传统做法的盐水制冰池中,蒸发器盐水池和制冰盐水池合为一个制冰池,并用隔板将两者隔开,利用盐水搅拌器使盐水在两个盐水池中循环,冰桶放在制冰盐水池中。盐水在蒸发器盐水池中被降温后,在搅拌器的作用下进入制冰盐水池对冰桶降温,温度升高后的盐水由另一侧流入蒸发器盐水池再行冷却,其示意图如图6-29 所示。在盐水制冰设备中,制冷剂在蒸发器内吸收载冷剂的热量,使盐水降温并保持在 $-14\sim-10$ ℃。当冰桶中的水被冻结后,由吊车依次将冰桶组吊出制冰池放进融冰槽融冰,而后利用倒冰架脱冰,并经滑冰道送入冰库贮存或直接运走。脱冰后的空冰桶经注水后再放入制冰池中继续生产,如此循环。因此,制冰间的设计主要有以下几点要求。

（1）制冰间应靠近机房,通风采光要好,避免阳光照射在制冰池上。

（2）制冰间出冰侧应靠近冰库,冰从桶中滑出所撞到的墙面要加防撞板。

（3）单层的制冰间,制冰池不宜直接建在地坪上,应有防止地面冻胀措施。

（4）制冰间宜单独建造。

（5）制冰池的冷却设备采用V形或螺旋管形蒸发器时,应采用重力式氨液循环装置;其氨液分离器容积不应小于该蒸发器容积的 20%~25%,分离器内的气体流速不应大于0.5 m/s。

（6）制冰池的四壁和底部应做好保温层、防潮层和隔汽层。四壁顶部必须采取防止生产用水渗入保温层内的措施,池底保温层下应采取防止地面冻胀的措施。制冰池保温层的总传热阻（ R_0 ）应大于或等于 3.3 m²•℃/W。

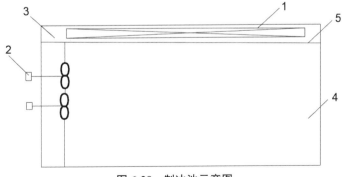

图 6-29　制冰池示意图

1—蒸发器;2—搅拌器;3—蒸发器盐水池;4—制冰盐水池;5—隔板

2.6.3　制冰间尺寸的确定

1. 长度

制冰间的长度与制冰池、融冰池、倒冰架、滑冰台及操作走道等有关,如图 6-30 所示,可按下式计算:

$$L = L_1 + L_2 + L_3 + L_4 + L_5 \qquad (6\text{-}4)$$

式中　L——制冰间的长度(m);

　　　L_1——制冰池的长度(m);

　　　L_2——融冰池的宽度(m);

　　　L_3——倒冰架的宽度(m);

　　　L_4——滑冰台水平投影宽度(m);

　　　L_5——制冰池到墙壁的距离(根据隔热结构情况确定,一般为 1 m)。

2. 宽度

$$B = nb + (n-1)b_1 + 2b_2 \qquad (6\text{-}5)$$

式中　n——横向制冰池数目(个);

　　　b——每个制冰池的宽度(m);

　　　b_1——两个相邻制冰池之间的距离(m);

　　　b_2——制冰池与墙壁间的距离(m);

　　　B——制冰间的宽度(m)。

3. 高度

制冰间净高度应等于制冰池高度、提冰所需高度及安装吊车所需高度之和,如图 6-30 所示,可按下式计算:

$$H = h_1 + h_2 + h_3 \qquad (6\text{-}6)$$

式中　H——制冰间净高(m);

　　　h_1——制冰池高度(m);

　　　h_2——提出冰桶需要的高度(m),为冰桶高度的 2.5 倍;

　　　h_3——安装吊车的高度(m),根据吊车外形尺寸确定。

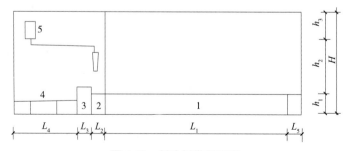

图 6-30　制冰间纵剖面图

1—制冰池;2—融冰池;3—倒冰架;4—滑冰台;5—加水箱

2.6.4 制冰间内硬件的布置

盐水制冰设备主要包括制冰池、蒸发器、冰桶及冰桶架、搅拌器、融冰池、倒冰架、滑冰台、水预冷器、加水器、吹气装置、吊车等,可自行设计、加工,也可从生产厂家采购成套设备。

1. 制冰池

制冰池用于盛装盐水溶液、蒸发器及冰桶等,一般由 6~8 mm 厚的钢板焊接而成。制冰池中焊有隔板,将制冰池分成放置蒸发器和制冰桶的两部分。隔板上有孔,便于盐水循环流动。制冰池上部有溢水管接头,底部有泄水管接头。制冰池内有用角钢焊成的架子,用以搁置冰桶架。为了减少外部热量的传入,池底及四周敷设隔热层和隔汽层,也有的在制冰池底部设置通风管道或防冻加热装置,以防地坪冻胀。制冰池面敷设 50~60 mm 厚木盖板。制冰池四周应有 1 m 左右宽的操作通道,高度应与木盖板相同。为减少盐水对金属材料的腐蚀,池壁、蒸发器及搅拌器等均涂有防锈漆。图 6-31 所示为盐水制冰设备的制冰池。

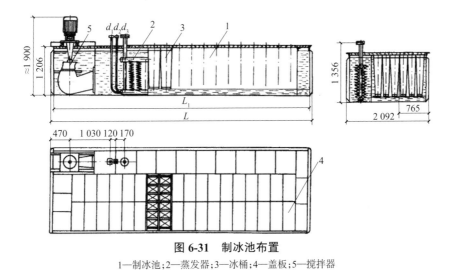

图 6-31 制冰池布置
1—制冰池;2—蒸发器;3—冰桶;4—盖板;5—搅拌器

2. 蒸发器

常用的蒸发器有螺旋管式、V 形管式、立管式多种,根据制冰池的大小和结构,蒸发器在制冰池中有集中布置和分散布置等方式。

3. 冰桶架和冰桶

冰桶架是搁置在制冰池上的钢制框架,用于搁置冰桶和提冰。冰桶多用 1.5~2.0 mm 厚镀锌钢板制成,可采用焊接形式,也可采用铆钉连接形式。焊接形式的焊缝设在短边中缝处,铆接形式的铆缝设在长边、短边交接缝处。冰桶的上下两端均有钢板箍加固,且为了便于脱冰,应做成上大下小的矩形。冰桶架、冰桶制成及试漏后需涂刷防锈漆。常用冰桶规格见表 6-5。

表 6-5　常用冰桶规格

冰桶规格（kg）	L（mm）	B（mm）	l（mm）	b（mm）	H（mm）
50	400	200	373	175	985
100	500	250	475	225	1 180
125	550	275	525	250	1 190
135	570	290	530		1 115

4. 搅拌器

盐水搅拌器有立式和卧式两类。

卧式搅拌器由外壳、轴承架、轴、叶轮以及填料压盖等组成。搅拌器伸进制冰池内,由安装在制冰池一端的电动机通过带轮带动工作,因而传动轴与制冰池壁面的密封性要求较高,安装维修麻烦。但卧式搅拌器工作时阻力较小。

立式搅拌器也是成套设备,它由叶轮、主轴、电动机等组成。立式搅拌器的电动机安装在制冰池一端上部,电动机与叶轮通过联轴器连接。工作时,盐水由斗形外壳的上面进入,通过叶轮搅拌,从侧面的出水口送出。出水口设置在蒸发器底板下部,使盐水全部通过蒸发器。立式搅拌器不存在传动轴与制冰池壁面的密封问题,维修较方便。但立式搅拌器工作时阻力较大。

蒸发器盐水池中盐水的流速不小于 0.7 m/s,制冰盐水池中盐水的流速为 0.5 m/s。搅拌器应布置在与融冰池相对应的一端,以免吊起的冰桶滴落盐水腐蚀电动机。

5. 融冰池

融冰池是用钢板焊成或用混凝土制成的长方形水池,尺寸应比冰桶架大一些。通常在池中设摇摆架,以加快冰块脱模。融冰池上设有进水和排水管道,以便补充高温水及排出低温水。融冰池布置在制冰池出冰侧的一端,平面布置如图 6-32 所示。

6. 倒冰架

倒冰架是将融冰后的冰桶翻倒,使块冰滑出冰桶的设备,多用槽钢、角钢和钢板制作,呈 L 形,两端用轴承支撑。两端装有平衡锤,用于减缓倒冰时的速度和复位。其平面布置如图 6-32 所示。

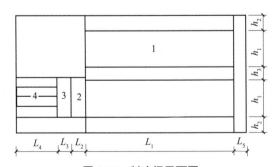

图 6-32　制冰间平面图
1—制冰池;2—融冰池;3—倒冰池;4—滑冰台

7. 滑冰台

滑冰台为具有漏水缝并带有一定坡度的木板台,用于接收倒冰架倒出的冰块,并由此滑入贮冰间。滑冰台应有 2%~4% 的坡度,靠近墙处应有反向坡度,以免冰块接近墙体。滑冰台的宽度应大于倒冰架,长度为冰块长度的 3 倍。

8. 水预冷器

水预冷器用于制冰水的预冷,以减少制冰池内蒸发器的负荷,缩短制冰时间。水预冷器为长方体水箱,可设置在加水器上方,也可单独安装。箱内装有蒸发器,箱端有搅拌机,以加速热量传递。

9. 加水器

加水器是把自来水或预冷后的制冰水加注到冰桶的装置。加水器由与冰桶数相应的旋转水嘴、定量水箱组成,以确保向各个冰桶中同时等量加水。加水器内每个格的容量为一个冰桶容积的 90%。

10. 吹气装置

吹气装置是用于制取透明冰的专用设备,主要包括罗茨风机、空气罐及输送管道。在制取透明冰时,罗茨风机将压缩后的高压气体存贮在空气罐里,通过送气管道送入冰桶中,以排出制冰水中溶入的空气,达到制取透明冰的目的。

11. 吊车

吊车应为能水平和垂直移动的装置,用于冰桶出冰、加水、入池时的吊运。吊车上升速度为 4~8 m/min,水平速度为 20~30 m/min。吊车上有两根同时起落的钢丝绳,必须正对冰桶架上的两个吊环。

此外,对于大、中型制冰间,还可设置冰桶架推进机构等设备,以加快冻结速度。目前,许多生产厂家已有制冰成套设备。

2.6.5　贮冰要求

（1）储冰间的建筑净高在 6 m 以下的可不设墙排管,以避免冰垛倒塌以及平时装卸时冰块的碰撞而危及排管。若需要增设墙排管,墙排管应布置在冰垛以上的高度。但顶排管必须分散满铺。

（2）储冰间的建筑净高为 6 m 或高于 6 m 时,应设墙排管和顶排管。墙排管的安装高度宜在堆冰高度以上。

（3）墙排管或顶排管不得采用翅片管,因翅片管需要经常融霜,融霜水下滴后将会使冰块冻结在一起。

（4）大型单层冷库可采用冷风机辅以高墙管。

2.6.6　贮冰间设计

用于贮存冰的冷间,其设计与冻结物冷藏间相近。

首先根据冰生产和使用情况确定冰库的容量,冰库容量的计算与冷藏间计算相同。

$$G = \frac{\sum V \rho_s \eta}{1\,000} \qquad (6\text{-}7)$$

式中　G——冷库计算吨位(t);

　　　V——冷藏间或冰库的公称体积(m³);

　　　η——冷藏间或冰库的体积利用系数,查表 6-6;

　　　ρ_s——食品的计算密度(kg/m³)。

表6-6　冰库体积利用系数

冰库净高(m)	体积利用系数 η
≤4.20	0.40
4.21~5.00	0.50
5.01~6.00	0.60
>6.00	0.65

贮冰间内低温、湿滑,不适合人工作业,应尽可能选择机械作业;内墙四周设置钢、木护栅,保护墙体;库温应相对稳定。不同形状、种类的冰混放时,以融化点低的冰储存要求控制库温。

3　装配式冷库

3.1　装配式冷库的定义与特点

3.1.1　装配式冷库的定义

传统的土建冷库具有墙体占地面积大、施工复杂、施工期长等缺点。装配式冷库(亦称活动式冷库、拼装式冷库、组合冷库)是指组成冷库的库板、制冷机组、蒸发器等组件在工厂预先制造好,现场组装即可使用的冷库。装配式冷库分为室外装配式冷库和室内装配式冷库。

室外装配式冷库一般以钢结构框架为主体框架,按建筑结构施工图纸进行冷库基础、基坑(槽)开挖、土建隔热地坪的施工,在地面工程完成后,即可用预制好的工字钢或槽钢作为立柱和主、次梁进行焊接组合,并用钢筋和花篮螺栓拉结牢固,安装成冷库外围钢结构框架,在框架顶部铺以瓦楞形钢板作为顶棚屋面并做防水处理。主体框架完成后,在棚式框架内进行预制库板的安装,吊装库板于钢结构框架上固定,形成库房的墙板和顶板,按设计要求组合成一定容量的冷库。图 6-33 为某一室外组合冷库的平面、立面、剖面图。

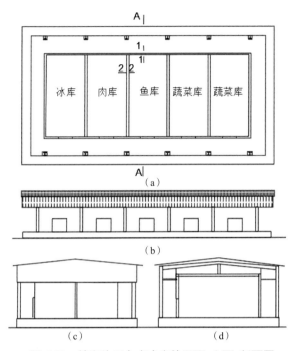

图 6-33　某室外组合式冷库的平面、立面、剖面图
（a）平面图　（b）轴立面图　（c）轴立面图　（d）A—A 剖面图

　　室内装配式冷库可直接建在室内地坪上，用 10~16 号槽钢制作底座，用垫铁校正水平度，涂红丹防锈漆两道。在槽钢底座上用库板铺成库内地坪，并用库板组装成冷库。这类冷库主要作为宾馆、商场、酒店等使用的小型冷库。图 6-34 为某室内小型组合冷库的外形图。

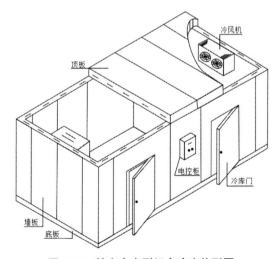

图 6-34　某室内小型组合冷库外形图

3.1.2　装配式冷库的特点

　　采用以硬质聚氨酯泡沫塑料或聚苯乙烯泡沫塑料为隔热层，金属材料为面板的库板安装成的装配式冷库,保温性能好,安装方便。装配式冷库采用加长墙衣板,可减少保温墙体受热,减少部分围护结构的热负荷。墙衣板下端与冷库站台平齐,屋顶采用无动力风机排风,降低冷库围护结构外侧温度,可以起到很好的效果。由于组合库板全部按设定的模数生产,生产时已将板间的连接机构预制进去,现场施工特别方便。建设组合冷库,只需按要求将基础做好,库体安装可以在很短的时间内完成,建设周期短。由于库板具有统一的模数,且采用锁具拼接的方式,安装拆卸十分方便,冷库可以根据用户的意图任意分割、增容或搬迁。另外,组合式库板外面板采用的是表面经过多次处理的钢板,表面光滑清洁,细菌不易附着,可以对冷库板进行冲洗,符合食品卫生的要求。

3.2　装配式冷库的组成

装配式冷库一般由如下几部分组成。

(1)冷库库体部分。

(2)制冷设备(如氨系统、氟利昂系统或乙二醇冷媒系统等),可采用分散式供冷、集中式供冷等。

(3)库内加湿设备。对有相对湿度要求的冷库(如高温库),由于库内空气中的水分在冷风机蒸发器换热表面上凝结析出,会使冷库内的相对湿度降低,不能保证果蔬的贮藏条件。因此,在此种情况下,加湿设备必不可少。

(4)库内冲霜及制冷机组冷却水设备。

(5)电气控制设备。

(6)通风换气设备。

(7)附属设备(如冷库门、安全装置、防撞构件等)。

(8)对于气调库,还要增加气调设备,如制氮机、二氧化碳脱除机、乙烯脱除机、二氧化硫发生器、气调库门、观察窗安全装置、储气袋等。

3.2.1　装配式冷库组成材料

装配式冷库用隔热夹心板由面板和芯层组成。

面板材料一般为厚度大于 0.5 mm 的聚酯涂层彩色钢板、铝合金板、镀锌钢板、不锈钢板或其他材料。为了提高机械强度,面板常压制成瓦楞形。

芯层为隔热层,采用的隔热材料有两种:一种为硬质聚氨酯泡沫塑料,另一种为聚苯乙烯泡沫塑料。根据我国机械行业标准《组合冷库用隔热夹心板》(JB/T 6527—2006)的规定,夹心板芯层泡沫塑料的物理力学性能应符合表 6-7 和表 6-8 的要求。

表 6-7　聚氨酯泡沫塑料物理力学性能

指标名称	指标数值			执行标准
密度(kg/m³)	30 ± 2	36 ± 2	40 ± 2	GB/T 6343—2009
导热系数[W/(m·K)]	≤0.024	≤0.022	≤0.024	GB/T 10297—2015
尺寸稳定性(−30~+70 ℃,48 h)(%)	≤4		≤3	GB/T 8811—2008

续表

指标名称		指标数值			执行标准
抗压强度（kPa）		≥150	≥150	≥160	GB/T 8813—2020
吸水率（V/V）（%）		≤4			GB/T 8810—2005
燃烧性能 （水平燃烧法）	平均燃烧时间（s）	≤90			GB/T 8332—2008
	平均燃烧范围（mm）	≤50			

注 1. 用户有特殊要求的应满足用户要求,可选择适当的技术指标,检查方法仍以 QB/T 3806—1999 中所规定的方法为准则。

2. 聚氨酯泡沫塑料的燃烧性能应满足 QB/T 3806—1999 中水平燃烧法 2 级。

3. 正常生产每季度送检一次。

4. 表中的抗压强度是指芯层泡沫塑料在 10%变形下的抗压应力。

5. 导热系数测定,样块自发泡日起,放置时间不少于 28 d。

表 6-8　聚苯乙烯泡沫塑料物理力学性能

指标名称	指标数值	执行标准
密度（kg/m³）	20±2	GB/T 6343—2009
导热系数[W/(m·K)]	≤0.041	GB/T 10297—2015
尺寸稳定性（-30~+70 ℃,48 h）（%）	≤4	GB/T 8811—2008
抗压强度（kPa）	≥65	GB/T 8813—2020
吸水率（V/V）（%）	≤4	GB/T 8810—2005
氧指数	≥30	GB/T 2406.1—2008

聚氨酯隔热夹心板的强度、隔热等性能优于聚苯乙烯隔热夹心板,所以通常多应用于速冻或库温较低的冷库中;聚苯乙烯隔热夹心板则由于隔热性能较好且价格适中,通常多用于普通低温冷库、高温冷库和食品加工厂等工业与民用建筑上。上述两种夹心板性能优良,已被广泛应用于工业与民用建筑领域。

隔热夹心板的生产是按实际库体的设计要求,根据库板的数量、尺寸规格要求定制生产的。所以,根据库高要求生产库墙板,根据库顶跨度要求生产库顶板,尽量避免隔热夹芯板在长度方向的拼接使用。

隔热夹心板尺寸规格繁多,并没形成统一标准,厂家各异。国内库板主要尺寸规格见表6-9,以供参考。

表 6-9　隔热夹心板尺寸　　　　　　　　　　　　　（mm）

尺寸	可选规格
厚度	60,75,100,120,150,180,200,250
宽度	300,450,600,900,960,1 000,1 200
长度	2 000,2 400,2 700,3 000,3 600,4 000~10 000

例如:库高 5 m,库板插入地坪以下长度 0.4 m,则可定制库板长度为 5.4 m;库体最小跨度 10 m,可根据库顶板设计要求,采用 10 m 长度顶板,或者采用 5 m 长度顶板搭接,优先选用 10 m 长度的库板。在库板尺寸的选择上,也要根据隔热夹心板生产厂家的实际生产技术能力,优先采用较常用的尺寸规格,以降低制作成本和缩短交货期。

3.2.2　装配式冷库硬件

1. 吊顶风机

吊顶风机有低温风机(带融霜加热器)和高温风机(自然融霜)两种。吊顶风机组件包括风机安装板、螺栓、下水加热丝等。一般它用一个限温开关控制,保证蒸发器降至一定温度开始运行。同时,它又与融霜控制连锁,保证在融霜过程中,风机停止运行。

2. 电气部件

装配式冷库的电气系统由冷库照明、门防冻加热器、下水防冻加热器、吊顶风机控制和温控系统组成。

装配式冷库照明由防潮灯、照明开关、变压器组成。变压器为冷库照明、门防冻加热器、下水防冻加热器提供一个安全、稳定的 36 V 电源。(注:若用户要求冷库照明带指示灯,照明将采用 220 V 照明系统。)

门防冻加热器用于防止库门在低温下与冷库冻在一起无法打开;下水防冻加热器用于防止融霜水在下水管道结冻,使融霜水无法排出。一般情况下,低温活动冷库易发生冻结现象,应采用加热丝,而中温活动冷库一般不需要。

4　气调库

4.1　气调库基本介绍

4.1.1　气调库的定义

气调库是在高温冷库的基础上发展起来的,既有冷藏功能,又有气调功能。它是在冷藏的基础上,增加气体成分调节,通过对贮藏环境中温度、湿度、二氧化碳浓度、氧气浓度和乙烯浓度等条件的控制,抑制果蔬呼吸作用,延缓其新陈代谢过程,更好地保持果蔬新鲜度和商品性,延长果蔬贮藏期和保鲜期(销售货架期)。通常气调贮藏比普通冷藏可延长贮藏期 50%~100%;气调库内储藏的果蔬,出库后先从"休眠"状态"苏醒",这使果蔬出库后保鲜期(销售货架期)可延长 21~28 d,是普通冷藏库的 3~4 倍。

4.1.2　气调库工作原理

气调库工作原理:压缩空气通过空气处理装置(氮气(N_2)发生器、二氧化碳(CO_2)洗涤器和除乙烯(C_2H_4)装置等)将氧气和氮气分离,向恒温恒湿冷库(温度由制冷设备控制,湿度由加湿装置控制)内充氮,同时将库内含有 O_2、N_2、CO_2 和 C_2H_4 的混合气体抽出,通过空

气处理装置将 CO_2、O_2、C_2H_2 分离出来,排入大气,将 N_2 充入库内,从而不断循环,使库内达到气调所要求的气体成分比例。气体成分通过计算机自动控制、监测和调节。

4.1.3 气调库的特点

1. 安全性

气调库在降温、回温以及气调过程中,因库内温度、压力变化会使围护结构两侧产生压差,如压差不及时消除或控制在一定范围内,将引起库体损坏。既要保证库体的气密性,又要保证其安全性,是气调库的特点。

2. 库内空间高

现代气调库几乎是单层地面建筑,库内空间高。这种特有的建筑形式是以气密性和安全性为前提的。

3. 快进整出

这是气调库在使用管理上的一大特点,快进是对货物入库时间的要求,以便使其尽早处于气调储藏状态。一旦储藏结束,库内的货物最好在短期内出完,不能采用气调的时间,使气调状态尽早形成。

4. 高堆满装

这是气调库在使用管理上的又一大特点。除留出必要的检查通道外,货物在库内应尽可能高堆满装,使库内剩余的空隙小,减少气体的处理量,加快气调的速度,缩短气调的时间,使气调状态尽早形成。

5. 气密性

这是气调库建筑结构区别于普通果蔬冷库的一个最重要的特点。普通冷库对气密性几乎没有特殊要求,而气密性对于气调库来说至关重要。这是因为要在气调库内形成要求的气体成分,并在果蔬贮藏期间较长时间地维持设定的指标,避免库内外气体的渗气交换,气调库就必须具有良好的气密性。因此,在气调库门安装、气密层施工过程中,一定要认真细致,发现可疑部位应及时检查和补救。

气调库施工质量验收的一个重要方面是气密性试验。目前广泛应用的是压力测试法,其具有测试方法简便、测试仪器简单、结果直观等优点。压力测试法又有正压法和负压法之分,通常采用正压法,以避免采用负压法测试导致气密层脱落。迄今,国际上对气调库的气密性测试还未形成统一的标准,我国目前也没有发布气调库气密测试的国家标准。但采用正压测试法,统计"半压降时间",是国外常用的气密性试验标准和结果表示方式。所谓半压降时间,是指从计时起,试验压力下降到起始压力的一半所需要的时间。世界各国现有的气密标准中,最高的要求是试验压力为 294 Pa($30\ mmH_2O$),半压降时间等于或超过 30 min 为合格,否则为不合格,此标准只有意大利等少数国家的部分厂商采用。意大利 FCE 公司近几年在我国安装的组合式气调库的气密试验合格范围为库内加压至 $30\ mmH_2O$,经 30 min 库内压力降至不低于 $4.4\ mmH_2O$ 为合格。

4.2　气调库构成

气调库一般由气密库体、气调系统、制冷系统、加湿系统、压力平衡系统以及温度、湿度、

O_2、CO_2 等的自动检测控制系统构成。

1. 制冷系统

气调库的制冷设备大多采用活塞式单级压缩制冷系统,以氨或氟利昂-22 作为制冷剂,库内的冷却方式可以是制冷剂直接蒸发冷却,也可采用中间载冷剂的间接冷却,后者用于气调库比前者效果理想。因为中间载冷剂更便于控制供给冷风机的液体温度,仅需在供液管道上装一个回流的行程控制三通阀,就能满足同时实现不同库房内不同温度的要求。为了减少库内所贮物品的干耗,性能良好的气调库要求传热温差为 2~3 ℃,也就是说气调库蒸发温度和贮藏要求温度的差值为 2~3 ℃,这要比普通冷库小得多。只有控制并达到蒸发温度和贮藏温度之间的较小差值,才能减少蒸发器的结霜,维持库内要求的较高相对湿度。所以,在气调库设计中,相同条件下,通常选用冷风机的传热面积比普通果蔬冷库冷风机的传热面积大,即气调库冷风机设计采用所谓"大蒸发面积、低传热温差"方案。

2. 温度传感器的配置

一个设计良好的气调库,在运行过程中,可在库内部实现小于 0.5 ℃ 的温差,因此需选用精度大于 0.2 ℃ 的电子控温仪来控制库温。温度传感器的数量和放置位置对气调库温度的良好控制很重要。最少的推荐探头数目为在 50 t 或 50 t 以下的贮藏库中放 3 个,在 100 t 库中放 4 个,在更大的库内放 5 或 6 个。其中, 1 个探头应用来监控库内自由循环的空气温度,对于吊顶式冷风机,探头应安装在从货物到冷风机入口之间的空间内;其余的探头放置在不同位置的果蔬处,以测量果蔬的实际温度。

气调库是在果蔬冷库的基础上发展起来的,它不仅有冷藏库的"冷藏"作用,而且有冷藏库所没有的"气调"功能。因此,气调库一方面与果蔬冷库有许多相似之处,另一方面又与果蔬冷库有较大的区别,主要表现在如下几个方面。

(1)气调库容积大小。一个标准气调库由若干个小库组成,小库相互间密封隔离。各个小库通过气路与气调系统连接,通过管线与制冷加湿系统连接。小库的数量应根据贮藏物品的种类、贮藏时间确定。在欧美国家,气调库贮藏间单间容积通常在 50~200 t,如英国苹果气调库贮藏单间的容积大约为 100 t,在欧洲约为 200 t,但蔬菜气调库的单间容积通常在 200~500 t,在北美单间容量更大,一般在 600 t 左右。

(2)气密性要求。气调库库体不仅要求具有良好的隔热性,减少外界热量对库内温度的影响,更重要的是要求具有良好的气密性,减少或消除外界空气对库内气体成分的压力,保证库内气体成分调节速度快、波动幅度小,从而提高贮藏质量,降低贮藏成本。气调库库体主要由气密层和保温层构成。

气调保鲜库按建筑可分为三种类型:装配式、砖混式、夹套式。装配式气调库围护结构由彩镀聚氨酯夹心板组装而成,具有隔热、防潮和气密的作用。该类库建设速度快,美观大方,但造价略高,是目前国内外新建气调库最常用的类型。在组成上,气调库是各气调间及辅助建筑的总称,包括气调间、预冷间、常温穿堂、技术穿堂、月台、整理间、机房、变配电间及控制室、值班室、泵房、循环水池等,这和传统冷库大致相同,主要结构差异包括以下两点。

(1)技术穿堂。这是气调库特有的建筑形式,通常设置在常温穿堂或整理间的上部。它的主要作用是方便操作管理人员观察库内果蔬贮藏的情况和库内设备的运行情况,也是制冷、气调、水电等管道及阀门安装、调试、操作、维修的场所。

（2）气调门。气调库采用专门的气调门，该门应具有良好的保温性和气密性。另外，在气调库封门后的长期贮藏过程中，一般不允许随便开启气调门，以免引起库内外气体交换，造成库内气体成分的波动，为便于了解库内果蔬贮藏情况，应设置观察窗。气调库建好后，要进行气密性测试。气密性应达到 300 Pa，半压降时间不高于 20~30 min。

4.3　气调库设计

气调库的主要设计参数包括温度、湿度、空气成分、气密性、围护结构。

1. 温度

果蔬的呼吸强度与环境温度有密切关系，一般温度每升高 10 ℃，呼吸强度就增强 2~3 倍。理论上，果蔬贮藏最低温度的界限为-2~0 ℃，理想贮藏温度稍高于贮藏物最低极限温度。

2. 湿度

果蔬组织内的水分约占 90%，因此要求贮藏环境相对湿度在 90% 以上，但对一些种子则需要较低的相对湿度。

3. 空气成分

低氧环境，氧气浓度控制在 3%~5%，若低于 1%，厌氧类细菌会大量繁殖，对贮藏物造成损害；若高于 10%，呼吸强度则不能相应降低。适当的二氧化碳浓度，能抑制果胶质衰败，从而使果蔬能长期保持组织的坚实和原有的香味，使果蔬保绿、保鲜；1% 或更少，适用于梨；20% 适用于草莓、樱桃；2% 以下适用于苹果。

4. 气密性

气调库内要形成要求的气体成分，并在果蔬贮藏期间较长时间地维持设定的指标，避免库内外气体的渗气交换，气调库就必须具有良好的气密性。对于砖混结构的土建气调库，如出现大面积的突起或脱落，往往是由于围护结构表面不干燥，在施工前，一定要注意围护结构的干燥性，并进行气密性试验，当库内压力达到 100 Pa 后停机，并开始计时，10 min 后如压力保持在 50 Pa，则认为气密性合格。

5. 围护结构

现代的气调库设计，希望将库内温度波动控制在 ± 0.15 ℃ 范围内，因此要求围护结构有较大的热阻，以减小外界的影响。

4.3.1　气调库结构设计及建造

1. 结构组成

一座完整的气调库主要由库体结构、气调系统和制冷加湿系统三大部分组成，如图 6-35 所示。

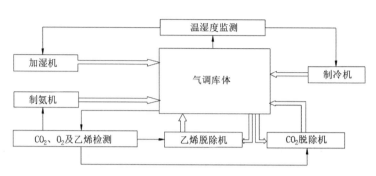

图 6-35　气调库系统组成

气调库的建筑结构可分为砌筑式(土建)和彩镀夹心板装配式两种。砌筑式气调库的建筑结构基本上与普通冷藏库相同,用传统的建筑保温材料砌筑而成,或者由冷藏库改造而成。在库体的内表面增加一层气密层,气密层直接敷设在围护结构上,这种砌筑式气调库相对投资较少,但施工周期长。

装配式气调库采用的彩镀夹心保温板采用工厂化生产,在施工现场只需进行简单的拼装,建设周期短,投资比砌筑式略高,而气密层施工较砌筑式方便可靠。除砌筑式和装配式之外,还有一种夹套式气调库,一般是在原冷藏库内加装一层气密结构,降温冷藏仍用原有的设施,气调则在这层气密结构内进行。

1 000 t 以上的大中型气调库包括气调间、预冷间、常温穿堂、技术走廊、整理间、制冷和气调机房及控制室、变配电间、泵房及月台等,此外还有办公室、库房、质检室、道路、围墙等辅助设施。

2. 气密层的设计施工

装配式气调库的围护结构采用两面都有彩镀钢板护面的夹心板,气密性和防潮隔汽性都很好,只要各板面间的接缝处做好密封,就能保证整个围护结构具有良好的气密性。

砌筑式气调库的防潮隔汽层通常做在隔热层的热侧,即围护结构最外层,墙体的内侧面上如果用这层兼作气密层,或用其他气密材料兼作防潮隔汽层,则当需要检查或修复气密层时,就得拆除隔热层。假设用设置在库内表面上的气密层兼作防潮隔热层,则会出现水蒸气渗透,在隔热层与气密层之间形成凝结区,使隔热层受潮,所以砌筑式气调库围护结构的气密层必须单独做,而且必须在围护结构所有表面都干燥后才能施工。

上述两种气调库地坪的气密层做法是一样的。地坪隔热层上下两面均设置防潮隔汽层,并在里面单独做气密层。管道穿墙处的密封也是应重点注意的地方,需用聚氨酯填缝,并两面涂密封胶。

3. 气调库门

库门是气调库容易产生气体泄漏处。为保证库门与库体之间的密封,可以将库门的气密条做成充气式,这种方式密封性好,但使用较麻烦。通常是在冷库门的基础上加一扣紧装置,封门时用此装置紧紧地将门扣在门框上,借密封条将门缝封死,在门下落扣紧的过程中,门下端的密封条与地面压紧而密封。

气调库门上都设有观察窗,其外框为金属构件,中间镶有双层玻璃或中空双层玻璃,若用双层玻璃,夹层内应放干燥剂或抽空,以防结露。

4.3.2　气调库设备选型

1. 氮气制造系统

1)膜分离制氮机基本原理

膜分离制氮机是一种聚酯微型中空纤维束集成组件,其每根微型中空纤维和人的头发差不多粗细,这些纤维束通过对空气成分的不同渗透速率来分离空气中 78%的氮气和 21%的氧气。其中,空气中的氧和水蒸气是一种快速气体,能快速渗透过膜纤维从而被脱附掉。而氮则经过其中空纤维微孔而得到集束成氮。整个分离过程没有任何运动部件,仅依靠压缩空气就可以完成。

2)变压吸附制氮原理

变压吸附(PSA)制氮设备是以碳分子筛为吸附剂,利用变压吸附原理来获取氮气的设备,如图 6-36 所示。在一定的压力下,利用空气的氧、氮在碳分子筛表面的吸附量的差异,即碳分子筛对氧的扩散吸附远大于氮,通过可编程控制器来控制多个阀门的导通、关闭,达到两吸附罐的交替循环,加压吸附、减压脱附,完成氧、氮的分离,得到所需纯度的氮。这是国内目前制氮的主要设备,但用于气调库中较少。

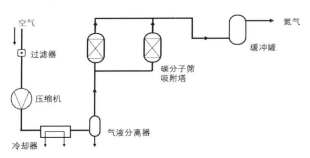

图 6-36　PSA 制氮原理图

3)燃烧式制氮基本原理

燃烧式制氮机利用专门的燃烧器,将库内的气体抽入并与其他可燃性气体混合后燃烧,从而把库内气体中所含的氧气去除。燃烧式制氮机分为有焰直接燃烧装置和无焰催化燃烧装置。早期使用的直接燃烧装置存在很多缺陷:一是温度高,燃点温度高达 1 000 ℃以上,耗能较大;二是燃烧过程中氧的浓度偏低时,混合气体不易起燃,除非加入适量的空气。无焰催化燃烧装置则克服了上述有焰直接燃烧装置的多数缺点。它选用特殊的催化剂,将燃点降到 650 ℃以下。在其工作过程中,由于催化剂的作用,燃烧较为充分,残留的氧气少,不产生其他有毒气体,且不受原始气体中氧浓度的限制。催化剂是无焰装置中最昂贵的部分,选用不同的催化剂,其价格差别很大。但无论何种催化剂,氟利昂对它的化学侵害作用都很大。无论是无焰催化燃烧还是有焰直接燃烧的燃烧式降氧设备,工作时均使用可燃性气体,其易燃易爆性能给运输、保管和使用带来不安全因素。同时,在工作中,燃烧前后的气体既要加热又要冷却,能源和水资源的消耗较大。因此,燃烧式制氮机正在被逐步淘汰。

燃烧式制氮机的选型：

$$L = 2.14Va / \tau_a \tag{6-8}$$

式中 L——制氮机的氮产气量（ m^3/h ）；

V——气调库的容积（ m^3 ）；

a——气体容积系数；

τ_a——建立气调工况所需时间（ h ）。

2. 二氧化碳脱除机

吸收式二氧化碳脱除机基本原理：含有较高浓度 CO_2 的空气被抽到脱除机中，活性炭吸附 CO_2 后，再将吸附后的低浓度的 CO_2 气体送回原处，从而达到吸附 CO_2 的目的。一段时间后活性炭即达到饱和，再也不能吸附 CO_2 。此刻，另一套循环系统启动，将新鲜空气吸入，使被吸附的二氧化碳脱除，排入大气。如此吸附、脱附交替运行，从而脱除库内多余的 CO_2 。

CO_2 脱除机的选型：

$$G = Va(C_1 - C_2) / \tau + gb \tag{6-9}$$

式中 G—— CO_2 脱除机能力（ m^3/h ）；

V——气调库的容积（ m^3 ）；

a——气体容积系数；

C_1—— CO_2 脱除前的浓度（ % ）；

C_2—— CO_2 脱除后的浓度（ % ）；

τ—— CO_2 脱除工作时间；

g——气调库果蔬的储藏量（ kg ）；

b——每千克果蔬每小时排出的 CO_2 量（ m^3/h ）。

3. 乙烯脱除机

（1）高锰酸钾氧化法基本原理：用饱和高锰酸钾水溶液（通常使用浓度为 5%~8% ）浸湿多孔材料（如膨胀珍珠岩、膨胀蛭石、氧化铝、分子筛、碎砖块、泡沫混凝土等），然后将此载体放入库内、包装箱内或闭路循环系统中，利用高锰酸钾的强氧化性将乙烯氧化脱除。该方法脱除效率低，一般用于小型或简易贮藏库。

（2）高温催化分解法基本原理：其核心部分是特殊催化剂和变温场电热装置。所用的催化剂为含有氧化钙、氧化钡、氧化锶的特殊活性银。变温场电热装置可以产生一个从外向内温度逐渐升高的变温度场（由 15 ℃→ 80 ℃→ 150 ℃→ 250 ℃ ），从而使除乙烯装置的气体进出口温度不高于 15 ℃，但是反应中心的氧化温度可达 250 ℃，这样既能达到较理想的反应效果，又不给库房增加明显的热负荷，一般采用闭环系统。这种乙烯脱除机是用于清除库内乙烯和客观存在的有害气体的催化转换器，不仅能将库内的乙烯浓度控制在允许的范围内，还能对库内气体进行高温消毒杀菌处理，减少贮藏中的霉变损失，确保果蔬的贮藏质量。该设备采用独特的变温度场设计，既能保证催化转换所需的高温，又能将高温处理后的气体迅速冷却，避免引起库内温度剧烈波动。

乙烯脱除机主要是按脱除时间来进行选型。

$$Q = Va / \tau \tag{6-10}$$

式中 τ——除脱时间。

4. 气体平衡袋

气体平衡袋基本原理:气调库是一种密闭式冷库,当库内温度升降时,其气体压力也随之变化,常使库内外形成气压差。当库外温度高于库内温度 1 ℃时,外界大气将对维护库板产生 40 Pa 压力,温差越大,压力差越大。为消除压力差,通常在气调库上装置有平衡袋和安全阀,以使压力限制在设计的安全范围内。国外推荐的安全压力数值为 ±190 Pa,当库内外压差大于 190 Pa 时,库内外的气体将发生交换,防止库体结构破坏,平衡袋起调节作用,平衡库内外压力。

气体平衡袋的计算:

$$\Delta V = Va(r_0 - r_1)v_0 \tag{6-11}$$

式中 V——气调库的容积(m^3);

a——气体容积系数;

r_0——空气变化前的密度(kg/m^3);

r_1——空气变化后的密度(kg/m^3);

v_0——空气变化前的比容(m^3/kg)。

5. 气调门

气调门是气调库与外界连接的唯一通道,在关闭时需要完全密封。冷库门门扇内一般采用聚氨酯压力注射机注射一次发泡成型,聚氨酯组织密实,均匀充满门内各处,无缩泡现象,门面平整美观,有可靠的保温和隔热性能。冷库门的导轨采用高强度硬质防锈铝合金压制成型,导轨内部采用浮开沉闭开门系统,当冷库门开启时,密封胶条冷库铝合金门框减少摩擦,关闭时冷库门根据门体自重压紧铝合金门框达到密封效果。冷库门一般配合风幕机,能够有效地减少冷库冷量的损失。

6. 水封安全阀

当库内外压力不平衡时,水封安全阀有时直接与外界相连。为防止库内外进行气体交换,必须对平衡阀进行密封。

7. 脱氧机

脱氧机是目前最为先进的气调库降氧设备,其工作原理是采用压力低于 24 kPa 的风机进行循环脱氧,再使用真空泵解析活化,电机采用变频调速技术。这种技术往往被人们误以为是 VSA 制氮机。脱氧机与 VSA 制氮机的最大区别在于,VSA 制氮机仍然以压缩空气为动力源(尽管压力较低),这种含油气源将导致 VSA 制氮机原料的失效,而脱氧机使用的是无油微压风机,原料不存在油污染的情况,其循环风量是 VSA 制氮机的 5 倍以上,这种降氧设备比膜分离制氮机、PSA 制氮机效率高 40%,比 VSA 制氮机高 30%,比制氮机节能40%。

8. 便携式氧测试仪

便携式氧测试仪是用于测量检查气调库内氧含量的便携式仪表,通过电化学传感器等敏感元件,以单片微型计算机为数据处理和控制部件,采用高精度的电子线路和标准化的电源设计,对库内的氧气浓度进行测量,具有测试精度高、稳定性好、操作简单的特点。

9. 便携式 O_2 和 CO_2 检测仪

便携式 O_2 和 CO_2 检测仪是一种质量轻、携带方便的仪表,主要用于果蔬贮藏过程中的随机检测,应具有精度高、操作简单、价格合理的特点。

10. 气调箱

气调箱主要用于对库内的气体成分和匹配比例进行小比例的匹配。它通过不同的通道,可以对箱内的氧气、二氧化碳及氮气进行匹配,从而进行不同的操作。

11. 配气仪

配气仪的主要功能是测量被贮藏果品的气调参数,主要是氮气、氧气、二氧化碳气体的百分比含量。确定的气调参数准确与否在很大程度上决定了贮藏的成败和贮藏果品的质量好坏。通过配气仪可调整库内气体的不同比例。

4.3.3 气调库气密性检测

为保证气调库内气体成分调节速度快、波动幅度小,提高贮藏质量,降低成本,就必须保证库体有良好的气密性。《制冷设备、空气分离设备安装工程施工及验收规范》(GB 50274—2010)中"组合冷库"一节规定:"气调冷库在库体安装后,应进行库体气密性试验,试验应符合下列要求:启动鼓风机,当库内压力达到 100 Pa 后停机,同时应开始计时;当试验至 10 min 时,库内剩余压力不应小于 50 Pa。半压降时间为 10 min。"砌筑式土建库的密封试验也应按此标准执行。

实际上,这是一个比较低的标准,随着我国气调技术朝低氧(LO)和超低氧(ULO)方向发展,对气密性的要求也会相应地提高。国外文献报道,对低氧库,试验压力为 20 mmH$_2$O柱,半压降时间为 20 min;对于超低氧库,试验压力为 30 mmH$_2$O 柱,半压降时间为 30 min。这就要求气调库的设计和施工要做很大的改进。

气调库在库体进行密封性试验时,应注意以下问题:试验前将库门打开,库内外空气应充分交换,时间不应少于 24 h;要测试的库房及相邻的库房在测试前及试验中,应尽量保持温度的恒定。为避免外界气温的变化对库内温度的影响,应选择外界气温变化最小的时刻,一般都选在清晨进行测试;当库内压力达到测试压力后,初始库内压力可能会在短时间内下降较快,这可能是由于鼓入空气较热,被迅速冷却所致,所以鼓入空气压力应比试验压力高2~3 mmH$_2$O,等到库温稳定后,库压降至试验压力后,再进行测试;库内压力值应每隔 1 min记录一次,读数应准确到 0.5 mmH$_2$O,并绘制库内压力随时间变化的曲线。

按上述要求进行密封试验,一面 100 m² 的库墙将会均匀承受总压力为 1 000 N 的侧向力。如果库内温度因化霜等原因而提高 2 ℃,这个力将会提高到 7 300 N。有的气调库由于初始降温太快,库内外的气体得不到及时的交换,库内由于负压太高,使库体在大气压力作用下被压塌。为避免这种情况发生,每间库房都配装一个气压平衡袋(也称气调袋),它的体积等于库房容积的 0.5%~0.8%。库内温度升高,库气膨胀,库气将流入气调袋;库内温度降低,库气收缩,库气将从平衡袋流入库内,气调袋用质地柔软、不透气又不易老化的材料制成,应承受 14 mmH$_2$O 柱以上的密封压力试验。另外,每间库房还应安装一台气压平衡安全阀（简称平衡阀），在库内外压差大于 200 Pa 时，库内外的气体将通过平衡阀发生交换，以防止库体结构遭到破坏。平衡阀分干式和水封式两种，直接与库内相通。在一般情况下，平衡袋起调解作用，只有当平衡袋容量不足以调解库内温度变化时，平衡阀才起作用。水封式平衡阀须经常检查水位高度，以防水分蒸发后，水封的压差减小。

Chapter 7

第 7 章
冷库建筑图纸绘制与文档编写

本章首先介绍冷库建筑绘图要求,包括图框、符号、尺寸标注等的绘制要求,这些是图纸绘制的基础,有助于图纸绘制标准合理;其次介绍剖面图、立面图等的绘制,可以为建筑结构提供详图和配备必要的定型图集;最后介绍冷库建筑设计文档,这些文档的内容与冷库建筑图纸一起付诸实施,才能把符合功能要求、设备配套与达到设计预期效果的冷库建造出来。

1 冷库建筑绘图要求

为了使建筑图画法统一,图面简洁清晰,符合施工要求,有利于提高设计效率,保证图纸质量,相关部门分别颁布了《房屋建筑制图统一标准》(GB/T 50001—2017)、《总图制图标准》(GB/T 50103—2010)、《建筑制图标准》(GB/T 50104—2010)、《建筑结构制图标准》(GB/T 50105—2010)、《建筑给水排水制图标准》(GB/T 50106—2010)、《暖通空调制图标准》(GB/T 50114—2010)。

本课程与前四个标准中的有关内容联系密切,现分述如下。

1.1 绘图相关要求

1. 图框

图框是指工程制图中图纸上限定绘图区域的线框。图纸上必须用粗实线画出图框。图框格式有留装订边和不留装订边两种,但同一产品图样只能采用一种格式。留装订边的图框格式如图 7-1 所示,不留装订边的图框格式如图 7-2 所示。

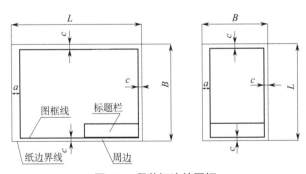

图 7-1　留装订边的图框

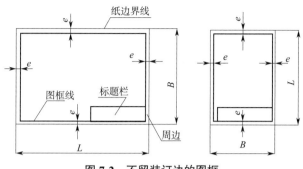

图 7-2　不留装订边的图框

2. 图纸

为使图纸整齐划一,全套施工图应以一种规格的图纸为主,尽量避免大小幅面掺杂使用。基本图幅见表 7-1。特殊情况下,图纸的长边可加长,但短边不得加长,且应符合表 7-2 的规定。

表 7-1　基本图幅　　　　　　　　　　　　　　　（mm）

图纸幅面	$B \times L$	a	c	e
A0	841 × 1 189	25	10	5
A1	594 × 841	25	10	5
A2	420 × 594	25	10	5
A3	297 × 420	25	5	10
A4	210 × 297	25	5	10

表 7-2　加长图幅　　　　　　　　　　　　　　　（mm）

幅面尺寸	长边尺寸	长边加长后尺寸
A0	1 189	1 486,1 635,1 783,1 932,2 080,2 230,2 378
A1	841	1 051,1 261,1 471,1 682,1 892,2 102
A2	594	743,891,1 041,1 189,1 338,1 486,1 635,1 783,1 932,2 080
A3	420	630,841,1 051,1 261,1 471,1 682,1 892

注:有特殊需要的图纸,可采用 841 mm × 891 mm 与 1 189 mm × 1 261 mm 的幅面。

3. 参考用标题栏与线型

（1）标题栏:每张图纸都必须有一个标题栏,用来填写工程项目名称、图纸名称、图纸编号、设计单位、设计人、制图人、比例等内容,《房屋建筑制图统一标准》(GB/T 50001—2017) 对图纸标题栏的尺寸、格式和内容都有规定。图 7-3 所示为标题栏的格式。

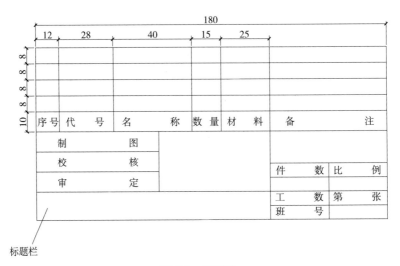

图 7-3 标题栏

（2）图线的宽度应从下列线宽系列中选取：1.4 mm、1.0 mm、0.7 mm、0.5 mm。每个图样应根据复杂程度与比例大小，先确定基本线宽，再选用表 7-3 中相应的线宽组。

表 7-3 线宽组 （mm）

线宽比	线宽组			
b	1.4	1.0	0.7	0.5
$0.7b$	1.0	0.7	0.5	0.35
$0.5b$	0.7	0.5	0.35	0.25
$0.25b$	0.35	0.25	0.18	0.13

注：1. 需要缩微的图纸，不宜采用 0.18 mm 及更细的线宽。
　　2. 同一张图纸内，各不同线宽中的细线，可统一采用较细的线宽组的细线。

（3）文字的字高、字宽应从表 7-4 中选用。

表 7-4 仿宋字体的字高、字宽 （mm）

字高	20	14	10	7	5	3.5
字宽	14	10	7	5	3.5	2.5

4. 剖切符号

剖切符号一般由两部分组成，分别为长边（位置线）和短边（方向线），长短两边互相垂直。剖切位置线即所要表示的垂直面与水平面的切线。剖切方向线则相当于一个箭头，其指向即为人眼所看向的方向。

（1）剖视的剖切符号应由剖切位置线与剖视方向线组成，均应以粗实线绘制。剖切位置线的长度宜为 6~10 mm；剖视方向线应垂直于剖切位置线，长度应短于剖切位置线，宜为

4~6 mm（图 7-4）。绘制时,剖视的剖切符号不应与其他图线相接触。

（2）剖视剖切符号的编号宜采用阿拉伯数字,按顺序由左至右、由下至上连续编排,并应注写在剖视方向线的端部。需要转折的剖切位置线,应在转角的外侧加注与该符号相同的编号。

（3）建（构）筑物剖面图的剖切符号宜注在 ±0.000 标高的平面图或首层平面图上。

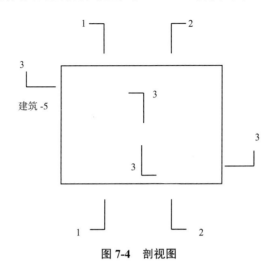

图 7-4　剖视图

5. 引出线

（1）引出线应以细实线绘制,宜采用水平方向的直线,与水平方向成 30°、45°、60°、90°的直线,或经上述角度再折为水平线。

（2）多层构造或多层管道共用引出线,应通过被引出的各层。文字说明宜注写在水平线的上方,或注写在水平线的端部,说明的顺序应由上至下,并应与被说明的层次相互一致;如层次为横向排序,则由上至下的说明顺序应与由左至右的层次对应一致（图 7-5）。

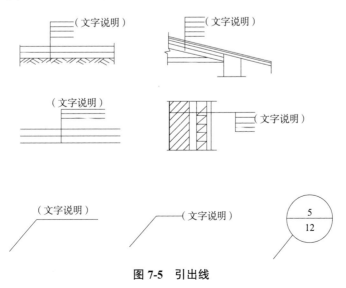

图 7-5　引出线

6.定位轴线

（1）定位轴线应用细单点长画线绘制。

（2）定位轴线一般应编号,编号应注写在轴线端部的圆内。圆应用细实线绘制,直径为8~10 mm。定位轴线圆的圆心应在定位轴线的延长线上或延长线的折线上。

（3）平面图上定位轴线的编号,宜标注在图样的下方或左侧。横向编号应用阿拉伯数字,从左至右顺序编写;竖向编号应用大写拉丁字母,从下至上顺序编写(图7-6)。

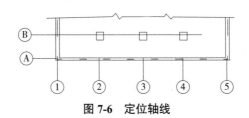

图7-6　定位轴线

7.尺寸标注

（1）尺寸标注包括尺寸界线、尺寸线、尺寸起止符号和尺寸数字(图7-7)。

（2）尺寸数字一般应依据其方向注写在靠近尺寸线的上方中部。如没有足够的注写位置,最外边的尺寸数字可注写在尺寸界线的外侧,中间相邻的尺寸数字可错开注写(图7-8)。

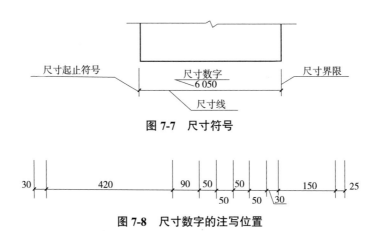

图7-7　尺寸符号

图7-8　尺寸数字的注写位置

1.2　轴测图

正等测:将形体放置成使它的三条坐标轴与轴测投影面具有相同的夹角(35° 16′),然后向轴测投影面进行正投影,用这种方法作出的轴测图称为正等轴测图,简称正等测图(图7-9)。

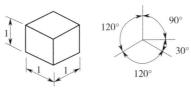

$$p=q=r=1$$

图 7-9　正等测图

正二测:两个轴向伸缩系数相等($p=q \neq r$ 或 $p=r \neq q$ 或 $q=r \neq p$)的正轴测投影,称为正二等轴测图,简称正二测图(图 7-10)。

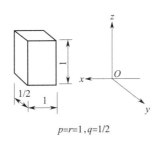

$$p=r=1, q=1/2$$

图 7-10　正二测图

正面斜等测和正面斜二测(图 7-11):斜二测画法是作空间几何直观图的一种有效方法,是空间几何直观图的画法基础。

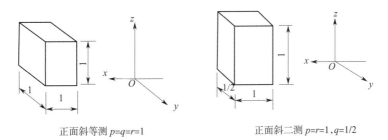

正面斜等测 $p=q=r=1$　　　　　正面斜二测 $p=r=1, q=1/2$

图 7-11　正面斜等测和正面斜二测

水平斜等测和水平斜二测(图 7-12):若以 H 面或 H 面平行面作为轴测投影面,则可得水平斜等测投影。

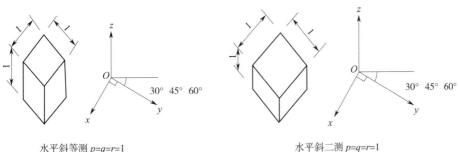

水平斜等测 $p=q=r=1$　　　　　水平斜二测 $p=q=r=1$

图 7-12　水平斜等测和水平斜二测

1.3 冷库建筑图例

冷库建筑图均按比例缩小画在图纸上,由于图纸的幅面有限,有些构件不能如实反映在图纸上,因此必须采用一些符号来代表某些构件和建筑材料,这些符号称图例。表 7-5 列出了部分图例。

表 7-5 部分图例

名称	图例	名称	图例
闸阀		异径管	
压力调节阀		偏心异径管	
升降式止回阀		堵板	
旋启式止回阀		法兰	
减压阀		法兰连接	
电动闸阀		丝堵	
滚动闸阀		人口	RK
自动阀门		流量孔板	
带手动装置的阀门		放气管	
浮力调节阀		防雨罩	
密闭式弹簧安全阀		地漏	
开启式弹簧安全阀		压力表	
放气阀		U 形压力表	
自动放气阀		自动记录压力表	
立管及立管上阀门		水银温度计	
挡住阀		二次蒸发器	
疏水器		室外架空管道固定支架	
U 形补偿器		室外架空煤气管道单层支架	
套管补偿器		室外架空煤气管道摇摆支架	
波形、鼓形补偿器		漏气检查点	

2　冷库建筑剖面图绘制

2.1　建筑剖面图

假想用剖切平面在建筑平面图的横向或纵向沿房屋的主要入口、窗洞口、楼梯等需要剖切的位置上将房屋垂直地剖开,移去靠近观察者视线的部分后所作的正投影图,称为建筑剖面图,简称剖面图。

2.2　剖面图的形式与作用

建筑剖面图是表示建筑物内部垂直方向的高度、楼层分层、垂直空间的利用以及简要的结构形式和构造方式等情况的图样,例如屋顶形式、屋顶坡度、接口形式、楼板搁置方式、楼梯形式及其简要的结构、构造等。由于剖面图表示的是建筑物内部空间在垂直方向的安排和组织,所以只有与平面图、立面图结合并辅以详图,才能清楚地识读建筑物内部构配件。剖面图是建筑物不可缺少的重要图样之一。

2.3　剖面图位置选择

要想使剖面图达到较好的图示效果,必须合理选择剖切位置和剖切后的剖视方向。应根据图样的用途和设计深度,在平面图上选择能反映全貌、构造特征以及有代表性的部位剖切。在设计过程中,剖切位置一般选在楼梯间通过门窗洞口的位置。剖切数量视建筑物的复杂程度和实际情况而定,并用阿拉伯数字(如 1—1、2—2)或拉丁字母(如 A—A、B—B)命名。

2.4　建筑剖面图图示内容

(1)图名、比例。由于房屋建筑的体形庞大,必须将其缩小方能画在图纸上,这样就产生了图形的大小与实际大小的比例,该比例叫作缩尺比例。例如长为 1 m 的构件,在图纸上画成 10 mm 长,即为原长的 1%。我们称这种图样的比例是 1∶100,也就是说图上的 1 mm 相当于实际的 100 mm;而 10 mm 就相当于实际的 1 000 mm(1 m)。

(2)外墙(或柱)的定位轴线及其间距尺寸。

(3)剖切到的室内外地面(包括台阶、明沟及散水等)、楼面层(包括吊顶天棚)、屋顶层(包括隔热通风层、防水层及吊顶天棚);剖切到的内外墙及其门、窗(包括过梁、圈梁、防潮层、女儿墙及压顶);剖切到的各种承重梁和连系梁、楼梯梯段及楼梯平台、雨篷、阳台以及剖切到的孔道、水箱等的位置、形状及其图例。一般不画出地面以下的基础。

(4)未剖切到的可见部分,如看到的墙面及其凹凸轮廓、梁、柱、阳台、雨篷、门、窗、踢脚、勒脚、台阶(包括平台踏步)、水斗和雨水管,以及看到的楼梯段(包括栏杆、扶手)和各种装饰等的位置和形状。

（5）竖直方向的尺寸和标高。

（6）详图索引符号。

（7）某些用料注释。

图 7-13 所示为冷库剖面图。

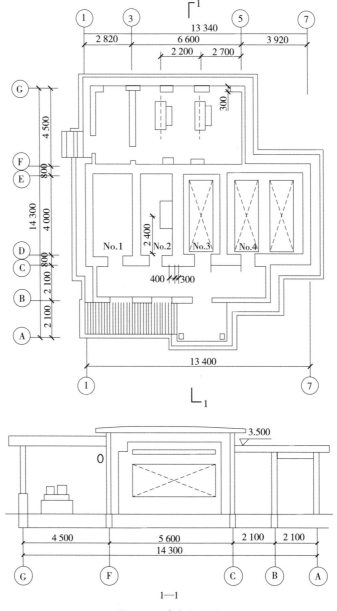

图 7-13　冷库剖面图

3　冷库建筑立面图、平面图、轴测图绘制

3.1　立面图

在与房屋立面平行的投影面上所作的正投影图,称为建筑立面图,简称立面图。建筑立面图是用来表示建筑物的外形和外墙面装饰要求的图样。立面图可根据房屋的朝向来命名,如南立面图、北立面图、东立面图、西立面图;也可以根据主要入口来命名,通常把主要入口或反映房屋主要外貌特征的立面图称为正立面图,而其他三个面分别称为背立面图和左、右侧立面图;还可以根据立面图两端轴线的编号来命名。

立面图包括以下内容:

(1)图名、比例;

(2)立面图两端的定位轴线及其编号;

(3)门、窗的形状、位置;

(4)屋顶外形;

(5)各外墙面、台阶、花台、雨篷、窗台、阳台、雨水管、水斗、外墙装饰及各种线脚等的位置、形状、用料和做法(包括颜色)等;

(6)标高及必须标注的尺寸;

(7)详图索引符号。

3.2　平面图

建筑平面图,简称平面图,是将新建建筑物或构筑物的墙、门窗、楼梯、地面及内部功能布局等建筑情况,以水平投影方法和相应的图例绘制出来的图纸。

假想用一个水平剖切面沿房屋窗台以上位置通过门窗洞口将房屋剖切开,移去剖切平面以上的部分,绘出剩余部分的水平投影图,该图称为建筑平面图。多层房屋一般有底层平面图、标准层平面图、顶层平面图三个平面图。所谓标准层平面图,是指除了底层和顶层的各中间层的平面图,若中间各层完全相同,则共用一个标准层平面图;若中间各层仅有局部不同,可只绘出不同处的局部平面图,否则应绘出每一层的平面图。在各平面图下方应注明相应的图名及采用的比例。

建筑平面图(图 7-14)包括以下内容:

(1)楼层、图名、比例;

(2)纵、横定位轴线及其编号;

(3)各房间的组合和分隔,墙、柱的断面形状及尺寸等;

(4)门窗布置及其型号;

(5)楼梯的形状、走向和级数;

(6)其他构件,如台阶、花台、雨篷、阳台以及各种装饰的位置、盥洗室、厨房等固定设施的布置;

（7）尺寸和标高以及某些坡度；

（8）底层平面图中应标明剖面图的剖切位置线和剖视方向及其编号，绘制表示房屋朝向的指北针；

（9）屋顶平面图应表示出屋顶形状、屋面排水方向、坡度或泛水，以及其他构配件的位置；

（10）详图索引符号。

注：应标注各房间名称，必要时注明各房间的有效使用面积。

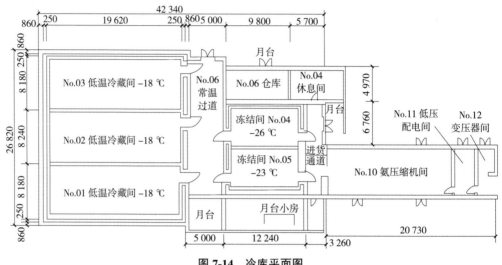

图 7-14　冷库平面图

3.3　轴测图

轴测图是一种单面投影图，在一个投影面上能同时反映出冷库建筑三个坐标面的形状，展现整个制冷系统的立体结构。

在工程上常把轴测图作为辅助图样来说明机器的结构、安装、使用等情况，在设计中，用轴测图帮助构思、想象物体的形状，以弥补正投影图的不足。冷库轴测图如图 7-15 所示。

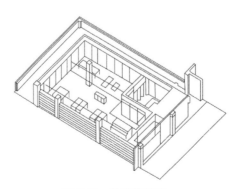

图 7-15　冷库轴测图

4 冷库建筑设计文档

冷库建筑设计文档的主要内容是冷库设计的具体标准和要求。一个冷库从计划建设到建成投产一般要经过以下几个阶段:根据资源条件和发展国民经济长远规划及布局的要求,提出基本建设项目建议,进行可行性研究,编制计划任务书,选定建设地点;任务书和选点报告经过批准后,进行勘察设计;初步设计经批准,项目列入年度计划后,组织工程施工;工程按设计内容建成后,进行验收,交付使用。

4.1 土建设计

土建设计主要涵盖冷库的总平面布置,冷库建筑的平面、立面和剖面设计。

(1)总平面布置:根据生产工艺过程、场地条件,合理布置厂区内所有的建筑物、构筑物和其他设施;正确地选择厂区内外交通运输系统,合理地组织人流和物流;根据生产要求,结合场地条件,合理地布置地上和地下工程管网,进行厂区竖向布置,进行厂区的绿化与美化设计,创造完美的建筑艺术群体。

(2)冷库建筑平面设计:依据设计任务书规定的冷库性质、生产规模、总平面所给定的位置、食品冷加工及冷藏工艺流程、库内装卸运输方式、制冷系统、设备及管道的特点,对冷库的各冷间、辅助用房、楼电梯间、穿堂、站台等进行合理布置,要求做到技术先进、安全适用、经济合理、适当注意美观。

(3)冷库建筑剖面设计:垂直方向上的设计,解决房屋的剖面形式、构造及各部分高度的问题,剖面设计要和平面设计统一考虑,根据生产工艺的需要解决冷库设计中的各种设计标高问题。

(4)冷库建筑立面设计:立面设计是平面及剖面设计的延续,根据平面上水平方向的各种尺寸及剖面上垂直方向的尺寸,画出立面图,并对平、剖面加以调整、统一和加工,以达到美观的目的。

4.2 工艺设计

通过计算,选择制冷机设备型号,确定制冷系统和各冷间的平面图、立面图、剖面图及施工安装大样图。其每部分需要考虑的因素如下。

(1)冷库库房:通过考虑冷库设计的适用性和先进性布置冷加工车间、冷藏间、库房辅助用房。

(2)工艺施工图:包括制冷工艺安装说明书,设备材料规格数量表,机器间、设备间的平、立、剖面图,机房详图、透视图,冷藏间平、立、剖面图,冻结间平、立、剖面图,冷风机安装图,设备、管道隔热层包扎图,冷藏间顶管制作详图,管道安装图,安装吊点图,定型及非标准设备制作图,选用的通用图等。

4.3　给排水设计

给排水设计的内容有冷库内外及冷库各组成部分的给排水管道布置走向、设备布置及污水处理等。其需要考虑的因素如下。

（1）红线以内的室外给水系统、污废水系统、雨水系统。

（2）红线以内的室外消防系统，建筑以内的生活给水系统、生活热水系统、污废水系统、雨水系统，室内消火栓给水系统、自动喷洒系统等消防水灭火系统。

（3）室内排水系统、消防给水系统、气体灭火系统，室外给排水、雨水及消防系统的设计。

4.4　采暖通风设计

采暖通风设计包括库内外的采暖通风系统，管道设计、构造、安装等，主要考虑因素如下。

（1）确保安全生产运营是项目设计的前提，尤其强化对氨制冷系统的检测、监控，设置灵敏完善的安全预警体系。

（2）冷库属于工业仓储类项目，建筑物的服务及加工对象是货物及食品，人对建筑物的需求处于次要地位，在设计中要始终贯穿这个指导思想，做到功能齐全、工艺合理，满足一切需要满足的食品卫生及建筑安全规范。

4.5　电气设计

电气设计包括变配电设计、照明设计和电气自动化设计。其主要考虑的因素如下。

（1）配电系统，电力系统，照明系统，建筑物防雷保护、安全措施及接地系统，制冷自动控制系统，火灾自动报警与消防联动控制系统，电视监控、通信网络系统，冷库管理信息系统。

（2）高压供电系统及其保护、变配电站、低压动力配电系统、照明及其配电系统、消防及应急照明配电系统、设备控制系统、防雷及接地系统、通信与智能化系统等。其中主要内容包括设备自动化监控系统、变电所位置的确定、电气照明设计、防雷与接地系统。

（3）强电工程：10/0.4 kV 变配电系统（变电、低压配电系统）；电气照明系统（含场地照明）；防雷和接地系统。

（4）弱电工程：通信网络综合布线系统；有线电视系统；安全防范系统；建筑设备监控系统；公共广播系统（兼消防紧急广播系统）；火灾自动报警系统。

4.6　冷库建筑的隔热与隔汽防潮

冷库建筑的隔热与隔汽防潮包括冷库围护结构的隔热设计与隔汽防潮设计，主要考虑的因素如下。

（1）隔热材料：导热系数小；不散发有毒物质或异味，不易变质；块状材料不易变形，易于切割加工，便于与基层黏结；地面、楼面采用的隔热材料，其抗压强度不应小于 0.25 MPa，应为难燃或者非燃材料。

（2）冷库隔热方案选择：可以采取内隔热结构、外隔热结构与外断热结构。

（3）防止和控制冷凝的措施：合理布置外围护结构的各层材料，合理设置隔汽防潮层与通风间层。

4.7　节能及环保措施

（1）充分考虑将来冷库人工成本的快速增长趋势，在冷库的设计过程中尽量提高自动化程度，最大可能地节约人工，同时体现人性化设计的理念。

（2）尽量采用新工艺，选用科技含量较高的新设备及环保节能的新材料，做到冷库建成后各个方面在将来一定时期内处于国内同行业领先水平。

（3）电耗是运营成本的重要组成部分，节能的思想始终需要贯彻在设计全过程的每一个环节。同时，应减少碳排放和实现零污染。

（4）固体废弃物的处理：项目产生的固体垃圾主要为生产垃圾、废包装物、生活垃圾等。在冷藏区内应设置一定数量的垃圾箱，垃圾经分类收集后及时清运，集中处理。垃圾箱的位置要合理，防止二次污染。

（5）建筑外围护结构采取保温措施，减少冷损，各部分围护结构传热系数值均小于节能标准的限定值。所有供冷系统管线设计合理，做好保温隔热措施，以减少管路冷损失。

在冷库设计工作中，工艺设计是主导，必须先行。根据各种不同类型食品冷库的规模，确定各冷间的公称容积及各加工间、机器间、设备间的建筑面积，然后根据生产流程决定它们之间的相对位置，提出工艺对建筑的要求，建筑设计一般是在工艺平面布置方案基础上进行的；同样，水、电设计也是根据工艺要求而定的。

因此，各工种必须在设计和施工期间密切配合，才能做出比较理想的合乎实际的冷库设计。

Chapter 8

第8章
冷库施工与运行管理

本章主要介绍冷库的施工与运行管理,包括冷库施工流程、冷库运行操作管理、库房卫生管理和冷库节能四个部分,对冷库在建筑施工和运行管理中遇到的问题做出详细的说明,帮助读者进一步了解冷库的施工与运行管理。

冷库施工流程主要包括建筑施工、电路施工、水路施工、消防施工和制冷系统安装施工。其中,建筑施工主要介绍冷库在建造过程中的基础施工,对冷库的土方工程、钢筋工程、模板工程、混凝土工程、砌体工程、屋面工程及其他工程等做了详细介绍,使读者对冷库建筑有整体的把握。

冷库运行操作管理主要包括制冷系统运行前的准备及调试、制冷设备操作管理、冷库保养、安全操作。其中,主要介绍制冷系统运行前的设备检验,检验是否满足正常运转条件;再对制冷设备进行调试,从而对制冷设备运行后的操作管理进行讲解;如何操作、保养冷库可以使其使用寿命延长;制冷设备运行过程中的故障分析和制冷设备正常运行的标志等。

库房卫生管理包括库房环境卫生与消毒、食品冷加工过程卫生管理。其中,对库房环境卫生、设备卫生管理及消毒方法做了详细的介绍,对食品在冷加工过程中的卫生要求进行讲解,帮助读者了解更多的库房卫生管理相关知识。

冷库节能包括制冷系统节能、操作及自动化控制节能、设备运转节能。其中,基于系统、设备、操作分别进行相关的节能介绍,有利于读者更清楚地了解冷库节能的相关措施,为以后学习冷库节能降耗奠定基础。

1 冷库施工流程

在冷库施工过程中,建筑施工是最基础的施工环节,建筑施工直接关系到冷库建筑的安全性、实用性,是整个施工过程中最重要的部分。建筑施工包括土方、钢筋、模板、混凝土、砌体、屋面、门窗、油漆、装饰等多个部分,其中每一部分的作用将直接影响整个冷库的运行和使用。

1.1 建筑施工

1.1.1 土方工程

土方工程是建筑施工的基础,同时也决定着整个冷库建筑的基础设施建设。冷库建筑的基础是埋在地下的,把基础所在位置的土挖出移走再回填,这就叫土方工程。土方工程根据施工蓝图进行现场施工,具体施工方法需要按照现场实际情况确定。土方施工可分为土方开挖和土方回填两部分。

（1）土方开挖：可采取整体开挖，整体验槽，整体做承台基础，基槽修整，挖掘时安排专人跟班指挥作业、测量，严禁超挖。

（2）土方回填：根据现场的情况，在施工区域内，基坑内挖出的土方堆放在建筑物四周，待基础施工结束后将土方直接回填，不足部分采用借土回填。

土方施工的注意事项如下。

（1）根据规范要求，土方回填时均采用分层夯实。基础回填土要求不得含有机杂质和大于 5 cm 的土块，并在施工前测试最佳含水率。当土壤的含水量过大时，可采取晒干、风干的方式。当土过干时，可洒水湿润，以控制含水量范围。

（2）填方每层铺土厚度为 30 cm，用打夯机夯实，墙边等部位处可用手夯夯实，夯击时要一夯压半夯，相互搭接，循序进行，不得漏夯，回填土夯实后的干容重必须符合现行施工规范的规定。

（3）施工中必须注意做好排水工作，施工时在地面要做好截水沟，在基础的周边一侧挖掘排水沟（排水沟上表面平垫层底标高），在建筑物四角和排水沟每 10 m 间距处外侧挖集水井，用浅水泵将地下水排到地面污水井内，确保基坑干燥，杜绝持力层土壤浸水。

（4）整个土方的回填要待地下室结构施工完毕并做完防水后进行。根据设计要求，穿堂回填材料可采用石粉渣或回填土分层夯实，其质量应符合设计要求，保证填方的强度和稳定性。

1.1.2 钢筋工程

钢筋工程的内容包括施工前钢筋技术性能检验、钢筋制作加工、钢筋连接、钢筋安装的质量要求及防雷等。

1. 钢筋技术性能检验

钢筋工程对钢筋技术性能的要求非常严格，钢筋应有出厂质量证明书、试验报告单，钢筋表面或每捆（盘）钢筋均应有标志，进场时按批号及直径分批检验。检验内容包括标志、外观检查，并按现行国家有关标准的规定抽取试样做性能试验，合格后方可使用。

2. 钢筋制作加工

钢筋加工时，应严格按下料表进行下料，并保证成型后的形状、尺寸准确。

加工好的半成品钢筋堆放要整齐、有序，并挂有钢筋规格、型号、数量、部位等的标志牌。

钢筋包括基础钢筋、柱钢筋、墙钢筋、梁钢筋、楼板主筋等。加工后钢筋表面应洁净，附着的油污、泥土、浮锈使用前必须清理干净，可结合冷拉工艺除锈。在加工过程中，钢筋可用机械或人工调直；钢筋切断可根据钢筋号、直径、长度和数量，长短搭配，先断长料后断短料，尽量减少和缩短钢筋短头，以节约钢材。

3. 钢筋连接

基础纵向钢筋的接长采用直螺纹套筒，$d \leqslant 16$ mm 的钢筋采用搭接，搭接长度为 $35d$，接口必须按规范要求错开。主体结构纵筋直径 $d \geqslant 18$ mm 的采用直螺纹套筒连接，其余采用绑扎连接。连接钢筋时，钢筋规格和套筒的规格必须一致，钢筋和套筒的丝扣应干净、完好无损；采用预埋接头时，连接套的位置、规格和数量应符合设计要求；带连接套筒的钢筋应固定牢，连接套筒的外露端应有保护盖；滚轧直螺纹接头的连接，应用管钳或工作扳手进行施工；经拧紧后的滚轧直螺纹接头应做出标记，允许完整丝扣外露 1~2 扣。具体连接接头的形式检验应符合《钢筋机械连接技术规程》(JGJ 107—2016)的各项规定。

4. 钢筋安装的质量要求

绑扎网和绑扎骨架外形尺寸的允许偏差见表 8-1。

表 8-1   绑扎网和绑扎骨架外形尺寸的允许偏差

项目	允许偏差（mm）
网的长、宽	±10
网眼尺寸	±20
骨架的宽及高	±5
骨架的长	±10
箍筋间距	±20
受力钢筋间距	±10
受力钢筋排距	±5

对于钢筋绑扎接头，搭接长度的末端距钢筋弯折处不得小于钢筋直径的 10 倍，接头不宜位于构件最大弯矩处。受拉区域内，Ⅰ级钢筋绑扎接头末端做弯钩，Ⅱ、Ⅲ级钢筋可不做弯钩。钢筋搭接处，应在中心和两端用铁丝扎牢。各受力钢筋的绑扎位置应相互错开，从任一绑扎接头中心至搭接长度的 1.3 倍区段范围内，绑扎接头的受力钢筋截面面积与受力钢筋总截面面积百分率应符合以下规定：受拉区不超过 25%；受压区不超过 50%；绑扎接头中钢筋的横向净距不应小于钢筋直径 d 且不小于 25 mm；受力钢筋保护层厚度必须满足设计要求。

安装钢筋时，配置的钢筋级别、直径、根数和间距应符合设计要求，绑扎的钢筋网和钢筋骨架不得变形、松脱和开焊。钢筋位置的允许偏差应符合表 8-2 的规定。

表 8-2   钢筋位置的允许偏差

项目	允许偏差（mm）
受力钢筋排距	±5
钢筋弯起点位置	20
箍筋、横向钢筋间距	±20
焊接预埋件中心线位置	5
焊接预埋件水平偏差	+3
受力钢筋保护层基础	±10
受力钢筋保护层柱、梁	±5
受力钢筋保护层板、墙、壳	±3

5. 注意事项

由于工程中钢筋数量大，因此防雷接地体要利用建筑物本身的桩、承台、底板、剪力墙内的钢筋焊接成电气通路。

按照规范要求,引下线间距不大于 18 mm,选用足够的柱均匀分布在建筑物四周;每根柱选用 2 根主筋(对角),下端与底板钢筋网焊接连通;每根柱内用作防雷引下线的 2 根主筋用 Φ10 钢筋跨接焊通,提高防雷引下线的可靠性,并确保两主筋电阻平衡度一致。

用作防雷引下线的各柱,根据需要在相应层预埋 100 mm × 100 mm × 8 mm 钢板,钢板与引下线的 2 根主筋焊接连通,以方便测量以及接地。

所有的焊接必须搭接,搭接长度应满足规范要求;基础防雷接地体的工频电阻不大于 1 Ω。

1.1.3　模板工程

模板工程指新浇混凝土成型的模板与支承模板的一整套构造体系。其中,接触混凝土并控制预定尺寸、形状、位置的构造部分称为模板。模板施工包括施工准备、模板安装、模板拆除三个方面。

（1）施工准备:放线;标高测量;模板基底找平;模板定位;规格检查;存放运输。

（2）模板安装:柱、梁、楼板模板可用钢管支撑,以防混凝土浇筑时模板爆裂,楼板模板可采用九夹板。支设模板时,在复核梁、板底标高并校正轴线位置无误后,搭设和调整模板支架(包括安装水平拉杆和剪刀撑),固定钢楞或梁卡具,再在横楞上铺放梁底模板,拉线找直,并用钩头螺栓与钢楞固定,拼接角模。在绑扎钢筋后,安装并固定两侧模板,按设计要求起拱(一般跨度大于 4 m 时,起拱 2‰~4‰)。上下层模板支撑应安装在竖向中心线上,模板底标高断面尺寸、平整度均须符合设计要求和施工规范规定。预埋件绑扎在主筋和箍筋上,预埋件较大时可用点焊固定,但注意不得损伤钢筋。组装的模板必须符合施工设计的要求;各种连接件、支撑件、加固配件必须安装牢固,无松动现象;模板接缝要严密;各种预埋件、预留孔洞位置要准确,固定要牢固。

（3）模板拆除:顺序为后支的先拆,先支的后拆,先拆除非承重部分,后拆除承重部分。承重部位按自上而下的顺序拆模,禁用大锤和撬棍硬砸硬撬。拆模时,操作人员应站在安全处,以免发生安全事故,待该片模板全部拆除后,方可将模板、配件、支架等运出堆放。拆下的模板、配件等,严禁抛扔,要有人接应传递,按指定地点堆放,并做到及时清理、维修和刷涂隔离剂,以备待用。

1.1.4　混凝土工程

混凝土工程是冷库建筑的"稳定剂",直接影响整个建筑的稳固程度。混凝土工程主要包括混凝土配制、浇筑准备、混凝土浇捣等。

1. 对混凝土原材料的要求

水泥进场必须有出厂合格证或进场试验报告,并应对其品种、标号、出厂日期等进行验收,水泥取样送实验室检验,检验结果合格方能用于工程建设。

2. 混凝土的配制

混凝土所用的普通硅酸盐水泥,粗骨料应采用中粗砂,细度模数大于 2.40。粗骨料的含泥量应控制在 1%以下,细骨料的含泥量应控制在 2%以下。

3. 混凝土的浇捣

梁和柱通常采用插入式振动器振捣混凝土。混凝土分层灌注时,每层混凝土厚度不超过 300 mm;在振捣上层混凝土时,应插入下层中 5 cm 左右,以消除两层之间的接缝,同时要在下层混凝土初凝之前振捣上层混凝土。每个插点要掌握好振捣时间,过短不易捣实,过长可能引起混凝土的离析。一般每点振捣时间为 20~30 s,但应以混凝土表面呈水平,不再显著下沉,不再出现气泡,表面泛出灰浆为准。振动器插点要均匀排列,可采用"行列式"或"交错式"的次序移动,不应混用,以免造成混乱而发生漏振。每次移动的距离应不大于振动棒作用距离的 1.5 倍,一般振动棒的作用半径为 30~40 cm。使用振动器时,距离模板不应大于振捣器作用半径的一半,并不宜紧靠模板振动,且应尽量避免碰撞钢筋、芯管、吊环、预埋件或钢绞束管。楼板、屋面板采用插入式振捣器辅以平板式振动器成排依次振捣,前后位置和排与排的相互搭接应有 3~5 cm,防止漏振。每次移动距离应能保证振动器的夹板压过已振实的边缘,一般压边 3~5 cm,以防漏振。振动器在每一位置上的振动时间,以混凝土表面均匀泛浆为准,正常情况下为 25~40 s。

4. 注意事项

在浇筑工序中,应控制混凝土的均匀性和密实性,混凝土拌合物运至浇筑地点后,应立即浇筑入模板。在浇筑过程中,如发现混凝土拌合物的均匀性和稠度发生较大的变化,应及时处理。浇筑混凝土时,应注意防止混凝土分层离析。柱混凝土的自由倾落高度较高,因此应适当调整混凝土坍落度,加强柱底监护。为了使混凝土能够振捣密实,应分层浇捣,在下层混凝土初凝之前,将上层混凝土振捣完毕。振捣时,振动棒与水平面的角度大约为 60°,棒头朝前进方向,棒间距以 500 mm 为宜。要防止漏振,振捣时间以混凝土表面泛浆不再冒出气泡为宜,如此方能确保浇捣密实。混凝土表面应随振捣按标高线进行抹平,浇筑柱混凝土前,底部应先刮浆(与混凝土配比相同的水泥浆)。

混凝土在浇筑及静置过程中,应采取措施防止产生裂缝,由于混凝土的沉降及干缩产生的非结构性表面裂缝,应在混凝土终凝前予以修整。在浇筑与柱连成整体的梁和板时,应在柱浇筑完毕后停歇 1~1.5 h,使混凝土获得初步沉实后,再继续浇筑,以防止接缝处出现裂缝。梁和板应同时浇筑混凝土。较大尺寸的梁(梁的高度大于 1 m)可单独浇筑。

1.1.5　砌体工程

1. 砌墙准备

实心砖及加气混凝土砌块要达到养护强度标准,要分规格、分垛堆放,并检查实心砖外观,要提前对烧结实心砖浇水,并且勤浇水。砌筑前要熟悉图纸,对底皮砖要提前摆砖,并立皮数杆,对操作者进行针对性技术交底,砌筑样板墙(包括转角、丁字头的组砌)。

2. 砌筑工艺施工程序

砌筑流程主要包括:放砖墙线→检查柱、墙预留拉结筋,构造柱、圈梁预埋钢筋→立皮数杆→选砖→砌筑→浇筑构造柱、圈梁→门窗洞过梁安装→上部砌体砌筑。

3. 注意事项

应尽量采用主规格砌块,砌筑时应先清除砌块表面污物和砌块孔洞的底部毛边,砌块应底面朝上。从转角或定位处开始砌筑,内外墙同时砌筑,纵横墙交错搭接。墙体的临时间断处应砌成斜槎,斜槎长度不应小于高度的三分之二。如留斜槎确有困难,除转角处外,也可砌成直槎,但必须采用拉结网片或其他措施,以保证连接牢靠。砌体的灰缝应做到横平竖直,全部灰缝均应填铺砂浆。为了防止外墙渗漏,可对外墙砌体里外两面进行勾缝,以保证灰缝的密实度。

墙体表面的平整度和垂直度,灰缝的均匀程度及砂浆饱满度等应随时检查,并校正所发现的偏差。在砌完每层楼后,应校核墙体的轴线尺寸和标高,允许范围内的轴线以及标高的偏差可在楼板面上予以校正。

砌体的轴线偏差、垂直度以及一般尺寸的偏差必须符合《砌体结构工程施工质量验收规范》(GB 50203—2011)的规定。

1.1.6 屋面工程

1. 材料要求

可采用 SBS 防水卷材与聚苯乙烯保温材料,材料应有出厂合格证书、性能及操作技术规范说明书,经质量检验合格后,方可用于屋面工程。

2. 施工工艺

(1)卷材铺贴顺序:应先铺高跨屋面,后铺低跨屋面,先铺离上料点远的部位,后铺离上料点近的部位,然后由屋面最低标高处向上施工。

(2)卷材铺贴方向:当屋面坡度小于 3% 时,卷材宜平行于屋脊铺贴;当屋面坡度≥3%时,应根据屋面坡度、屋面是否受振动,防水层的黏结方式及黏结强度,是否有机械固定等因素,综合考虑采用平行或垂直于屋脊方向铺贴。

(3)屋面卷材铺贴:平行于屋脊的搭接缝应顺流水方向,垂直于屋脊方向的搭接缝应顺主导风向;卷材的搭接宽度,采用满粘法时应≥80 mm,采用空铺、条铺、点粘法时应≥100 mm,地下工程铺贴时应≥100 mm。

(4)弹线:施工前应根据卷材宽度、平面尺寸和最小搭接宽度,用粉线包或白灰水浸渍的麻线在基层上弹出铺贴边缘线。

(5)卷材收头:应待大面卷材铺贴完成后进行,先将卷材头裁齐压入凹槽内,然后将凹槽用密封材料嵌填密实。无预留凹槽时,应将端头用压条或垫片固定,用卷材条或金属盖板盖住收头部位,端头用密封材料封严。

(6)搭接缝处覆面材料的处理:彩砂、绿页岩片等矿物粘覆面卷材头部搭接缝,先用加热器加热底层表面,用抹子刮掉矿物粒料,然后烘烤上层卷材的底面,使其表面沥青熔化后与底层粘贴。聚乙烯薄膜及铝膜覆面材料,将下层上表面烘烤熔化,同时将上层底表沥青层烤化,粘贴压实边部并挤出沥青。

3. 注意事项

加热卷材时加热器的喷嘴与卷材面的距离应适中,喷嘴应沿幅宽缓缓左右移动,使卷材加热均匀,加热程度以卷材表面呈光亮黑色为宜,不得过分加热或烧穿卷材。卷材表面热熔后应立即滚铺卷材,滚铺时应排除卷材下面的空气,使之平展无皱折,并辊压黏结牢固。搭接缝部位以溢出热熔的改性沥青为度,并随即刮封接口。

1.1.7　其他工程

其他工程主要包括塑钢门窗工程、装饰工程、油漆工程。

（1）塑钢门窗工程是对冷库建筑中门窗进行选材安装的工程。塑钢门窗的品种规格、开启形式应符合设计要求，各种附件配套齐全，并且有产品出厂合格证；防腐材料、嵌缝材料、密封材料、保护材料、清洁材料等均应符合设计要求和有关标准的规定。

（2）装饰工程主要包括墙体抹灰工程和墙体涂料工程两部分，施工应遵守先室外后室内、先上面后下面、先平顶后墙地面的施工顺序，采取交叉流水作业时，必须逐室、逐层，活完手清，并有成品保护措施，顶层室内粉刷应在屋面防水完成后施工。其中施工顺序为基层处理，出塌饼，护角线、压光和面层施工等。

（3）油漆工程主要包括基层处理、满刮油腻子、磨光涂漆、磨光打蜡。油漆工程是建筑工程中的最后一道工序，施工时应特别注意对其他产品的保护，施工时对地面、墙壁面造成的污点应及时处理干净。

1.2　电路施工

电路施工采用的低压配电电压均为交流 220/380 V，配电系统采用树干和放射相结合的方式。所有消防用电设备均为双电源供电，在末端配电箱自动切换，并能在一层消防控制室集中联动控制，以便在火警时统一指挥。所有线路均采用塑料绝缘铜芯导线和电缆，消防用电线路选用铜芯电缆，所有插座线路均采用漏电开关保护，以防人身间接触电。楼梯间、公共通道出入口、应急出口及设备用房等场所均设应急型疏散指示灯，电梯间、楼梯间设层号指示灯。

电气安装工程施工主要包括配合阶段和安装阶段。配合阶段包括管线预留预埋、隐蔽工程记录、隐蔽工程中间验收。安装阶段包括照明线路穿线，绝缘测试电气设备开关箱检查、安装，灯具、开关、插座安装，电气设备开关箱检查、安装，分项通电试验。其主要施工工艺流程详见图 8-1。

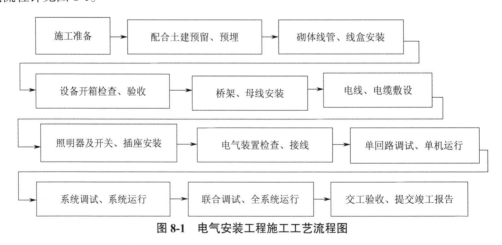

图 8-1　电气安装工程施工工艺流程图

电路系统中的送电调试主要包括动力系统送电调试和照明系统送电调试两部分。送电调试是对电路系统安装的检验，也是对各设备能否满足供电要求的检查，从而保证整个系统电力工作正常。

1. 动力调试要求

对于电机运转调试,应在电机试运转之前进行电机绝缘电阻检查,确定定子、转子线圈之间及其对地的绝缘电阻,符合规范要求后方可进行试运转。同时,要记录电机的各项技术数据,在送电试运转时,先点动试验,检查电机转向是否正确及有无异常情况。电机需进行空载运转和负荷运转试验,两次均需记录启动电流、各相运转电流、运转时间、轴承温度、定子和转子温度、环境温度,并做好电动机检查试运转记录。其他大型用电设备的试运转调试的步骤同电机试运转。在大型设备试运转时,要求生产厂家派专业人员协同调试,以保证调试顺利进行。对系统联动、异地控制调试,与消防有关的系统,利用无线对讲机进行。

2. 调试准备

进行动力线路的绝缘检查及配电箱和控制柜的接线检查,进行各消防联动线路检查,进行设备机房各设备线路的绝缘检查及配电箱和控制柜的接线检查,对其他动力线路的绝缘及配电箱和控制柜的接线进行检查,确保送电回路符合送电要求。

3. 调试步骤

楼层主电源供电电缆母线绝缘检查后,通知低压配电房可以送电,配电房电工确认可以送电后,合闸后挂上通电标识;楼层主电源箱、柜受电后,参照上面的步骤对各分支回路配电,配电至各分配电箱完毕后,挂上送电标识;其他动力设备参照上面的步骤进行送电调试。

4. 照明系统调试

绝缘电阻测试:在各回路送电之前进行一次绝缘电阻测试工作,确认各回路绝缘电阻达到规范要求。

分支回路送电:每次只送一个回路,不能各回路同时送电。送电前,关闭所有开关。送电后,逐个打开开关,观察灯具工作是否正常。检查完该开关控制的灯具后即关上该开关,然后对下一个开关进行检查,依此类推。

分部分项送电:各回路送电检查完毕,确认无误后,方可对该部分灯具进行统一送电,每完成一部分调试,即切断该部分电源,进入下一部分的调试工作。

1.3　水路施工

1.3.1　给水

冷库的水源应就近选用城镇自来水或地下水、地表水。冷库生活用水、制冰原料水和水产品冻结过程中加水的水质应符合现行国家标准《生活饮用水卫生标准》(GB 5749—2022)的规定。生产设备的冷却水、冲霜水,其水质应满足被冷却设备的水质要求和卫生要求,对生产设备的冷却水、冲霜水水质未做硬性规定,可根据各冷却设备对水质的要求确定。如速冻装置,存放的食品对卫生有特殊要求冷间的冷风机冲霜水水质应符合现行国家标准《生活饮用水卫生标准》(GB 5749—2022)的规定。其他用水设备的补充水,有条件的可采用城市杂用水或中水作为水源,其水质应符合现行国家标准《城市污水再生利用 城市杂用水水质》(GB/T 18920—2020)的规定。

1. 冷库给水应保证有足够的水量、水压

冷库生产设备的冷却水、冲霜水用水量应根据用水设备确定。其中,冷凝器采用直流水冷却时,其用水量应按下式计算:

$$Q = \frac{3.6\phi_1}{1\,000c\Delta t}$$ (8-1)

式中 Q——冷却用水量(m³/h);

ϕ_1——冷凝器的热负荷(W);

c——冷却水比热容,c=4.186 8 kJ/(kg·℃);

Δt——冷凝器冷却水进出水温度差(℃)。

冷库的生活用水量宜按 25~35 L/(人·班),用水时间为 8 h,小时变化系数为 2.5~3.0 计算;洗浴用水量按 40~60 L/(人·班),延续供水时间为 1 h 计算。冷库生活用水及用水量是参照现行国家标准《建筑给水排水设计标准》(GB 50015—2019)中工业企业建筑的相关用水定额制定的。

2. 冷库制冷工艺设备用水的水温

冷库制冷工艺设备用水的水温应根据工艺专业提供,并满足下列规定:除蒸发式冷凝器外,冷凝器的冷却水进出口平均温度应比冷凝温度低 5~7 ℃,冲霜水的水温不应低于 10 ℃且不宜高于 25 ℃,冷凝器进水温度最高允许值,立式壳管式为 32 ℃,卧式壳管式为 29 ℃,淋浇式为 32 ℃。

冲霜水水温只做下限的规定,水温不低于 10 ℃,冷库管道长度在 40 m 以内,流动的水不会产生冰冻现象。考虑到目前国内情况及今后发展趋势,有条件时,可适当提高水温,以缩短冲霜时间和减少冲霜水量,但水温不宜过高,如超过 25 ℃,容易产生水雾。

3. 冷却水相关要求

冷库冷却水应采用循环供水,循环冷却水系统宜采用敞开式。蒸发式冷凝器循环冷却水系统宜对循环水进行除垢、防腐及水质稳定处理,满足蒸发式冷凝器循环冷却水运行水质标准,保证制冷系统节能、环保、安全。

蒸发式冷凝器循环冷却水运行水质标准宜满足表 8-3 的要求。

表 8-3 蒸发式冷凝器循环冷却水运行水质标准

序号	项目	单位	允许值
1	悬浮物	mg/L	≤20
2	pH 值	—	6.5~8.0
3	硬度(以 $CaCO_3$ 计)	mg/L	50~500
4	总碱度(以 $CaCO_3$ 计)	mg/L	50~500
5	氯酸根离子含量(以 Cl 计)	mg/L	<125
6	硫酸根离子含量(以 SO_4^{2-} 计)	mg/L	<125

4. 寒冷和严寒地区的循环给水系统

寒冷和严寒地区的循环给水系统应采取如下防冻措施:在冷却塔的进水干管上宜设旁路水管,并应能通过全部循环水量,使循环水不经过冷却塔布水系统及填料,直接进入冷却塔水盘或集水池,冬季冷却效果能满足要求;冷却塔的进水管道应设泄空水管或采取其他保温措施。

循环水泵至冷却塔的循环水管道一般为明敷,在管道上应安装泄空管,当冬季冷却塔停止运转时,可将管道内的水放空,以免结冰。

5. 冷库冲霜水系统相关要求

空气冷却器(冷风机)冲霜水宜回收利用,冲霜水量应按产品样本规定;空气冷却器(冷风机)冲霜配水装置前的自由水头应满足冷风机产品要求,但进水压力不宜过低;当冷间内布置多台冷风机时,冲霜给水应采用相应的平衡措施,保持各台冷风机水量、水压基本一致。冲霜淋水延续时间按每次 15~20 min 计算,速冻装置及对卫生有特殊要求冷间的冷风机冲霜水宜采用一次性用水。

当冷库冷间冲霜水系统采用电磁(电动)阀时,宜就近设置,阀前应设置泄空装置,当环境温度低于 0 ℃时应采取可靠的防冻措施。冲霜、融霜给水管应有坡度,并应坡向空气冷却器(冷风机)或泄水装置,常流水管道排入冲霜排水管道时应设水封。

6. 冷库内生活用水

冷库内生活用水给水管材宜按国家标准《建筑给水排水设计标准》(GB 50015—2019)的规定选用,制冷系统循环水系统、冲霜水系统宜选用焊接钢管或镀锌钢管。

7. 其他用水

冷库库区绿化、车辆清洗、循环水系统补充水等用水可采用城市杂用水或中水(雨水回用)作为水源,其水质应符合现行国家标准《城市污水再生利用 城市杂用水水质》(GB/T 18920—2020)的规定,城市杂用水或中水管道应有明显标记,以免误饮、误用。

1.3.2 排水

(1)冷库穿堂、制冷机房及设备站间、设计温度不低于 0 ℃的冷却间地面宜有排水设施,当采用地漏排水时,地漏水封高度不应小于 50 mm。电梯井、地磅坑等易于积水处应有排水及防止水流倒灌设施。冷库的冷却间、制冷压缩机房以及电梯井、地磅坑等处,都易积水,设置地漏进行有组织的排水是防止这些地方积水的有效方法。冷库穿堂是否设置地漏排水,应根据穿堂使用实际要求确定。冷库建筑的地下室、地面架空层应采取排水措施。冷库的地下室作为车库或人防工程使用时,冷库地面架空层内由于湿度大、不通风也极易积水,因此这些部分都应有排水措施。

(2)冷风机水盘排水、蒸发式冷凝器排水不得与污水管道系统直接连接,应采取间接排水的方式,这是从食品安全卫生方面考虑的。间接排水是指冷却设备及容器与排水管道不直接连接,以防止排水管道中的有毒气体进入设备或容器。

(3)多层冷库中的各层冲(融)霜水排水,在排入冲(融)霜排水主立管前应设水封装置,不同温度冷间的冲(融)霜排水管,应在接入冲(融)霜排水干管前设水封装置。冷库冲霜水系统排水管宜采用金属排水管,根据冷库低温的特点,冷库冲霜水系统排水管宜采用耐冻的焊接钢管或排水铸铁管,冷间内埋地设置的管道宜采用排水铸铁管。当冷却物冷藏间设在地下室时,其冲(融)霜排水的集水井(池)应采取防止冻结和防止水流倒灌的措施。

(4)冷风机采用热气融霜或电融霜时,融霜排水可回收或直接排放。库内融霜排水管道要求保温时可采用电伴热保温。冲(融)霜排水管道的坡度和充满度应符合现行国家标准《建筑给水排水设计标准》(GB 50015—2019)的规定。

(5)冲(融)霜排水、冷间地面排水管道出水口应设置水封或水封井,寒冷地区的水封及水封井应采取防冻措施。设置水封(井)主要是防止跑冷和防止室外排水管道中的有毒气体通过管道进入冷间内,污染冷间内环境卫生。

(6)当给排水管道穿过冷间保温层时,应采取防止产生冷桥的措施,其保温墙体内外两侧管道防冷桥保温的长度均不宜小于1.5 m,给排水管道穿越冷间保温层时会造成冷量损失并产生结露滴水现象,设计中应采取必要的隔断处理措施,冷库穿堂内给排水管道明露部分应采取保温或电伴热等防结露的措施。穿堂内布置的给排水、消防管道应采取防冻措施;在冷库穿堂内敷设的给排水管道,极易产生结露和滴水,故应采取相应的防结露、防冻措施。

1.4　消防施工

消防是对冷库建筑发生火灾时的保护,面对突发火灾时,消防工程可最大限度地保护人员和建筑物,消防施工必须严格按照《中华人民共和国消防法》的规定执行。消防施工主要包括消防给水施工和消防通风工程两个方面。

1.4.1　消防给水施工

消火栓给水系统施工安装的质量好坏,直接关系到扑救火灾的成败,关系到人民生命财产是否安全。因此,消火栓给水系统施工安装应在消防监督机构的监督下进行,并应经过严格的验收方能投入使用,以保证该系统的安全、技术先进、经济合理和方便使用。

(1)施工准备。施工前须获得经公安消防监督机构审批的消火栓给水系统流程图、平面布置图和其他有关文件,消火栓给水系统使用的消防设备均应有国家质量监督检验测试中心的合格证书,管道及管道附件的质量合格证,设备与主要材料应备齐全,且其规格、型号应符合设计要求,所需的土建工程应检验合格。施工现场应能满足施工的要求,安装前要对设备、管道、管道附件、套管等主要材料进行检查,并满足有关要求。

(2)安装要求。

①在安装时必须按消防监督机构审批的设计图纸和技术文件进行,未经消防监督机构批准,不得随意修改,施工单位应做好系统施工安装记录、系统试压记录、系统冲洗记录,消防水泵、稳压泵、消防水泵结合器、管道泵、启动按钮等出厂时已装配调试完善的部分,不应随意拆卸。

②消防水泵安装应符合以下要求:消防水泵的耐火等级、安全出口、紧急照明、电源供应等应符合设计要求;消防水泵的基础尺寸、平面位置、标高应符合设计要求,泵的纵横水平度偏差不应超过1/10 000,测量时应以加工面为基准点,泵与管道连接后,应复校找正情况,若

与管道连接面不正常,应调整管道,而且不应再在其上进行焊接和气割;地脚螺栓的安装及垫铁、灌浆应符合有关要求,电动潜水泵的安装应符合有关要求。

③消火栓给水管道的安装应符合以下要求:管道施工前,与管道连接的设备必须找正合格、固定完毕,必须在管道安装施工前,完成管道的清洗、内部防腐等;管子、管件、阀门、消火栓等,已按设计要求校对无误,内部已清理干净,不存杂物,管道的坡向、坡度应符合设计要求,管道上代表接点的开孔和焊接应在管道安装前进行。

(3)消火栓给水系统的冲洗应在系统试验合格后,分段对管道进行冲洗。管道冲洗合格后,应填写"消火栓给水系统冲洗记录表"。冲洗过程中应使用清洁的水并应连续进行,以出口的水色和透明度与入口处目测一致为合格,流速为设计最大流量或不小于 1.5 m/s。管道冲洗完毕,应将水排尽。

(4)冷库库区应按现行国家标准《建筑设计防火规范》(GB 50016—2014)的有关要求设置室外消防给水系统,并按规定要求设置一定数量的室外消火栓,其保护半径不应小于150 m。制冷机房应设置室外消火栓,室外消火栓可分为地下式消火栓和地上式消火栓,距制冷机房门口处的距离不宜小于 5 m,并不大于 15 m。根据冷库特点,规定在制冷机房门外设室外消火栓,一方面是为了救火,另一方面是当机房制冷剂泄漏时,可作为水幕保护机房人员疏散及抢救人员进入室内关闭阀门等操作。

(5)冷库的消火栓应设置在穿堂或楼梯间内,当环境温度低于 4 ℃时,室内消火栓系统可采用干式系统,但应在首层入口处设置快速接口和止回阀,管道最高处应设置自动排气阀。

(6)根据现行国家标准《建筑设计防火规范》(GB 50016—2014)及《建筑灭火器配置设计规范》(GB 50140—2015)的规定,在穿堂、楼梯间设置消火栓及灭火器,一旦发生火灾,能及时阻止火势蔓延,保护人员撤离。由于冷库常年处于低温高湿环境,冷库内发生火灾的概率小,并且初期火灾蔓延可控,因此冷藏间内可不布置消火栓,但在冷库穿堂及楼梯间设置的消火栓应满足其所在场所两股水柱的要求。

(7)设计温度高于 0 ℃的高架冷库及建筑面积大于 1 500 m² 的非高架冷库,应设置自动灭火系统。自动灭火系统宜采用自动喷水灭火系统,当冷藏间内设计温度不低于 4 ℃时,宜采用湿式自动喷水灭火系统;当冷藏间内设计温度低于 4 ℃时,应采用干式自动喷水灭火系统或预作用自动喷水灭火系统。实践证明,自动喷水灭火系统是最为有效的自救灭火设施。当冷库的库房设计温度高于 0 ℃,且每个防火分区建筑面积大于 1 500 m² 时,设置自动喷水灭火系统是可行的。当冷库内设有分拣、配货功能的穿堂或封闭站台时,该区域内可采用自动喷水灭火系统,以提高消防安全。

1.4.2　消防通风工程

1. 风管安装

风管与法兰必须在专门的加工场内连接,风管与法兰的组配,连接前应检查风管的外径或外边长与法兰的内边尺寸是否符合要求。制作后的弯头、三通等管件的角度、平行度及垂直度应正确,与风管连接前应进行检查校正。

2. 通风机安装

安装前要对通风机的外观质量进行检查,满足要求后才能进行安装。通风机的搬运和吊装应符合下列规定:整体安装的风机,搬运和吊装的绳索不得捆绑在转子和机壳或轴承盖的吊环上;现场组装的风机,绳索的捆绑不得损伤机件的表面,轴颈和轴封等处均不应作为捆绑部位;运送特殊介质的风机转子和机壳内如涂有保护层,应严加保护,不得损伤。

3. 注意事项

风机的润滑、油冷却和密封系统的管路,应清洗干净和畅通,其受压部分均应做强度试验,通风机的进气管、排气管、阀件、调节装置及气体加热和冷却装置的油路系统管路等均应有单独的支撑,并与基础或其他建筑物连接牢固,通风机附属的自控设备和观测仪器、仪表的安装,应按设备技术文件的规定执行,通风机连接的管路需要切割或焊接时,不应使机壳发生变形,一般宜在管路与机壳脱开后进行,通风机的转动装置外露部分应有防护罩。

消声器的安装应严格掌握黏结胶风干时间,分段均匀涂刷黏结材料黏结后,表面用木板负重均匀压实,黏结前风管表面应擦干净。

1.5　制冷系统安装施工

1.5.1　制冷机组的安装

1. 压缩机的安装

压缩机安装应以机座为基准线,进行纵、横向水平度调整。落地安装的压缩机或机组应以共用槽钢基础为基准线。落地安装的设备,采用专用垫铁找正调平(斜垫铁、平垫铁组合),当设备的负荷由垫铁组承受时,每个地脚螺栓旁边至少放一组垫铁,垫铁应靠近地脚螺栓和底座受力部位以及不影响灌浆的位置。设备调平后,在灌浆前将垫铁组定位焊牢(承受重负荷或有较强烈震动的设备,宜使用平垫铁)。压缩机的安装要留有维修空间,便于观察仪表和阀门的调节,机组整体布局合理,各型号机组安装结构应保持一致。其中,半封闭或全封闭压缩机应安装油分离器,并在油分离器内加注适量机油,蒸发温度低于-15 ℃时,应加装气液分离器并加注适量冷冻机油,压缩机底座应安装减震胶座。

2. 冷凝器的安装

冷凝器一般安装在室外楼顶屋面上,在夏季气温较高的环境里,冷凝器的温度本身就很高,使机组运转压力加大。为使冷凝器更好地换热,冷凝器吸风面与墙壁应保持400 mm以上距离,出风口与障碍物保持3 m以上距离,安装时应根据实际情况和产品说明书或冷凝器大小确定相关尺寸。如果高温天气多,可以在屋面冷凝器上加建凉棚,遮挡阳光,使冷凝器温度降低,以达到减轻机器压力,保护机组设备,从而保证冷库温度的目的。当然,如果能力足够可以保温,也可以不建凉棚。图8-1所示为冷凝器安装示意图。

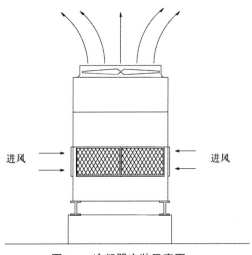

图 8-1　冷凝器安装示意图

3. 冷风机的安装

冷风机的安装位置要求远离库门,在墙的中间,安装后的冷风机应保持水平;冷风机吊装在顶板上时,可用聚酰胺螺栓固定,防止形成冷桥,当用螺栓固定冷风机时,要求在顶板上部加装长度大于 100 mm、厚度大于 5 mm 的方木块,以增加库板承重面积,防止库板凹陷变形,同时可以防止冷桥形成。

冷风机与背墙之间的距离应控制合理的回风空间,对于小型冷库,风机与墙的距离可根据风机大小或按照产品安装说明书确定。当冷库融霜时风机电机必须断开,以防止融霜时将热风吹入库内。冷库装货高度应低于冷风机底部至少 30 cm,防止货物阻挡冷风,从而使冷风机吹出的冷风更远更均匀,从而使库温更稳定。

吊顶式冷风机应以上部平面为基准线,为防止凝结水盘中的水流不出或凝水盘满溢流现象的发生,吊顶式冷风机的凝结水盘应坡向凝结水管。冷风机安装示意图如图 8-2 所示。

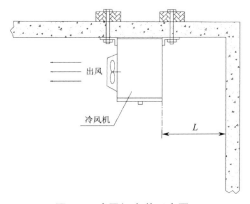

图 8-2　冷风机安装示意图

1.5.2　制冷管路安装

制冷管路安装时,管路管径应参考所连接制冷设备口径并进行二次计算确定,压缩机吸排气管路管径的选择应考虑尽可能地降低管路压降。系统中其他管道应考虑流速及压降对系统的影响。

排气管和回气管应有一定坡度,当冷凝器位置高于压缩机时,排气管应坡向冷凝器,并在压缩机排气口处加装止逆阀,防止停机后气体冷却液化回流到高压排气口处,再启机时造成液压缩。冷风机回气管路应坡向压缩机,确保顺利回油。压缩机回气管路上宜安装过滤器,以防止系统内污物进入压缩机内。冷风机回气管上升立管底部宜安装回油弯。

当膨胀阀与冷风机距离过远时,为防止管路中的制冷剂提前蒸发,造成冷量损失,膨胀阀应安装在尽量靠近冷风机的位置。电磁阀应水平安装,阀体垂直并注意出液方向。

制冷管路焊接时,要留有排污口,按高、低压用氮气进行分段吹污,分段吹污完成后,进行全系统吹污,直至不见任何污物为合格。

制冷系统安装完毕后,要整体美观,颜色一致,不应有管路交叉、高低不平等现象。其他管路的选型、焊接、铺设、固定、保温等必须满足国内相关施工及验收规范的要求。

1.5.3　排水管路安装

库内的排水管路应尽量短,库外的排水管应在冷库背面或侧面不显眼处,以防碰撞及影响美观;冷风机的排水管通往冷库外应有一定的坡度,以使融霜水顺利地排出库外;工作温度低于 5 ℃的冷库,其库内排水管必须加装保温管。为防止排水管结冰堵塞,冷冻库排水管必须安装加热丝。

在库外的连接管必须加装排水存水弯,管内保证有一定的液封,以防止大量的库外热空气进入冷库内。

为防止排水管脏堵,每个冷库必须单独设 S 形融霜水排水地漏(冷藏库可设在库内,冷冻库必须设置在室外),排水管安装施工应严格按照施工图纸要求进行。图 8-3 所示为冷库排水管安装示意图。

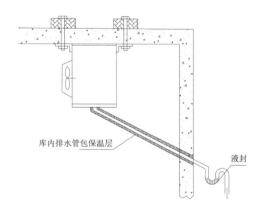

库内排水管包保温层

液封

图 8-3　冷库排水管安装示意图

2　冷库运行操作管理

2.1　冷库操作人员要求

（1）冷库管理人员应具备相应的制冷、食品及冷链物流等专业知识和技能，同时宜具备一定的冷库管理实践经验。

（2）冷库特种作业人员包括制冷工、电工、叉车工、电梯工、压力容器操作工等，均应依据《特种设备安全监察条例》及国家相关规定持证上岗。尤其是制冷工和电工，应经过专业培训，并熟悉冷库制冷系统和自动化控制的操作和维护。

（3）参与冷库运行操作的其他人员，均应遵纪守法、身体健康，严格执行冷库项目中的操作管理制度和规程要求。

2.2　安全生产责任制要求

2.2.1　总经理安全职责

（1）总经理为安全生产的第一责任人。

（2）建立健全并督促落实安全生产责任制，加强安全生产标准化建设。

（3）组织制定并督促落实安全生产规章制度和操作规程。

（4）组织制定并实施安全生产教育和培训计划。

（5）保证安全生产投入的有效实施。

（6）定期研究安全生产问题。

（7）组织建立并落实安全风险分级管控和隐患排查治理双重预防工作机制，督促、检查安全生产工作，及时消除生产安全事故隐患。

（8）组织实施从业人员的职业健康工作。

（9）组织制定并实施生产安全事故应急救援预案。

（10）及时、如实报告生产安全事故，发生生产安全事故时，总经理应当立即组织抢救，并不得在事故调查处理期间擅离职守。

（11）每年向职工代表大会或者职工大会报告安全生产情况。

（12）建立健全重大危险源（重要风险点）安全管理制度并督促落实。

（13）依法设置安全生产管理机构并配备安全生产管理人员。

（14）具备与所从事的生产经营活动相对应的安全生产知识和管理能力。

（15）法律、法规、规章规定的其他安全生产职责。

2.2.2　副总经理（主管安全）安全职责

（1）负责协助总经理履行安全职责，对项目安全生产工作负管理监督责任。

（2）分管安全生产监督管理部门，落实各项安全生产监督管理工作。

（3）主持召开安全生产工作会议,掌握安全生产动态,及时解决生产中存在的安全问题。

（4）落实安全生产中长期发展规划、安全生产目标、安全生产工作计划。

（5）落实安全生产规章制度、安全操作规程,开展安全生产教育培训和考核工作。

（6）组织开展安全生产大检查和专项检查,召开安全生产工作会议,研究和协调解决安全生产工作中存在的重大问题。

（7）组织开展安全事故的调查和处理,加强安全信息沟通。

（8）负责协调与上级和政府有关部门的安全生产工作。

（9）参加或受总经理委托主持召开重要安全工作会议,参与安全生产工作重大决策。

（10）法律、法规、规章规定的其他职责。

2.2.3　安全管理部门职责

（1）负责项目安全生产管理工作,监督检查安全生产工作的落实情况,为各部门提供安全技术支持。

（2）负责收集和识别适用的有关安全生产方面的法律法规。

（3）组织开展危险源辨识和评估,督促落实项目的安全管理措施。

（4）组织拟订安全生产规章制度、安全操作规程和安全事故应急救援预案,并组织开展应急救援演练。

（5）组织安全生产教育和培训,新入职职工的三级安全教育培训,如实记录安全生产教育培训情况。

（6）组织对电工、电气焊工、制冷工、叉车司机等特种作业人员的技术培训,并办理操作证;监督检查特种作业人员持证上岗情况。

（7）组织开展安全检查和各类安全专项检查,对检查出的重大隐患登记建档,并督促整改。

（8）组织项目安全生产会议,下发有关安全工作文件。

（9）合理使用安全生产资金,监督检查劳动防护用品使用和管理。

（10）推进安全生产标准化达标及监督落实安全生产风险管控和重大危险源安全管理情况;检查安全生产状况,及时排查事故隐患,提出改进安全生产管理的建议。

（11）制止和纠正违章指挥、强令冒险作业、违反操作规程的行为。

（12）参与各职能部门所属相关方、危险作业的审批管理;参照《危险化学品企业特殊作业安全规范》（GB 30871—2022）执行并进行现场监护。

（13）参与生产安全事故调查处理,督促落实安全生产整改措施;如实报告生产安全事故,开展事故统计和分析。

（14）参与新建、改建、扩建项目安全设施"三同时"工作。

（15）负责项目中危险化学品检查、管理和审批工作。

（16）加强管理,依靠和发动群众做好防盗、防破坏工作,加强生产要害部位的巡逻,以维护正常生产秩序;负责偷盗、破坏等治安事件的调查、处理和统计上报工作。

（17）在对各部门进行考核评比时,同时考核安全工作;在编制经济责任制时,把安全内容纳入责任制内容,坚持安全否决权。

（18）认真贯彻执行《中华人民共和国消防法》,坚持"预防为主、防消结合"的方针,负责扑救中心火灾工作。

（19）加强战备训练,确保灭火器材、用具等齐全、完好;负责监督检查灭火设施,确保消防设施完备,消防道路畅通。

（20）建立健全义务消防组织,并进行业务技术指导、训练,以提高素质。

（21）法律、法规、规章规定的其他职责。

2.2.4　动力部部长安全职责

（1）坚持"安全第一、预防为主"的方针,认真贯彻执行党和国家的安全生产法律、法规、标准,研究安全生产技术,规范执行操作规程和安全生产管理制度,杜绝"三违",对辖区安全生产和职工健康全面负责。

（2）对新入职员工（包括实习、代培人员）进行部门级安全教育,并按规定组织安全教育,未经安全教育和安全考核不合格者,不能安排工作。

（3）参与制定、修订本项目的安全生产管理制度、安全技术操作规程、安全技术措施,并负责辖区人员的贯彻落实。

（4）组织辖区的安全、防火检查,落实隐患整改,保证设备、管线、安全装置、消防设施、消防器材处于良好状态。

（5）发生事故时,立即组织抢救,保护好现场并立即报告有关部门,负责查明事故原因和采取防范措施。

（6）对安全生产有贡献者及事故责任者提出奖惩意见。

（7）经常布置、检查辖区安全员的工作,支持并充分发挥他们的作用。

（8）严格执行劳动防护用品的发放标准,并抓好上岗职工劳动防护用品的穿戴,保证上岗职工的人身安全和身体健康。

2.2.5　班组长安全职责

（1）对本班组安全生产全面负责。

（2）发现事故苗头和事故隐患及时处理和上报。

（3）坚持班前讲安全、防火,班中检查安全、防火,班后总结安全、防火工作。

（4）认真贯彻执行项目安全规章制度,严格执行操作规程。

（5）发生事故立即报告,并采取有效措施,制止事故扩大,组织、参与、分析事故原因。

（6）对违反操作规程的职工有权阻止其操作,并安排好岗位操作人员,报告领导。

（7）制止未经三级安全教育和安全考核不合格职工上岗。

（8）搞好安全和消防设施、设备的检查和维护保养工作,保持有效适用,检查职工合理使用劳保用品和正确使用各种消防器材。

2.3　制冷系统运行维护

（1）检查压缩机。检查压缩机与电动机的运转部位,应无障碍物且保护罩完好。油面不得低于视孔的 1/2 或在两个视孔之间。各压力表的表阀应全部开启,表的指示值应正常。如压缩机上有旁通管路,应将旁通阀打开。然后检查水套供水管路的连接情况,油压、高压、低压及电气等自动保护装置的就位情况,并确认电动机的启动装置处于启动位置。

（2）检查系统阀门状态。所有阀门均宜设置有"开"和"关"标牌,制冷系统中所有阀门开关状态均处于正常工作状态。

（3）检查系统中的容器液面。系统所有容器中的液位均应处于设计要求的正常状态,一般情况下容器最高允许液位不应超过容器液位的 70%。

（4）其他。检查氨泵、水泵、乙二醇泵和风机等所有动设备的运转部位有无障碍物,电机及各电气设备是否完好,电压是否正常;对所有用电的指示和控制仪表送电,观察仪表的指示等是否正常,若有问题应及时检修。

（5）确认以上所有各项都合格。

（6）启动系统。

2.4 制冷设备操作管理

2.4.1 制冷设备运行调试

1. 蒸发温度的调节

蒸发温度一般由现场压力表或者压力传感器上传到上位机得出,蒸发温度的高低取决于生产工艺的需要及蒸发器的传热温差。正常运转中,蒸发温度随热负荷的变化而变化,要根据实际运行情况进行压缩机的增减载。在压缩机的容量和热负荷不变的情况下,若蒸发器传热情况变差,如霜层或油垢过厚,供液阀开得过小而供液不足以及蒸发器中存油过多等,都会影响蒸发温度和换热效率。这种情况下,应采取相应措施:融霜,适当增大供液量;对蒸发器积油进行清理等。

2. 冷凝温度的调节

冷凝温度可由冷凝压力或排气压力得出。水冷冷凝器的冷凝温度较冷却水出口温度高 4~6 ℃,蒸发式冷凝器的冷凝温度比平均每年不保证 50 h 湿球温度高 7~10 ℃,风冷冷凝器冷凝温度比空气温度高 8~15 ℃,冷凝温度不宜大于 40 ℃。

3. 过冷温度的调节

过冷温度可从节流阀前液体管上由温度传感器测得。单级制冷循环一般利用冷凝器获得过冷,一般过冷温度为 1~3 ℃,双级制冷循环过冷温度一般比中冷器内的温度高 3~5 ℃。

4. 中间温度的调节

中间温度由现场中间压力表或者压力传感器上传到上位机得出。要根据蒸发温度、冷凝温度和高低压容积比确定合理的中间温度。实际使用中采用高低压级压缩机组能量增减载调节中间温度,以达到制冷系统最优的运行能效。

5. 制冷压缩机的调配与转换

压缩机的调配应以首先能够保证末端制冷负荷对制冷系统的要求,同时系统运行稳定并节省用电为原则,并考虑科学安全的操作与管理。其主要依据如下:应尽量使压缩机的制冷能力与热负荷相适应;根据压力比配置压缩机的台数;根据不同的蒸发温度单独配置压缩机的台数,当系统热负荷不大时,允许与相近蒸发温度系统并联配置;压缩机的运转台数应尽可能少,同时单台压缩机运行负载越高越节能;压缩机在运行中如需与已停止降温的冷间相连接,必须缓慢开启调节站的回气阀,密切注意回气温度和压力,及时调整压缩机的吸气阀,防止发生湿冲程。

2.4.2　主要设备操作管理

1. 压缩机操作管理

压缩机到油分离器、冷凝器、高压储液器管路上的阀门开启,蒸发器到低压储液压缩机的管路阀门开启,当使用双级压缩机时,中间冷却器上的进气阀门及蛇形盘管进出液体阀门开启,机器吸排气阀门关闭,各设备上压力表控制阀、安全阀等开启,各设备放油阀关闭。

单级压缩机开机操作:首先应保证油过滤器通畅,打开排气阀,接通电源后,启动压缩机,应缓慢开启吸气阀,观察是否有液击声,如果出现液击声,应减小吸气阀开度,并观察油压变化。油压应稍高于吸气压力,压缩机正常运转后,开启节流阀供液。

双级压缩机开机操作:首先应保证油过滤器通畅,开启一级、二级排气阀,活动一、二级吸气阀,接通电源,启动压缩机,调整油压稍高于吸气压力,待电流、电压平稳后,缓慢开启二级吸气阀,观察是否有液击现象,若出现液击现象,应减小二级吸气阀开度,直到液击现象消失再缓慢开启二级吸气阀,同时观察中间冷却器压力,当中间冷却器压力达到合适范围时,再缓慢开启压缩机一级吸气阀,机器正常运转后,开启节流阀供液。

2. 冷凝器操作管理

首先根据压缩机的制冷能力和冷凝器的冷凝能力,调整冷凝器的运行台数和冷却水泵或风机的运行台数,实现经济合理地运行。

检查冷却水的供应情况或风机的风量情况,保证水量或风量足够,分配均匀。对于氨水冷式制冷系统应定期采用化学分析法或酚酞试纸检验冷却水是否含氨,以确定冷凝器是否漏氨,一般每月一次,发现问题及时处理。根据水质情况,宜设置水质处理装置,水垢厚度一般不得超过 1.0 mm,需要定期检查。蒸发式冷凝器运行时,宜先开启风机,然后开启循环水泵,再开启进气阀和出液阀。喷水嘴应畅通,定期清除水垢。

3. 节流装置操作管理

制冷系统的节流装置普遍为手动膨胀阀、浮球式膨胀阀、热力膨胀阀和毛细管。对于手动膨胀阀,在操作时,管理人员需根据蒸发器热负荷变化手动调节,操作烦琐。浮球式膨胀阀一般多用于满液式蒸发器,操作过程中蒸发器要保持一定的高度,可分为直通式和非直通式膨胀阀,其构造和安装复杂。热力膨胀阀安装须靠近蒸发器,阀体应垂直放置,不能倾斜,感温包应缠在吸气管上,紧贴管壁,操作时应观察感温包接触情况,保持接触处干净,防止氧化。毛细管作为膨胀阀,主要取决于毛细管入口处制冷剂状态及毛细管几何尺寸,当多根毛细管并联使用时,为保证流量均匀,可采用分液器。

4. 蒸发器操作管理

操作蒸发器时,首先检查冷风机或排管固定螺栓,当霜层厚度达到设计要求的允许值时,应立即除霜。对于冷风机操作,风机启动后应观察风机噪声、转向及运转情况,如遇到问题应立即切断电源,排查并解决问题。

2.4.3　辅助设备操作管理

1. 油分离器的操作管理

氨活塞机组通常使用洗涤式油分离器。在正常运行中,进、出气阀和供液阀开启,放油阀关闭。根据开机时间长短和机器的耗油量及油分离器下部存油情况确定是否放油,通常每周1~2次。螺杆机组自身带的油分离器不用放油。

氟活塞机组通常使用过滤式油分离器。在正常运行中,进、出气阀开启,手动回油阀关闭。自动回油阀周期性打开,回油时内部高压过热蒸汽的作用使回油管变热,不回油时应是冷的。因此,回油管周期性发热说明油分离器自动回油装置工作正常,否则表示发生故障。发生故障时,为保证运行正常,应定期开启手动回油阀进行回油,并且注意防止大量高压蒸汽进入曲轴箱。

2. 高压贮液器的操作管理

贮液器在运行前,放油阀和放气阀应关闭,压力表阀、均压阀、安全阀前的截止阀和液面指示器的阀门必须全开;运行时,打开进、出液阀。如几台贮液器同时使用,应开启液体和气体均压阀,使压力和液面平衡。另外,液面应保持在40%~60%,最低不低于30%,最高不超过70%,压力不宜超过1.5 MPa。有油或空气应及时放出。

贮液器停止使用时,应关闭进、出液阀,贮存液量不应超过70%,它与冷凝器间的均压管不应关闭。长期停机时,应尽可能将制冷剂抽回贮液器中,以防止其他设备泄漏造成损失。收回制冷剂后,除压力表阀、安全阀前截止阀、液面指示器阀打开外,其余全部关闭。在中小型氟制冷系统中,往往冷凝器作为贮液器,长期停机时,液体收回至冷凝器中贮存。

3. 中间冷却器的操作管理

在使用中,要开启中间冷却器的进气阀、出气阀、浮球供液阀或电磁阀控制阀、指示器阀、蛇形盘管进出液阀和安全阀,关闭放油阀及排液阀。中间冷却器的供液由手动调节阀和液位控制器控制,液面水平控制在指示器高度的50%左右。高压机吸气温度应比中间压力下的饱和温度高2~4 ℃,中间压力应调整为最佳中间压力。使用手动调节阀供液时,应根据指示器的液面高度和高压机的吸气温度来调整供液阀的开启度;同时根据低压机耗油量按时放油。中间冷却器停止工作时,中间压力不应超过0.39 MPa,超过时应采取降压或排液措施。

4. 低压循环贮液桶的操作管理

低压循环贮液桶在使用前,首先检查放油阀、排液阀是否关闭,进气阀、出气阀、安全阀前截止阀、油面指示器阀、压力表阀是否打开;然后开启调节站或高压贮液器的供液阀,待液面达到1/3高度时,开启循环贮液桶的出液阀,启动氨(氟)泵向系统供液。为防止桶内液体被瞬间抽空,造成氨(氟)泵无法正常工作。氨(氟)泵出液阀应适当关小,经一段时间的运行,待桶内液面平稳后再将出液阀开启至正常位置。

运行时,液面要保持在容器高度的1/3处,特别是在开始降温、停止降温和冲霜排液时,要注意液面高低。若液位超高应关小或关闭供液阀;采用电磁阀自动供液时,应调节电磁阀后节流阀的开启度,使电磁阀工作有间隙时间,应定期清洗电磁阀前的液体过滤器。同时应经常查看自控系统的指示灯和液位计指示的液位。另外,应及时放油和注意循环贮液器的隔热性能。

5. 气液分离器的操作管理

分离器在正常操作之前,应该进行试压,通常试压应达到额定压力稍高一些,稳定后观察分离器,若无漏液现象则试压成功。在分离器正常工作时,要根据压缩机的运行状况、蒸发器和液面指示器的指示情况,调整供液,通常液面高度在 1/3 处。定期放油和注意隔热层有无损坏。操作时应观察分离器出口阀是否有漏液现象,出现漏液应及时检查维修。

6. 排液桶的操作管理

排液桶在进液前,应先检查桶内的液面与压力,若有液体应先排液,再打开降压阀,把桶内压力降至蒸发压力后关闭。打开其他设备的出液阀和排液器的进液阀进行排液工作。桶内液位不应超过 70%,排液完毕后关闭进液阀,进行放油。油放尽后,关闭高压贮液器至调节站或循环贮液器的供液阀,打开增压阀、排液器至调节站或循环贮液器的供液阀,将排液器的制冷剂液体送到低压系统中。此时,排液桶内压力应保持设计要求的合理压力值。排液完毕,关闭排液器的供液阀,并且立即把桶内压力降至蒸发压力,同时打开高压贮液器、调节站或循环贮液桶的供液阀,恢复系统的正常供液。

2.4.4 冷库日常维护保养

1. 建筑结构维护保养

冷库的使用应按照设计的要求,充分发挥冻结冷藏能力,保护好冷库建筑结构,冷库有隔热材料,具有怕水、怕湿、怕跑冷特点,在冷库日常维护中,应清理库房及墙壁的水和污物,最忌隔热体内有冰、霜、水,一旦损坏,就必须停产修理,否则严重影响生产。

防止水、气渗入隔热层,库内的墙、地坪、顶棚和门框上应无冰、无霜、无水,要做到随有随清除。对于没有下水道的库房和走廊,不能进行多水性的作业,不能用水冲洗地坪和墙壁,下水管道应及时清理污物以防堵塞。库内排管和冷风机要定期冲霜、扫霜,及时清除地坪和排管上的冰、霜、水。应经常检查库外顶棚、墙壁有无漏水、渗水处,一旦发现,必须及时修复。不能把大批量没有冻结的热货直接放入低温库房,防止库内温升过高,造成隔热层产生冻融而损坏冷库。

冷库应定期清除、清扫、消毒,每天清扫一次,每半个月清理一次,保持干净、无异味。冷库门的铰链、拉手、门锁应根据实际使用情况定期添加润滑油。此外,装卸货物时,应注意库房地坪结构,防止地坪(楼板)冻胀和损坏。冷库的地坪(楼板)在设计上都有规定,能承受一定的负荷,并铺有防潮和隔热层。如果地坪表面保护层被破坏,水分流入隔热层,会使隔热层失效。如果商品堆放超载,会使楼板裂缝。因此,不能将商品直接散铺在库房地坪上冻结。拆货垛时不能采用倒垛方法。脱钩和脱盘时,不能在地坪上摔击,以免砸坏地坪或破坏隔热层。另外,库内商品堆垛重量和运输工具的装载量,不能超过地坪的单位面积设计负荷。

2. 制冷系统维护保养

冷库制冷设备经过长时间的使用后,会产生不同程度的故障,对制冷功能产生非常大的影响,所以制冷系统的维护保养显得尤为重要。

（1）在初期运转机组的维护保养中,应当注意检查压缩机的油面情况,如果发现问题,应当及时解决,否则极有可能导致润滑系统出问题。

（2）在风冷机组的维护保养中,应当定期对风冷器进行清扫,这样该设备才能拥有良好的换热状态。在水冷机组的维护保养中,应当注意观察冷却水,如果冷却水过于浑浊,需要及时更换,并且还要注意检查供水系统,如果该系统存在跑、冒、滴、漏等一系列的问题,必须及时解决。注意观察水泵能不能正常运转,阀门开关有没有出现问题,在此基础上还需要观察冷却塔、风机的情况。在冷风机组的维护保养中,应当仔细观察冷凝器有没有结垢,如果存在结垢,需要立即清除。

（3）应当注意检查压缩机的运行情况,特别是要观察排气压力和温度,在换季期间,不仅需要注意调整系统供液量,还需要注意调整冷凝温度,同时注意检查机器设备的运转声音。如果出现任何的异常情况,需要立即进行处理,还需要定期检查设备的振动情况。

（4）在对压缩机进行维护的过程中,按照设备保养的要求,定期检查干燥过滤器和更换冷冻油。同时,要定期检查油泵、油冷却器、电磁阀、联轴器、电机启动器、控制面板及机器的密封等情况。

2.5 故障操作及分析

1. 制冷剂泄漏或充注过多

制冷剂泄漏故障分析:系统中制冷剂泄漏后,制冷量不足,吸、排气压力低,膨胀阀处能听到比平时大得多的断续的"吱吱"气流声;蒸发器不挂霜或挂较少量的浮霜,若调大膨胀阀孔,吸气压力仍无大变化;停机后,系统内平衡压力一般低于相同环境温度所对应的饱和压力。排除方法:制冷剂泄漏后,不能急于向系统内充灌制冷剂,而应立即查找渗漏点,经修复后再充灌制冷剂。

充灌制冷剂过多故障分析:维修后的制冷系统中充灌的制冷剂超过系统要求的充注量,制冷剂就会占冷凝器一定的容积,减少散热面积,使其制冷效率降低,出现吸、排气压力普遍高于正常的压力值,蒸发器结霜不均匀,库内降温慢。排除方法:按操作程序,须停机几分钟后在高压截止阀处放出多余的制冷剂,此时也能将系统中的残余空气一并放出。

系统中充入制冷剂过多分析:制冷剂过多导致排气压力显著上升,超过正常值。排除方法:停机,在高压排气孔将多余制冷剂排出系统外。

膨胀阀感温包内感温剂泄漏故障分析:膨胀阀感温包内感温剂泄漏后,膜片下面两个作用力推动膜片向上移,使阀孔关闭,系统中的制冷剂无法通过导致不制冷,此时膨胀阀不结霜,低压呈真空,蒸发器内听不到气流声。排除方法:停机关闭截止阀,拆下膨胀阀查看过滤网是否堵塞,若无,可用嘴吹膨胀阀进口,看是否通气;也可目测或拆开检查,若发现损坏,则予以更换。

以上措施中若要将系统中的制冷剂排放到大气,要按照操作规程要求执行,同时对于氟利昂类制冷剂,要采取回收装置,避免直接排放到大气中造成对环境的影响。

2. 制冷系统内有空气

故障分析:空气在制冷系统中会使制冷效率降低,突出的现象是吸、排气压力升高(但排气压力还未超过额定值),压缩机出口至冷凝器进口处温度明显增高,由于系统内有空气,排气压力和温度都会升高。

排除方法:启动空气分离器装置,将系统中的不凝性气体排出系统。

3. 压缩机效率低

故障分析:制冷压缩机效率低是指在工况不变的情况下,实际排气量下降而导致制冷量相应减少。这种现象多发生在经过长时间使用的压缩机上,其磨损大,各部件配合间隙大,气阀密封性能下降,从而引起实际排气量下降。

排除方法:检查系统的密封性,同时要检查压缩机设备的保养记录文件,必要时可由第三方检测机构对设备的效率值进行检测。

4. 蒸发器易发故障

表面结霜过厚故障分析:长期使用的冷库蒸发器要定时化霜,如不化霜,蒸发器管路上霜层越积越厚,当把整个管路包住成透明冰层时,将严重影响传热,致使库内温度降不到要求的范围内。排除方法:对蒸发器定期进行融霜、冲霜工作,建议对融霜系统采用自动化控制。

蒸发器管路中有冷冻油故障分析:在制冷循环过程中,有些冷冻油残留在蒸发器管路内,经过较长时间的使用,蒸发器内残留油较多,会严重影响其传热效果,出现制冷差的现象。排除方法:将压缩机排出的热气通入蒸发器内,将油从蒸发器中带走。

5. 制冷系统堵塞不通畅问题

制冷系统堵塞不通畅故障分析:由于制冷系统清洗不干净,经若干时间的使用后,污物逐渐淤积在过滤器中,部分网孔被堵塞,致使制冷剂流量减少,影响制冷效果。系统中膨胀阀、压缩机吸气口处的过滤网也有微堵的现象。排除方法:首先要严格遵守施工及验收相关规范和规程要求,后期若发现系统堵塞流通不畅等情况,可将微堵部件拆下清洗,清洁并干燥后再安装复位。

过滤器堵塞故障分析:系统内污物逐渐积于过滤器内造成堵塞。排除方法:将过滤器拆下清洗、干燥,更换新的干燥剂,装入系统中。

6. 冷凝器散热效果差

故障分析:可能冷凝器风机未开、风机电机损坏、风机反向、水系统堵塞、周围环境温度过高;冷凝器散热片被油污灰尘堵死导致空气不流通。

排除方法:清洁设备及换热器表面灰尘,检查水系统及风机工作是否正常,检查冷凝器换热管壁水垢、污垢以及设备填料是否均在使用允许要求之内。

7. 突然停机故障分析

故障分析:检查电源供电是否正常,吸气压力是否过低,排气压力是否过高,压缩机润滑油系统油温是否正常,自动化控制系统工作状态是否正常等。

排除方法:设备应处于停机,按照设备运行维护手册逐项排查。

8. 温度控制器失控

故障分析:温度控制器调节失灵或感温包安装不当。

排除方法:拆下温度控制器,检修其触点并调整,调整感温包位置。

3   库房卫生管理

3.1   库房环境卫生与消毒

3.1.1   环境卫生消毒

存放在冷库内的食品,除了冷冻冷藏对温度、湿度的要求外,对库房环境的卫生也有一定要求。有些食品裸露于库房内,没有特定的外包装,与库房环境直接接触,当环境卫生较差时,会直接影响食品冷冻冷藏的品质。冷库的场地和通道应定期多次清扫消毒,污物应远离库房,进出装卸货时应对设备进行消毒处理。

冷库必须做好下列卫生工作。

(1)库房周围和库内外走廊、装卸月台、电梯等场所,必须设专职人员经常清扫,保持卫生洁净。

(2)库房内冷藏的食品都要放置在货架或者托盘上,并保证货架或者托盘表面洁净;叉车等设备及卫生间等房间要保持洁净、定期消毒。

(3)库房内使用的易锈金属工具、木质工具和运输工具等设备,要勤洗、勤擦、定期消毒,防止发霉、生锈。

(4)机房要保持地面、门窗等部位的洁净,设备表面应无灰尘及杂物,值班室及控制室要保证系统操作工作台洁净。

3.1.2   消毒方法

霉菌是生存能力很强的一种微生物,在库房内,霉菌较细菌繁殖得更快,易在库房湿度大的墙壁上大量繁殖,一旦发育成熟,无数的霉菌孢子便会四处飞扬而落入食品中,发出各种难闻的霉味和腥臭味,造成食品变质。为了保证食品安全卫生,必须对库房进行定期的卫生消毒工作。常用消毒方法如下。

(1)漂白粉消毒:漂白粉可配制成含有效氯0.3%~0.4%的水溶液(1 L水中加入含16%~20%有效氯的漂白粉20 g),在库内喷洒消毒,或与石灰混合,粉刷墙面。配制时,先将漂白粉与少量水混合制成浓浆,然后加水至必要的浓度。在低温库房进行消毒时,为了加强效果,可用热水配制溶液(30~40 ℃)。用漂白粉与碳酸钠混合液进行消毒,效果较好。配制方法是在30 L热水中溶解3.5 kg碳酸钠,在70 L水中溶解2.5 kg含25%有效氯的漂白粉。将漂白粉溶液澄清后,再倒入碳酸钠溶液。使用时,加两倍水稀释。用石灰粉刷时,应加入未经稀释的消毒剂。

(2)次氯酸钠消毒:可用2%~4%的次氯酸钠溶液,加入2%碳酸钠,在低温库内喷洒,然后将库门关闭。

(3)臭氧消毒:臭氧消毒是近几年较新的消毒方法,臭氧具有强烈的氧化作用,不但能杀菌消毒,抑制微生物的生长,还可同时消除库房中的异味。臭氧的功效取决于臭氧的浓度。浓度越大,氧化反应速度越快。通常使用时,依据食品的性质确定其浓度。臭氧消毒一般用于鱼类产品、干酪食品,其浓度为 1~2 mg/m³;肉类食品为 2 mg/m³;蛋与蛋制品为 3 mg/m³;水果与蔬菜为 6 mg/m³。臭氧不仅适用于空库消毒,也适用于在堆有货物的情况下消毒,但不用于库内存放含脂肪较多的食品消毒,以免脂肪氧化而产生酸败现象。高浓度臭氧(≥2 mg/m³)对人的咽喉和鼻腔会产生刺激或使人头痛,使用臭氧消毒时人员应离开现场,或戴防毒面具。消毒工作完毕后,一般经 2~3 h 通风处理后,人员方可入库。

(4)乳酸消毒:每立方米库房空间需用 3~5 mL 粗制乳酸,每份乳酸再加 1~2 份清水,放在瓷盘内,置于酒精灯上加热,再关门几小时消毒。

(5)FK 库房消毒片:FK 冷库库房消毒片消毒效果好,对铁材无腐蚀,刺激性小,按 4~5 m³/片对库房进行处理即能达到彻底消毒的效果。该产品使用方法如下:按 4~5 m³/片剂量计算用量,将其溶于水中(7~8 片/kg),然后由里到外均匀喷洒库房空间和地面,喷洒完毕库房密闭 12 h,然后打开库房门充分通风即可。

(6)FK 库房消毒烟剂:FK 库房消毒烟剂为两种消毒粉末,使用前需将两种药粉混合均匀后放在容器上点燃,其发烟过程无明火、无残毒、无公害,能快速杀灭各种细菌、真菌、芽孢病毒等病原微生物。该烟剂点燃达到一定温度后便分解放出氯气,氯气具有消毒杀菌作用,且该药剂比其他含氯消毒杀菌剂药效更强,消毒后不用再排风。

(7)紫外线消毒:紫外线消毒不仅操作简单,节约费用,而且效果良好。每立方米空间装置功率为 1 W 的紫外线光灯,每天平均照射 3 h,即可对空气起到消毒作用。

3.2　食品冷加工过程卫生管理

3.2.1　食品冷加工的卫生要求

食品入库冷加工之前,必须进行严格的质量检查,不卫生的和有腐败变质迹象的食品,如次鲜肉和变质肉均不能进行冷加工和入库。对于有传染性的病毒和细菌,要进行消杀并对货物检验无误后,方可入库。

食品冷藏时,应按食品的不同种类和不同的冷加工最终温度分别存放。如果冷藏间大而某种食品数量少,单独存放不经济,也可考虑不同种类的食品混合存放,但应以不互相串味为原则。具有强烈气味的食品(如鱼、葱、蒜、乳酪等)和要求储藏温度不一致的食品,严格禁止混存在一个冷藏间内。

对冷藏的食品,应经常进行质量检查,如发现有软化、霉烂、腐败变质和异味等情况,应及时采取措施,分别加以处理,以免污染其他食品,造成更大的损失。正温库的食品全部取出后,库房应通风换气,利用风机排出库内的浑浊空气,换入过滤的新鲜空气。

几种常用的卫生标准分别是《鲜、冻禽产品》(GB 16869—2005)、《食品安全国家标准 鲜(冻)畜、禽产品》(GB 2707—2016)、《食品安全国家标准 蛋与蛋制品》(GB 2749—2015),读者可自行查阅。

鲜猪肉与鲜牛、羊、兔肉的感观指标见表 8-4。

表 8-4　各种鲜肉的感观指标

项目	品种	
	鲜猪肉	鲜牛、羊、兔肉
色泽	肌肉有光泽,红色均匀,脂肪洁白	肌肉有光泽,红色均匀,脂肪洁白或淡黄色
黏度	外表微干或微湿润,不粘手	外表微干或有风干膜,不粘手
弹性	指压后的凹陷立即恢复	指压后的凹陷立即恢复
气味	具有鲜猪肉正常气味	具有鲜牛、羊、兔肉的正常气味
肉汤	透明澄清,脂肪团聚于表面,具特有香味	透明澄清,脂肪团聚于表面,具特有香味

3.2.2　除异味

库房中有异味一般是由于储藏了具有强烈气味或腐烂变质的食品。这种异味会影响其他食品的风味,降低其质量。

臭氧具有清除异味的性能:臭氧是三个原子的氧,用臭氧发生器在高电压下产生,其性质极不稳定,在常态下即还原为两个原子的氧,并放出初生态氧(O)。初生态氧性质极活泼,化合作用很强,具有强氧化剂的作用。因而,利用臭氧不仅可以清除异味,而且浓度达到一定程度时,还具有很好的消毒作用。

利用臭氧除异味和消毒,不仅适用于空库,对于装满食品的库房也适用。臭氧处理的效能取决于它的浓度,浓度越大,氧化反应的速度就越快。由于臭氧是一种强氧化剂,长时间呼吸浓度很高的臭氧对人体有害,因此臭氧处理时,操作人员最好不留在库内,待处理后 2 h 再进入。此外,甲醛水溶液(福尔马林溶液)或 5%~10% 的醋酸与 5%~20% 的漂白粉水溶液,也具有良好的除异味和消毒作用。这种办法目前在生产中广泛采用。

3.2.3　灭鼠

鼠类对食品储藏的危害性极大,它在冷库内不但糟蹋食品,而且散布传染性病菌,同时还能破坏冷库的隔热结构,损坏建筑物。因此,消灭鼠类对保护冷库建筑结构和保证食品质量有着重要意义。

鼠类进入库房的途径很多,可以由附近地区潜入,也可以随有包装的食品一起进入冷库,冷库的灭鼠工作应着重放在预防鼠类进入上。例如在食品入库前,对有外包装的食品应进行严格检查,凡不需带包装入库的食品尽量去掉包装。建冷库时,要考虑在墙壁下部放置细密的铁丝网,以免鼠类穿通墙壁潜入库内,发现鼠洞要及时堵塞。

消灭鼠类的方法很多,如机械捕捉、毒性饵料诱捕和气体灭鼠等。其中,采用二氧化碳气体灭鼠效果较好。由于这种气体对食品无毒,用其灭鼠时,不需将库内食品搬出。在库房降温的情况下将气体通入库内,将门紧闭即可灭鼠。二氧化碳灭鼠的效果取决于气体的浓度和用量。但二氧化碳对人有窒息作用,操作人员需戴氧气呼吸器才能入库充气和检查。在进行通风换气降低二氧化碳浓度后,方可恢复正常进库。用药饵毒鼠,要注意及时消除死鼠。一般用敌鼠钠盐做毒饵,效果较好。

4 冷库节能

4.1 节能的重要性

随着综合国力的增强和人民生活水平的不断提高,我国冷库总容量和单库规模显著提升,食品冷藏行业进入快速发展时期。然而,冷库是一种投资较大、建设和使用期较长、资金回收相对较慢的项目。实现冷库最大经济效益的途径主要有两个:一是提高冷库周转利用率;二是通过节能降耗降低经营成本。因此,进行冷库节能设计,提高冷库周转及利用率,加强冷库运行过程中的节能管理就显得尤为重要。近些年,市场需求增加,冷库数量快速增长,导致冷库总的能耗需求提高。冷库是一个庞大复杂的系统,冷库设计、系统运行及科学管理等方面都有节能改进的潜力,在能源日趋紧张的今天,冷库节能是一个值得关注的研究领域。节能不仅直接影响冷库的经济效益,而且也是我国实现"双碳"目标的国策。

4.2 冷库节能措施

1. 系统设计节能

在不同工况和负荷的条件下,合理设计和匹配压缩机、冷风机及冷凝器等设备,防止"大马拉小车"引起的能源损耗。在保证满足制冷负荷需求的前提下,尽可能减少开机台数,并提高单台压缩机运行效率,对于负荷波动较大的系统,设备宜设置变频装置,在部分负荷的情况下保证机组处于高效运行。目前,变频装置正在向大容量扩展。变频技术包括三部分:整流器、大功率晶体管和一个具有调节功能的频率发生器。在工作中,先将三相或单相的交流电整流为直流,然后通过大功率晶体管将其转换为交流电,通过频率发生器可以输出任何需要的频率。这样可以根据负荷变化连续地调节压缩机的速度,即连续地调节制冷量。常用的变频装置均设计为既变频又变压,以适应启动时电动机工作的需要。采用变频能量调节具有明显的节能效果,高效率、高节能可以改善部分负荷的效率问题。

2. 压缩机运行节能

在冷库设计中,一般根据全年出现的最大机械负荷工况确定配机,以满足热负荷高峰期要求。然而,在实际运行中,由于存在食品冷加工与贮藏的淡旺季变化,全年昼夜气温的变化和其他的变化因素,往往设计时所选配的压缩机满负荷运行时间较短,低负荷运行时间长,因此压缩机大部分运行时间均小于设计负荷,节能潜力大。目前,多数冷库仍然采用人工操作调整开机,盲目开机现象普遍存在,采用自动化控制模式可以有效地降低系统能耗。

保证贮藏食物品质的前提是冷藏库内具有合适的冷藏温度,这也是体现系统节能的一项指标,因为合适的冷藏温度不但可以降低系统蒸发温度以提高系统运行效率,还可以降低库内外的温差,有利于减少冷负荷量,降低制冷系统的用电负荷。在不影响食品冷藏质量的前提下,可酌情调整开机时间,减少白天制冷压缩机的运行时间,增加夜间制冷压缩机的运行时间,即选择用电低峰,不但可以降低费用,而且夜间室外温度较低,还可降低压缩机电耗。

3. 变速控制节能

货物在冷库降温过程中,其热量释放实际上是不均匀的放热过程,所以冷却过程对冷却设备的需冷量也是不均匀的。在降温阶段,对库内冷却设备的需冷量较大;在稳温阶段,对冷却设备的需冷量较小,所以冷却设备的风机采用变速控制,可以有效地节省冷风机的耗电量。因此,在食品冷藏过程中,应根据货物热负荷的阶段性需求,控制冷风机风速在一个合理的范围,以减少能量消耗。

对于冷凝器的风机,通过风机的变速控制,可以将系统中的冷凝压力控制在合理范围,保证系统的稳定性,同时可以降低风机的运行能耗。

4. 换热设备节能

对换热设备进行节能设计和运行,也能起到降低能耗的有效作用。因为当蒸发温度为-10 ℃时,冷凝温度每下降 1 ℃,压缩机单位制冷量耗电减少 2%~3%;当冷凝温度为30 ℃时,蒸发温度每提高 1 ℃,压缩机单位耗电量则减少 3%左右。由此可见,控制好换热设备的换热温差,对降低能耗具有重要意义。

当油多时应及时放油,因为油的热阻大大高于金属,是铁的 20 倍,换热器表面附着油膜将使冷凝温度上升,蒸发温度下降,导致能耗增加。冷凝器表面附着 0.1 mm 厚油膜时,氨制冷压缩机制冷量下降 16%,用电量增加约 12%;而蒸发器内油膜厚度达到 0.1 mm 时,蒸发温度将下降 2.5 ℃,耗电量将上升 11%。同时,蒸发温度过低,使油泥进入蒸发器后不易被带回低压循环桶,易造成蒸发器堵塞,因此应尽量避免油进入换热系统。

及时对换热设备内部进行排放不凝性气体操作,也会产生节能效果。空气在冷凝器中会提高冷凝温度,当系统内存在不凝性气体时,耗电量将增加,制冷量将下降,因此应尽力防止空气渗入系统,并及时排出渗入的不凝性气体。

对于冷凝器,应定期清除水垢和清洗循环水池,保持冷凝水清洁,冷凝器结垢越厚,其耗电量将越大。对于冷风机,需要及时除霜,蒸发器表面结霜后,导致传热恶化,蒸发温度下降,耗电量增加。

5. 融霜节能

空气的湿度越大,蒸发器温度与冷库的温差越大,越容易在蒸发器上结霜,结合保鲜工艺,尽量采用包装化冷藏可以减少果蔬的干耗,减少蒸发器的融霜次数,实际上也起到了冷库节能的作用。一般来说,蒸发器表面的霜层对空气的阻力尚不显著,通过蒸发器空气的流量减少之前,霜层的影响尚不严重,可不必融霜;当空气的流量明显减少时,应进行融霜。对于热气除霜,首先在除霜前蒸发器必须先排液,否则存液吸收热气的热量而蒸发,使除霜时间大大延长;除霜的热气管道应该隔热防止冷凝,当热气管很长时往往有部分热气冷凝,这时应设法排除热气中的液体。热气中的凝结液体不仅会使除霜过程变慢增加功耗,而且对控制阀有较强的侵蚀作用。通过控制热气的压力,使其足以克服压降,保持相应的融霜温度比冰点高 10~15 ℃即可。对氨系统推荐融霜压力不大于 8 bar(表压)。热气除霜应尽量采用上进下出的形式,并采用配有电磁阀的出口压力调节器来控制进入蒸发器的热气流量,以达到节能融霜的目的。对于水冲霜,操作简单,但存在许多不足之处,水冲霜需要增加水泵电耗,除霜时库内热量大,影响库内温度的稳定性;同时不能解决直冷系统中蒸发器内的积油问题,更重要的是若冲霜中水溢出或溅到地面,将造成对地坪隔热层的破坏,而且若冲霜水水盘出现冰堵情况,蒸发器将不能正常工作,严重的会影响系统的安全性。若采用水冲霜,要尽可能地避免以上问题的出现,同时要控制冲霜水温在合理范围,不宜过高也不宜过低。

对于二氧化碳复叠式制冷系统,其冷风机的融霜方式可以采用热气融霜;对于二氧化碳载冷式制冷系统,其冷风机的融霜方式可以采用水冲霜或者热乙二醇融霜,相比采用制冷压缩机的废热进行热乙二醇融霜,其节能效果更显著。

6. 系统温度设定节能

在制取相同冷量时,提高蒸发温度能使压缩机的功率消耗减少。因为当冷凝温度不变时,提高蒸发温度,压缩机的吸入压力也相应升高,吸入蒸汽的比容减少,单位容积制冷量增加,输气系数提高,制取相同冷量时能耗就减少。蒸发温度每升高 1 ℃,压缩机能效将提高 2.5%左右,节能效果显著。日常操作时,应根据不同冷藏食品种、质量和贮藏期的要求来确定相应合理的贮藏温度。适当提高蒸发温度,不但能缩小传热温差,减少食品干耗,提高产品质量,而且可提高压缩机单位轴功率制冷量,避免冷凝温度升高现象发生。当压缩机的蒸发温度保持不变时,冷凝温度降低,单位容积制冷量增加,压缩比减小,输气系数提高,制取相同冷量时能耗增加。例如冷凝温度每降低 1 ℃,单位轴功率制冷量将提高 2.5%左右。因此,保持较低的冷凝温度,对降低压缩机设备功耗是有利的。

7. 气流组织节能

一个良好的冻结或冷却降温系统,冷间内必须有均匀的气流组织。采用空气冷却时,若不考虑冷间气流组织问题,货物摆放不规则或者冷风机设置不合理,将对货物产生不均匀降温的影响,存在库内温度探测虽达标了,但局部货物的温度长时间没有达到设定温度而影响货物品质。所以,冷库库内的气流组织均匀性非常重要,不但可以保证货物的品质,同时可以在短时间内将所有货物降温到设定值,对系统节能运行有利。

8. 围护结构节能

冷库具有良好的围护结构是保证冷库内低温环境的前提。冷库设计时,应采用导热系数较小的保温材料做围护结构,并注意围护结构的完整性,尽量避免冷桥和穿墙孔的产生,减小库外热量向库内的传递,进而减小冷库围护结构的冷负荷的损耗。

对于围护结构节能,首先要在合适的厚度范围内选取性能优异的保温材料,通常情况下要求保温材料导热系数小、吸水率低、耐低温性能好,同时成本不能过高。其次,对冷库围护结构采取防潮隔汽措施也是必要的,否则会使保温材料的保温性能变差。由于水蒸气是从高温侧向低温侧渗透,因此防潮隔汽层应设在隔热层温度高的一侧。同时,为减少围护结构造成的冷库运行能耗,还应注意减小冷库门冷气损耗,这也是节能的重点。为减少门洞所造成的能量损失和结构破坏,可在门洞处设置缓冲间或风幕,减少库外高温、高湿空气的入侵,减小冷负荷,提高系统节能效益。

9. 不凝性气体的自动去除

在制冷系统中,自动从系统中排出不凝性气体是必要的。此操作方式仅需要消耗很少的能耗,但可以提高制冷系统的安全性,降低系统运行压力,延长设备的使用寿命,同时对系统的节能运行效果显著。

10. 极化冷冻机油添加剂节能

在制冷装置中,冷冻机油是必不可少的,它在制冷压缩机中起着润滑(减少运动部件的摩擦)、冷却和密封作用。同时,一部分冷冻机油随制冷剂气体进入冷凝器和蒸发器中后,在管子内表面形成一层油膜,使制冷剂与冷却介质的传热热阻增大,传热系数减小。如在冷凝器中积有 0.1 mm 厚油膜,相当于 33 mm 厚钢板的热阻,使冷凝压力 P_k 升高 0.1 MPa,制冷机增加电耗 9%;同理,如在蒸发器管壁积有 0.1 mm 厚油膜,将使蒸发温度 t_0 降低 2.5 ℃,多耗电 13%,严重时会影响冷间降温。

美国曾成功研究出一项高科技专利产品:极化冷冻机油添加剂(PROA)。它含有活性极化分子(在一端带有负电性),这种带电分子对金属有极强的亲和力,可在制冷装置内部金属表面形成单分子薄膜微层,它不仅提高了压缩机中运动部件的润滑系数,并且能清除沉积在冷凝器和蒸发盘管中的冷冻机油,提高了热传递和热交换效率,达到了节约能耗和延长机器寿命的目的(图 8-4)。

极化冷冻机油添加剂能提高制冷系统的效率,减少制冷机电能消耗(提高制冷系数10%以上),还能加快冷间降温速度、延长设备寿命、减少制冷剂加冷冻机油次数及耗油量。

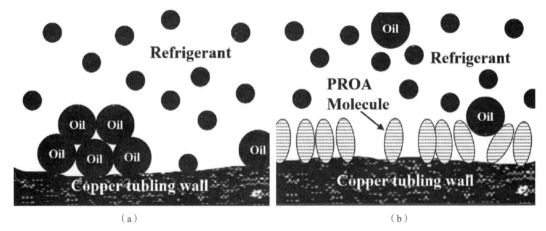

(a)   (b)

图 8-4   PROA 节能机理

(a)添加前:油分子积聚在金属表面阻碍热交换

(b)添加后:PROA 清除油垢积物,并在金属表面形成分子膜,大大改善了热交换

极化冷冻机油添加剂引入我国后,已在全国各地广泛应用,经济效益显著。它用在不同机组的节电率见表 8-5。

表 8-5   PROA 在冷库中的应用实例

机组型号	节电率
4AV-12.5 制冰用制冷机组	18%
S8-12.5 及 8S-12.5 活塞式冷藏机组	13.33%
8AS-12.5 活塞式冷藏机组	11.32%
6AV-12.5 活塞式机组	16.98%

PROA 可适用于各种类型的空调机和冷冻机组,包括活塞式、螺杆式、涡旋式和离心式压缩机,并适用于各种常用制冷剂,如 HCFC、HFC、R717 以及 CO_2(R744)等,其适用的温度范围为-54~204 ℃。可以看出,极化冷冻机油添加剂对于硬设备是再次节能的补充,可更进一步提高节能效率。

11. 冷热联供

无论采用何种制冷方式,制冷系统排出的热量若不加以利用都会造成浪费。可以应用冷热联供技术对制冷压缩机排放的热量进行热能回收再利用,如需得到更高温度的热能,可以通过热泵机组装置将制冷压缩机排放的废热品位提升。在实际运行中,采用冷热联供技术不但可以节省制冷侧冷凝所需的能耗,同时可以通过回收的废热提高制热侧的能效。对于实现"双碳"目标,能源综合利用措施是有效手段之一。

采用节能措施,不但可以降低冷库的运行成本,而且可以降低冷库建设和运行过程中对能源的消耗,减少对环境的影响。除了以上节能措施外,对冷库企业还有如下建议:高效节能的操作和管理;科学选购建筑材料;深入认识所从事的行业及其对环境造成的影响,若选购不可靠的设备和材料对环境将造成潜在的危害,使用有利于环境保护的制冷剂,在当前"双碳"目标背景下,我们要提出更高的标准,充分利用天然制冷剂。从环境保护和提高经济效益中得到回报,这将会是当今冷库企业努力的目标。

5 涉氨冷库安全操作规程法律法规参考目录

由于氨制冷剂的有毒易燃特点,我国一直很重视冷库安全,相关的安全条例见表 8-6。

表 8-6 主要安全条例

序号	安全条例名称
1	《中华人民共和国安全生产法》
2	《中华人民共和国消防法》
3	《中华人民共和国劳动法》
4	《中华人民共和国职业病防治法》
5	《中华人民共和国突发事件应对法》
6	《中华人民共和国特种设备安全法》
7	《危险化学品安全管理条例》
8	《特种设备安全监察条例》
9	《生产安全事故报告和调查处理条例》
10	《国务院关于进一步加强企业安全生产工作的通知》(国发〔 2010 〕23 号)
11	《关于全面加强危险化学品安全生产工作的意见》
12	《全国安全生产专项整治三年行动计划》
13	《国务院安委会关于深入开展涉氨制冷企业液氨使用专项治理的通知》(安委〔 2013 〕6 号)
14	《国务院安委会办公室关于涉氨制冷企业液氨使用专项治理工作情况的通报》(安委办〔 2017 〕8 号)

续表

序号	安全条例名称
15	《特种作业人员安全技术培训考核管理规定》
16	《危险化学品重大危险源监督管理暂行规定》
17	《安全生产培训管理办法》
18	《危险化学品建设项目安全监督管理办法》
19	《工作场所职业卫生监督管理规定》
20	《生产安全事故应急预案管理办法》
21	《危险化学品目录（2015年版）》
22	《国家安全监管总局关于公布首批重点监管的危险化学品名录的通知》（安监总管三〔2011〕95号）
23	《国家安监总局关于公布第二批重点监管的危险化学品名录的通知》（安监总管三〔2013〕12号）
24	《国家安全监管总局办公厅关于印发首批重点监管的危险化学品安全措施和应急处置原则的通知》（安监总厅管三〔2011〕142号）
25	《关于印发〈涉氨制冷企业液氨使用专项治理技术指导书（试行）〉的通知》（管四函〔2013〕28号）
26	《涉氨制冷企业液氨使用专项治理技术指导书（试行）》
27	《特种设备质量监督与安全监察规定》
28	《特种设备目录》
29	《特种设备作业人员监督管理办法》
30	《防雷减灾管理办法》
31	《氨制冷企业安全规范》（AQ 7015—2018）

参考文献

[1] 唐友亮,杨雪,胡顺宝.国内冷库建设现状与发展趋势分析[J].科技展望,2016,26(15): 305.

[2] 刘春淑.3 400 m² 冷库制冷工程设计与性能分析[D].天津:天津商业大学,2014.

[3] 谈向东.冷库建筑[M].北京:中国轻工业出版社,2006.

[4] 徐庆磊.国家标准《冷库设计标准》GB 50072 修订工作简介[C]//第七届全国食品冷藏链大会论文集.青岛:第七届全国食品冷藏链大会,2010:27-29.

[5] 王一农,高润梅.冷库工程施工与运行管理[M].北京:机械工业出版社,2011.

[6] 周晓喻.冷库建筑[M].北京:中国商业出版社,2006.

[7] 李建华,王春.冷库设计[M].北京:机械工业出版社,2003.

[8] 孙应琪.冷库结构设计应注意的一些问题[J].福建建筑,2008(9):38-39.

[9] 时阳,朱兴旺,姬鹏先,等.冷库设计与原理[M].北京:中国农业科学技术出版社,2006.

[10] 孙继峥.冷库建筑保温系统设计技术与发展探讨[J].物流工程与管理,2017,39(10): 76-79.

[11] 吕五有,沈红梅.土建冷库墙体保温的能耗分析[J].冷藏技术,2018,41(1):32-37.

[12] 史振斌,唐大明.装配式冷库隔热围护结构的强度安全[J].冷藏技术,2018,41(2): 1-7,16.

[13] 艾学明.建筑材料与构造[M].南京:东南大学出版社,2006.

[14] 郭庆堂.实用制冷工程设计手册[M].北京:中国建筑工业出版社,1994.

[15] 李树林.制冷机辅助设备[M].北京:科学出版社,1999.

[16] 高晓光.气调保鲜库及配套设备简介[J].保鲜与加工,2001(2):27-28.

[17] 刘恩海,潘嘉信,刘诗琦,等.豫南茶叶冷库设计及库内温度分布试验研究[J].建筑热能通风空调,2017,36(12):61-63,57.

[18] 张伟.标准助力国家冷链物流领域发展提速[J].工程建设标准化,2017(7):14.

[19] 张伟.《冷库设计标准》(GB 50072—2021)修订主要技术要点[J].工程建设标准化,2017(7):47-48.

[20] 陈宏亮,张明秀,杨富华.三维设计在冷库设计上的应用[J].冷藏技术,2017,40(2): 37-41.

[21] 佚名.国家标准《冷库设计标准》(GB 50072—2021)审定会在北京召开[J].冷藏技术,2017,40(2):53.

[22] 许井慧.北方地区中型分配性肉类冷库设计方案[J].肉类工业,2017(5):50-53.

[23] 周丹,李爽.香蕉催熟冷库设计探讨[J].冷藏技术,2017,40(1):41-45.

[24] 唐大明.冷库用 PU 夹芯板燃烧性 B1 级要求,是指"板",还是"芯"[J].冷藏技术,2016(3):52-57,51.

[25] 王蓓蓓,王丽,郭元新,等. 翻转课堂:课堂教学改革的初步探索——以安徽科技学院"制冷技术与冷库设计"为例[J]. 农产品加工,2015(21):76-77,81.

[26] 赵海芳,董延涛. 超长冷库设计中的问题及应对措施探讨[J]. 科技传播,2015,7(15):173-174.

[27] 黄仲兴. 货物热计算在果蔬冷库设计中的重要性[J]. 常州信息职业技术学院学报,2015,14(1):14-16.

[28] 谈向东. 物流冷库设计探讨[J]. 制冷技术,2013,33(4):72-75.

[29] 赵晓刚. 冷库设计与逐时能耗分析仿真软件开发[C]//中国制冷学会.2013 中国制冷学会学术年会论文集.武汉:中国制冷学会,2013:2.

[30] 张良. 我国冷库设计问题的影响及安装要点分析[J]. 化工管理,2013(10):254.

[31] 谈向东. 物流冷库设计探讨[C]//中国制冷学会冷藏冻结专业委员会,国内贸易工程设计研究院,福建省制冷学会. 第五届全国冷冻冷藏产业(科技、管理、营销)创新发展年会论文集. 厦门:福建省制冷学会,2013:6.

[32] 顾明伟. 超大型立体物流冷库设计浅谈:暨上海临港物流园普菲斯冷库介绍[J]. 工程建设与设计,2013(4):54-57.

[33] 刘纯青,陈欣,马越. 某海洋平台生活区冷库设计[J]. 制冷与空调,2012,12(5):91-93.

[34] 熊从贵. 制冷压力管道中美标准比较[J]. 石油化工设备,2012,41(4):50-54.

[35] 徐锡春,杨寿发,王文生. 冷库设计及运行过程中的节能[J]. 保鲜与加工,2011,11(4):34-37.

[36] 邹红杰,周静. LNG 汽化潜热在冷库设计中应用[J]. 山东化工,2011,40(4):65-67.

[37] 张建一. 英国冷库设计中的若干新技术剖析[J]. 低温与超导,2011,39(1):63-66.

[38] 张永桂,潘春园,张文虎,等. 冷库制冷系统的节能分析[J]. 流体机械,2008(7):82-85,71.

[39] 徐锡春,杨寿发,王文生. 冷库设计及运行过程中的节能[J]. 保鲜与加工,2011,11(4):34-37.

[40] 程彬. 冷库维修保养研究[J]. 中国高新技术企业,2016(25):22-23.

[41] 陈刚,冯梅,曹亚军,等. 冷库消毒灭菌技术[J]. 现代农村科技,2016(14):77-78.

后记

　　《冷库建筑》是天津商业大学冷库建筑课程组在近 30 年的授课基础上编写而成的,在撰写期间得到华商国际工程有限公司的支持。本书由刘斌教授担任主编,由陈爱强副教授和李坤高级工程师担任副主编。本书共 8 章,第 1 章至第 4 章由刘斌教授编写,第 5 章和第 7 章由陈爱强副教授编写,第 6 章和第 8 章由李坤高级工程师编写。在编写过程中,研究生胡恒祥、毕丽森、曾涛、李嘉伟、李卓睿、单晓芳、张浩彦、王德明、王慧琴、兰慧、李睿等参加了文字编辑工作,研究生谭全慧、王玉梅、陈伟林、刘霜、张云照、吉钰琪、杨晴、张英波等参加了图的编辑工作,在此表示感谢!